高职高专计算机基础教育精品教材

网页设计与制作案例教程
(HTML+CSS+Dreamweaver)

张晓蕾　主　编

清华大学出版社

北京

内 容 简 介

本书以制作商业网站为例子和主线,全面介绍了(X)HTML 和 CSS 的语言基础,以及在 Dreamweaver 环境中网页设计和制作的各方面内容和技巧,包括多种形式的主页、栏目页、内容页,以及后台管理页的设计和制作。全书遵循 Web 标准,强调"表现与内容相分离"的设计思想,精挑细选不同类型的网站作为典型案例,并对案例实现的思路和方法进行详尽描述,从而引导读者逐步掌握网页设计与制作的基本知识、方法和技能,为后续课程(如 ASP. NET、JSP、PHP 等)打下坚实的基础。各章均包含匹配的实训和习题,以巩固学生所学的知识。

本书可作为各类院校的网页设计与制作教材,各层次职业培训教材,同时也可作为广大网站开发爱好者的自学指导用书。

图书在版编目(CIP)数据

网页设计与制作案例教程(HTML＋CSS＋Dreamweaver)/张晓蕾主编.—北京:清华大学出版社,2013.4(2020.1重印)

(高职高专计算机基础教育精品教材)

ISBN 978-7-302-30827-0

Ⅰ.①网…　Ⅱ.①张…　Ⅲ.①网页制作工具－高等职业教育－教材　Ⅳ.①TP393.092

中国版本图书馆 CIP 数据核字(2012)第 287875 号

责任编辑:张龙卿
封面设计:徐日强
责任校对:袁　芳
责任印制:杨　艳

出版发行:清华大学出版社
　　　　　网　　　址:http://www.tup.com.cn,http://www.wqbook.com
　　　　　地　　　址:北京清华大学学研大厦 A 座　　　　　　邮　　编:100084
　　　　　社 总 机:010-62770175　　　　　　　　　　　　邮　　购:010-62786544
　　　　　投稿与读者服务:010-62776969,c-service@tup.tsinghua.edu.cn
　　　　　质量反馈:010-62772015,zhiliang@tup.tsinghua.edu.cn
　　　　　课件下载:http://www.tup.com.cn,010-83470410
印 刷 者:北京富博印刷有限公司
装 订 者:北京市密云县京文制本装订厂
经　　销:全国新华书店
开　　本:185mm×260mm　　　　印　张:19.5　　　　字　　数:451 千字
版　　次:2013 年 4 月第 1 版　　　　　　　　　　　印　　次:2020 年 1 月第 10 次印刷
定　　价:49.80元

产品编号:050847-02

前　言

　　本教材是学习网页设计与制作的基础教程,全书精选多类流行网站作为案例进行分析讲解,重点突出了商业案例的职业氛围,使读者在领略网页制作基本知识的基础上,掌握网页实际制作的方法和技巧,包括多种形式的主页、栏目页、内容页,以及后台管理页的设计和制作。此外,本书还对手动编写、修改(X)HTML 代码和 CSS 代码的能力进行了加强,使之更加贴近工作环境。通过本教材的学习,读者能够通过模仿与总结,将典型的商业案例与基础知识结合起来进行理解及掌握。

　　全书共分为 13 章,第 1～3 章,主要介绍了与网页设计相关的基础知识,以及必须学习的 HTML、XHTML 和 CSS 语言基础,使读者对网页设计有整体认识。第 4～9 章,采用知识点、练习与实训相结合的方式,不仅介绍了 Dreamweaver CS5 在网页设计与制作方面的操作方法,而且还深入浅出地介绍了更多有关 CSS 的内容。此外,每章还选择较为简单的商业案例作为循序渐进的练习对象。第 10～13 章,详细介绍了目前各类流行网站静态页面的实现方法,不仅使学生掌握了不同类型网站的搭建方法,而且强化了之前学习的理论知识,增强了处理实际问题的能力。本书主要特色有以下几种。

　　内容循序渐进: 教材可划分为"基础知识(第 1～9 章)→综合应用(第 10～13 章)"两个学习阶段。这种编排思路,有利于初次接触网页制作的学生学习,也符合循序渐进学习的规则,为综合实力的提高以及后续课程(如 ASP. NET、JSP、PHP 等)的学习打下坚实的基础。

　　精选商用案例: 书中案例与以后工作紧密相连,完全可以在课堂上积累"工作经验"。

　　合理安排实训: 提高学生自主解决实际问题的能力,有要求,有指导,方便教师对学习内容的安排。

　　习题: 每一章末尾都包含了习题,便于巩固该章学习的内容,引导学生提高上机操作能力。

　　课件资源: 为了便于教师教学,本教材配有教学课件和完备的实例素材,老师们可从清华大学出版社网站下载,网址是 http://www.tup. com. cn/。

　　本书按照教学规律精心编排设计,可作为各类院校的网页设计与制作教材,各层次职业培训教材,同时也可作为广大网站开发爱好者的自学指导用书。

参加本教材编写的作者有张晓蕾(第 1、2、3、5、6、11 章),邓元平(第 4 章),邱世阳(第 7、8 章),彭战松(第 9 章),王瑶(第 10 章),以及吴丰、张鸣、万兆君、刘大学、陈文明、缪丽丽、王金彪、孙明建、骆秋容(第 12 章),冯全民、崔瑛瑛、孙洪玲、刘克纯、翟丽娟、万兆明、刘庆波、褚美花(第 13 章)。全书由张晓蕾主编统稿,刘瑞新教授主审。由于时间仓促,书中难免有错误和疏漏之处,希望广大读者朋友批评、指正,我们一定会全力改进,以便在以后的工作中不断加强和提高。

编　者

2012 年 10 月

目　录

第1章　网页制作基础 ……………………………………… 1

1.1　认识网页与网站 ………………………………… 1

1.2　网页设计与制作 ………………………………… 5

　　1.2.1　基本概念 ………………………………… 6

　　1.2.2　网页设计的主题与风格定位 ………………… 6

　　1.2.3　网站开发的流程 ………………………… 7

　　1.2.4　网站前端开发环境 ……………………… 8

　　1.2.5　相关术语 ……………………………… 9

1.3　习题 …………………………………………… 11

第2章　网页语言基础 ……………………………………… 12

2.1　HTML、XHTML 和 HTML5 概述 …………………… 12

　　2.1.1　HTML ………………………………… 12

　　2.1.2　XHTML ……………………………… 14

　　2.1.3　HTML5 ……………………………… 16

2.2　网页文件的创建过程 …………………………… 18

2.3　常用标签 ……………………………………… 20

　　2.3.1　标题标签、段落标签与换行标签 …………… 20

　　2.3.2　超链接标签与图像标签 …………………… 22

　　2.3.3　列表标签 ……………………………… 24

　　2.3.4　表格标签 ……………………………… 25

　　2.3.5　表单标签 ……………………………… 27

　　2.3.6　HTML5 新增标签 ………………………… 30

2.4　简单实例 ……………………………………… 33

　　2.4.1　创建和保存网页 ………………………… 33

　　2.4.2　预览网页 ……………………………… 34

2.5　实训 …………………………………………… 35

2.6　习题 …………………………………………… 36

第 3 章　CSS 语言基础 …………………………………………………………………… 38

3.1　CSS 语言概述 ………………………………………………………………… 38

3.1.1　CSS 概述 ……………………………………………………………… 38

3.1.2　CSS 规则 ……………………………………………………………… 40

3.1.3　CSS 的命名规则 ……………………………………………………… 41

3.2　CSS 与 HTML 文档的结合方法 ……………………………………………… 42

3.3　结合 CSS 创建简单网页 ……………………………………………………… 45

3.3.1　页面布局分析 ………………………………………………………… 45

3.3.2　编写 HTML 文档 ……………………………………………………… 46

3.3.3　美化与修改文档 ……………………………………………………… 47

3.4　实训 ……………………………………………………………………………… 49

3.5　习题 ……………………………………………………………………………… 50

第 4 章　Dreamweaver CS5 基础 ………………………………………………………… 51

4.1　初识 Dreamweaver CS5 ……………………………………………………… 51

4.1.1　Dreamweaver CS5 的工作环境 ……………………………………… 51

4.1.2　工具栏与面板介绍 …………………………………………………… 52

4.1.3　Dreamweaver CS5 的参数设置 ……………………………………… 55

4.2　创建与管理站点 ………………………………………………………………… 58

4.2.1　创建站点 ……………………………………………………………… 58

4.2.2　创建第一个网页文档 ………………………………………………… 59

4.2.3　站点内文件管理 ……………………………………………………… 60

4.2.4　站点的管理 …………………………………………………………… 62

4.3　CSS 在 Dreamweaver 中的运用 ……………………………………………… 63

4.3.1　CSS 的链接类型 ……………………………………………………… 63

4.3.2　盒模型概述 …………………………………………………………… 66

4.3.3　CSS 选择符 …………………………………………………………… 67

4.4　商用案例——使用"DIV＋CSS"模式制作旅行社网页 ……………………… 70

4.4.1　页面规划 ……………………………………………………………… 70

4.4.2　实现过程 ……………………………………………………………… 71

4.5　实训 ……………………………………………………………………………… 78

4.6　习题 ……………………………………………………………………………… 79

第 5 章　图像在网页中的应用 …………………………………………………………… 81

5.1　使用图像丰富页面 ……………………………………………………………… 81

5.1.1　插入图像的方法 ……………………………………………………… 81

5.1.2　鼠标经过图像 ………………………………………………………… 83

　　　5.1.3　图像的热点区域 ･･･ 84

　5.2　使用 CSS 控制图像 ･･･ 85

　　　5.2.1　CSS 控制图像背景 ･･･ 85

　　　5.2.2　图像在超链接方面的应用 ･･･････････････････････････････････････ 88

　　　5.2.3　CSS 在图文混排版式中的应用 ････････････････････････････････ 90

　5.3　商用案例——从切片到页面的实现 ･･･････････････････････････････････ 94

　　　5.3.1　页面规划与切片的联系 ･･･ 94

　　　5.3.2　定义站点 ･･･ 95

　　　5.3.3　页面的具体实现 ･･･ 97

　5.4　实训 ･･･ 104

　5.5　习题 ･･･ 106

第 6 章　网页元素——列表 ･･･ 108

　6.1　列表 ･･･ 108

　　　6.1.1　列表元素概述 ･･･ 108

　　　6.1.2　列表的类型 ･･･ 109

　　　6.1.3　CSS 控制列表的相关属性 ･････････････････････････････････････ 111

　6.2　CSS 知识积累 ･･･ 115

　　　6.2.1　伪类与伪元素 ･･･ 115

　　　6.2.2　CSS 的继承特性与特殊性 ･･･････････････････････････････････････ 117

　6.3　列表在导航中的运用 ･･･ 119

　　　6.3.1　使用列表实现纵向导航 ･･･ 119

　　　6.3.2　使用列表实现横向导航 ･･･ 120

　6.4　商用案例——"博客页面"的设计与实现 ･････････････････････････････ 122

　　　6.4.1　页面规划 ･･･ 122

　　　6.4.2　定义站点 ･･･ 124

　　　6.4.3　页面的具体实现 ･･･ 125

　6.5　实训 ･･･ 131

　6.6　习题 ･･･ 132

第 7 章　网页元素——表格 ･･･ 134

　7.1　表格 ･･･ 134

　　　7.1.1　创建表格 ･･･ 134

　　　7.1.2　添加表格内容 ･･･ 135

　　　7.1.3　表格基本操作 ･･･ 137

　　　7.1.4　表格和单元格的属性设置 ･･･････････････････････････････････････ 141

　7.2　与表格相关的 CSS 属性及其应用 ･･･････････････････････････････････ 143

　　　7.2.1　表格类 CSS 属性 ･･ 143

7.2.2　CSS 表格 ··· 145

7.3　CSS 知识积累 ··· 147

7.3.1　浮动 ··· 147

7.3.2　定位 ··· 150

7.4　商用案例——"中秋节电影"活动页面的设计与实现 ······ 154

7.4.1　页面规划 ·· 154

7.4.2　页面的具体实现 ·· 155

7.5　实训 ··· 159

7.6　习题 ··· 160

第8章　网页元素——表单与框架 ····································· 163

8.1　表单 ··· 163

8.1.1　表单域 ·· 164

8.1.2　文本字段 ·· 165

8.1.3　复选框与复选框组 ··· 166

8.1.4　菜单与跳转菜单 ·· 167

8.1.5　借助 CSS 美化表单 ·· 169

8.2　框架 ··· 170

8.2.1　框架的基本概念 ·· 171

8.2.2　创建包含框架的文档 ··· 171

8.2.3　设置框架和框架集属性 ······································ 174

8.3　商用案例——团购网页面的设计与实现 ······················ 175

8.3.1　页面规划 ·· 176

8.3.2　页面的具体实现 ·· 177

8.4　实训 ··· 184

8.5　习题 ··· 185

第9章　网页元素——模板与行为 ····································· 188

9.1　模板 ··· 188

9.1.1　模板的基本概念 ·· 188

9.1.2　使用模板创建网页 ··· 190

9.1.3　模板的管理 ·· 193

9.2　行为 ··· 194

9.2.1　行为的基本知识 ·· 194

9.2.2　应用行为 ·· 195

9.3　商用案例——公司类网站的设计与制作 ······················ 202

9.3.1　布局分析 ·· 202

9.3.2　制作过程 ·· 203

9.4　实训 …………………………………………………………………… 211

9.5　习题 …………………………………………………………………… 213

第 10 章　网站后台的设计与制作 ………………………………………… 215

10.1　规划与分析 …………………………………………………………… 215

10.1.1　相关概念 …………………………………………………… 215

10.1.2　规划设计 …………………………………………………… 216

10.2　设计与实现 …………………………………………………………… 218

10.2.1　登录页面的实现 …………………………………………… 218

10.2.2　后台页面的实现 …………………………………………… 221

10.3　实训 …………………………………………………………………… 229

10.4　习题 …………………………………………………………………… 230

第 11 章　论坛的设计与实现 …………………………………………… 232

11.1　规划与分析 …………………………………………………………… 232

11.1.1　相关概念 …………………………………………………… 232

11.1.2　规划设计 …………………………………………………… 233

11.2　设计与实现 …………………………………………………………… 237

11.2.1　论坛主页的实现 …………………………………………… 237

11.2.2　板块内容列表页的实现 …………………………………… 245

11.2.3　论坛详细内容页的实现 …………………………………… 249

11.3　实训 …………………………………………………………………… 251

11.4　习题 …………………………………………………………………… 253

第 12 章　电子商务类网站的设计与实现 ……………………………… 254

12.1　规划与分析 …………………………………………………………… 254

12.1.1　规划设计 …………………………………………………… 254

12.1.2　布局分析 …………………………………………………… 255

12.2　设计与实现 …………………………………………………………… 259

12.2.1　主页面的布局实现 ………………………………………… 259

12.2.2　搜索页面的布局实现 ……………………………………… 273

12.2.3　产品详细信息页面的布局实现 …………………………… 274

12.3　实训 …………………………………………………………………… 280

12.4　习题 …………………………………………………………………… 282

第 13 章　新闻类网站的设计与实现 …………………………………… 284

13.1　规划与分析 …………………………………………………………… 284

13.1.1　相关知识 …………………………………………………… 284

13.1.2　规划设计 ································· 285

13.2　设计与实现 ································· 289

13.2.1　新闻网主页的实现 ················· 290

13.2.2　新闻网列表页的实现 ··············· 297

13.2.3　新闻网详细内容页的实现 ········· 299

13.3　实训 ······································· 301

13.4　习题 ······································· 302

第1章 网页制作基础

❏ 认识网页与网站。
❏ 了解网页设计的主题与风格定位。
❏ 掌握网页设计与制作的基本流程。
❏ 掌握与网页制作相关的专业术语。

随着互联网 Web 2.0 时代的到来,越来越多的个人和企业用户希望通过网络发布自己的信息,而作为网络信息的有效载体的网页,其界面布局的精美程度决定着用户体验的好坏。如何设计并制作出符合 Web 标准的精美网页,是本门课程所要解决的问题。本章主要对网页与网站的基础知识进行介绍,目的是让读者对网页设计与制作有一个初步了解,为以后快速掌握网页设计的技巧打下坚实基础。

1.1 认识网页与网站

界面友好的网页不仅仅要有一个好的外表,更重要的是它还要将信息传达给用户。在深入学习网页设计与制作之前需要掌握最基本的知识。

1. 网页

网页(Webpage)实际上就是一个文件,它存放于某台与互联网相连的计算机中,它是Internet 中最基本的信息单位。在网页中,通常包含文字和图像信息,有些网页还包含声音、视频和动画等多媒体信息。

2. 网站

网站(Website)是由各种特定内容的网页集合而成的,人们可以通过浏览器访问网站来获取相应的网络服务。就目前而言,在网站建设中一般会包含这几种网站类型:门户型、企业型、SNS 型、音视频型和搜索型。不同的网站类型一般针对各自的特点有独特的设计。

(1)门户型网站

门户型网站的信息量很大,一般首页都能够达到 4 屏以上,浏览性的信息占据了页面中心的位置,特别是首页,在醒目的位置还添加了网站导航、广告以及各种精选信息,代表性网站如图 1-1 所示。

(2)企业型网站

企业型网站属于专业型网站,内容方面一般包含企业介绍、产品介绍、新闻动态等基

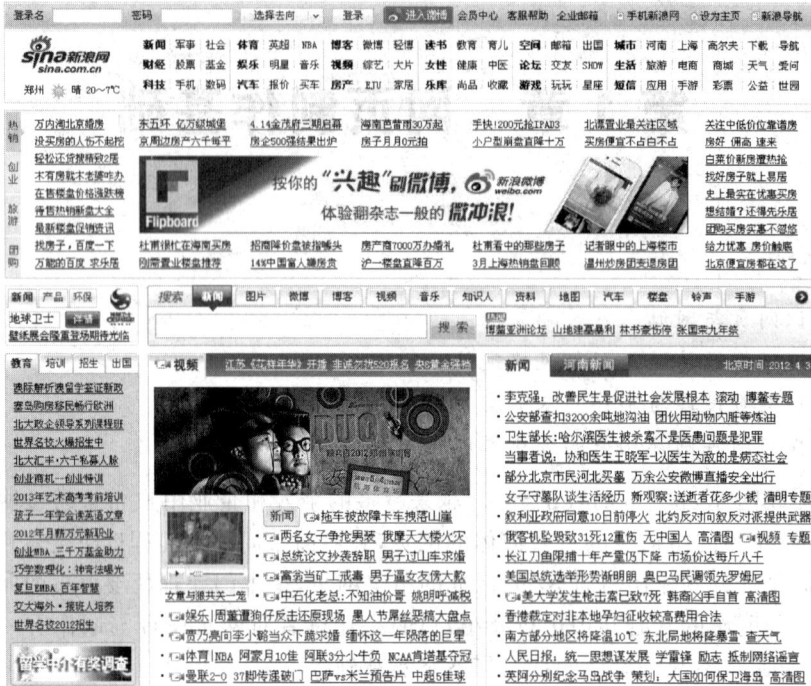

图 1-1　门户型网站(新浪网)

本信息,如图 1-2 所示。这类网站通常以成熟稳重风格出现,能够让浏览者感觉到信任感和安全感。

图 1-2　企业型网站(国家电网)

（3）SNS 型网站

SNS（Social Networking Services）中文意思是社会性网络服务，专指旨在帮助人们建立社会化网络的互联网应用服务。SNS 的另一种常用解释为 Social Network Site，即"社交网站"或"社交网"。该类网站的重点并非突出网站本身，更多的是建立一个网上人际关系的平台，如图 1-3 所示。

图 1-3　SNS 型网站（人人网）

（4）音视频型网站

音视频型网站指的是以推荐音乐和视频为主要业务的网站，例如优酷网、酷 6 网、爱奇艺和迅雷看看等。此类型的网站一般采用左右纵览结构，以方便罗列各种音视频资源，如图 1-4 所示。

图 1-4　音视频型网站（酷 6 网）

（5）搜索型网站

搜索型网站是专业为用户提供搜索服务的网站,通常页面设计非常简单,突出强调了用户的体验度,如图 1-5 所示。

图 1-5　搜索型网站(百度)

3. 首页

首页是在浏览器打开某个网站后首先看到的页面,它承载着网站中所有指向二级页面或其他网站的链接信息,它是整个网站中最为特殊的页面,具有体现整个网站形象的作用。

4. 网页的构成元素

无论何种类型的网页或多或少都包含以下基本元素：文本、图像、视频、音频、超链接、表格、表单、导航栏和动画等,如图 1-6 所示。

图 1-6　某教育机构网站主页

（1）文本

文本可以理解为网页中的文字内容，它是网页设计的主体，具有准确表达信息的功能。为了引起浏览者的注意，网页设计人员通过设置字体、字号和颜色等文本属性，突出显示重要内容。

（2）图像

网页中的图像主要有美化网页、定位风格、产品宣传和信息传递等作用，JPEG、GIF和 PNG 等图像格式在网页制作中经常出现。此外，图像一般被应用在以下三个方面。

- Logo 图像：Logo 是代表企业形象或栏目内容的标志性图片，一般在网页醒目的位置上，如页面左上角。
- Banner 图像：Banner 是用于宣传网站内某个栏目或活动的广告，一般要求制作成动画形式，以达到宣传的效果。Banner 一般位于网页的顶部和底部，还有一些小型的广告会被适当地放在网页的两侧。
- 背景图：目前很多网站将所需的背景图片放置在一幅图像上，利用 CSS 中的定位属性快速实现图像的定位。

（3）超链接

超链接是一种同其他网页或站点之间进行连接的元素。在网页中超链接的对象，可以是文字或者图像。当浏览者单击已经链接的文字或图像后，链接目标将显示在浏览器中。

（4）表单

表单在网页中主要负责数据采集，它是浏览者与服务器之间进行信息交互的元素，使用表单可以完成登录、搜索、注册、反馈意见和调查等互交功能。

（5）导航栏

导航栏就是一组超链接，用来方便地浏览站点。导航栏可能是按钮或者文本超链接。导航栏一般用于网站各部分内容间相互链接的指引。

（6）动画

动画是网页上最活跃的元素，网页中的动画可分为 GIF 动画和 Flash 动画两类。由于 Flash 本身体积较大，对于访问量非常大的网站一般使用 GIF 动画代替 Flash 动画，但对于追求效果的网站来说，使用 Flash 建设网站还是非常能够吸引访问者的。

（7）视频

随着网络带宽环境的改善，在网页中增加视频能够非常直观地传递信息，同时也使得页面丰富起来。

1.2　网页设计与制作

在网页设计与制作的整个过程中，始终以用户为中心，设计者通过巧妙的版面设计来传递信息，因此一个设计者不仅仅是一个拥有技术和创造力的人，更应该是一个好的交流者。

1.2.1　基本概念

1. 网页设计

网站页面设计简称网页设计,它指的是网页的视觉设计和浏览器交互功能设计,属于艺术设计范畴;网站设计,指的是网站主题的策划、栏目内容的编排、网站结构的架设等内容,属于策划设计范畴;网站系统开发包括了服务器交互程序设计、数据库设计等内容,属于程序设计范畴。

总的来说,网页设计广义上就是网站设计、网站页面设计、网站系统开发的统称,狭义上就是指网站页面设计。

2. 网页制作

网页制作指的是通过 Dreamweaver 等软件将设计师所设计出来的网页设计稿,按照 W3C 规范用 HTML 或 XHTML 语言将其制作成网页格式的过程。

1.2.2　网页设计的主题与风格定位

1. 主题定位

所谓主题指的是网站所要表达的主要内容即网站的题材,不同的网站对应不同的浏览群体,特定的浏览群体意味着有特定的主题内容。为此,在动手制作网站之前一定要考虑这个网站到底要做什么,通过这个网站要表达什么内容,要给网站一个准确的定位,如果内容过于庞杂,就会失去中心主题而减小对访问者的吸引力。

另外,网站的主题需要通过具体的功能去实现,系统功能是建设网站的核心。对于网站功能方面的设计要考虑服务对象,了解服务对象的喜好与习惯;设计功能时还要适应管理对象,因为网站是一系列管理者的工作平台,不同管理者的职责和权限是不同的;设计功能时还要善于总结,在进行需求分析的基础上,按照逻辑结构、角色权限、职能部门等内在因素进行有效合理划分,以便于后期开发。

主题定位的几点建议。

- 尽量选择擅长的题材。作为设计师来讲,尽量选择自己熟悉、擅长的领域来作为网站的主题,这样在设计制作时能够得心应手。
- 主题范围要小而精。网站主题范围不应太宽太大,要基于某一亮点做出特色,这样才能吸引广大浏览者的眼球。
- 内容标新立异。可以借鉴、参考他人网站的主题,但一定要有创新。

2. 风格定位

所谓风格是指网站的整体内容与形式给浏览者的综合感受,即网站的特色。风格能够透露出设计者与企业文化的品位,从浏览者接受信息的角度来看,最初吸引浏览者的一定是风格特征,但随着浏览者的继续使用,会逐渐增加对内容以及浏览过程的体验。总之,有价值的内容是风格的基础,创意是风格的灵魂。风格定位的几点建议。

- 确保页面元素的统一性。网页中包含的图像、文字、导航背景等基本元素要形成统一的整体。
- 确保网站界面的清晰、美观、易于访问。
- 结合版式设计的相关理论,合理安排视觉要素,使得浏览者在访问站点的过程中体验到视觉的秩序感、新奇感。

1.2.3　网站开发的流程

无论是页面设计还是网站系统的开发,都需要处处体现精心布置的需求,无论设计者有多少的设计原则和设计规范,所有的出发点都必须围绕需求进行,所以正确理解产品的服务定位,把握产品的功能方向,才能赢得客户的满意。一般的,网站开发分为以下几个阶段。

(1) 客户提出需求

客户通过电话、电子邮件或在线订单方式提出自己网站建设方面的"基本需求"。主要包括公司简介、栏目描述、基本功能需求和基本设计要求。

(2) 需求分析与网站规划设计

设计师首先要与客户进行充分沟通,明确客户建设网站的目的和具体要求,并且全面收集各种资料,分析客户真正意图。

根据企业的要求和实际状况,设计适合企业的网站方案、明确服务器解决方案、撰写网站规划设计说明书,并对网站主题、风格类型、版式布局等基础元素进行确定。

(3) 确定合作

双方以面谈、电话或电子邮件等方式,针对项目内容和具体需求进行协商。双方认可后,签署《网站建设合同书》并支付 50％ 网站建设预付款。

(4) 内容整理

根据网站建设方案书,由客户组织出一份与企业网站栏目相关的内容材料(电子文档文字和图片等),设计师将对相关文字和图片进行详细的处理、设计、排版、扫描和制作,这一过程需要客户给予积极的配合。

(5) 界面设计与制作,以及程序开发

网站的内容与结构确定后,根据网站风格和功能进行网站前台页面设计与后台程序编写,使得网站基本符合客户要求,功能使得客户满意。

(6) 网站提交与客户审核

网站经过设计制作、修改、程序开发完成后,需要经过反复测试,最终提交给客户审核,客户确认后,支付网站建设余款。同时,网站程序及相关文件上传到网站运行的服务器,至此网上正式开通并对外发布。

(7) 网站推广及后期维护

网站建设成功后,必须有一个详尽而专业的网站推广方案,包括著名网络搜索引擎登录、网络广告发布、邮件群发推广和 Logo 互换链接等。

此外,还需要对网站运行状态进行监控,并对网站运行情况进行统计,发现问题及时解决。在运行过程中还需要不断更新,根据客户需求增加、删除和修改相关内容。

综合上述 7 个阶段,可以得到如图 1-7 所示的网站设计工作流程图。

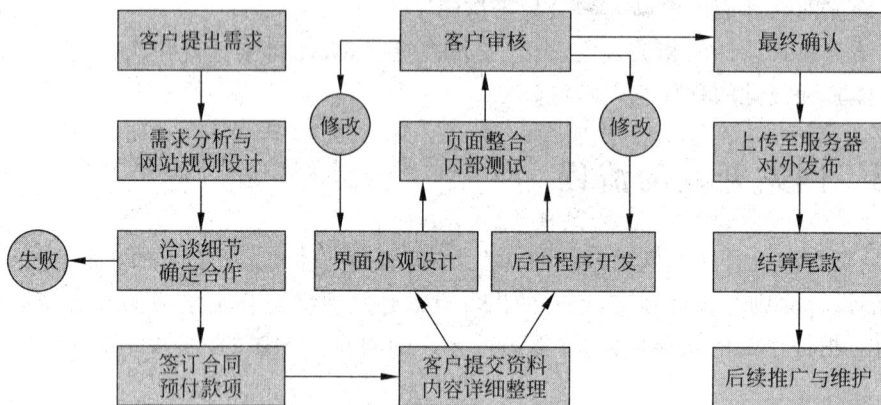

图 1-7　网站开发的流程示意图

1.2.4　网站前端开发环境

对于网站前端页面的开发来说,常用的软件主要有以下几种。

1. Dreamweaver

Dreamweaver 是最广泛的网页编辑工具之一,它采用多种先进技术,能够快速高效地创建极具表现力和动感效果的网页,使网页创作过程变得非常简单。

2. 文本编辑器

任何一种文本编辑器都可以编写 HTML,比如记事本、写字板和 Word 等,但有些文本编辑器专门提供网页制作及程序设计等许多有用的功能,支持 HTML、CSS、PHP、ASP、Perl、C/C++、Java、JavaScript、VBScript 等多种语法的着色显示。

3. Office SharePoint Designer 2007

Microsoft FrontPage 曾经是流行的制作网页软件之一,2006 年,微软公司宣布FrontPage 将被两款专业的网页设计工具所取代,即 Office SharePoint Designer 和Microsoft Expression Web Designer。其中,Office SharePoint Designer 2007 提供了多种专业工具,利用这些工具,用户在 SharePoint 平台上无须编写代码即可生成交互解决方案、设计自定义 SharePoint 网站以及使用报告和托管权限维护网站性能。

4. Visual Studio

微软的 Visual Studio 无疑是非常强大的编辑器,支持相应程序的自动语法检查,目前的最新版本是 Visual Studio 2010。Visual Studio 内置有 C♯、VB、VC++等程序开发工具,集程序的调试、编译等功能于一身,并且还提供了详细的帮助,这是任何一款其他软件都不能比拟的。

5．Photoshop

Photoshop 在网站效果设计、图像编辑、婚纱摄影等各领域广泛应用,它已成为许多涉及图像处理的行业的事实标准。

6．Fireworks

Fireworks 是一款专为网络图形设计的网站制作图形编辑软件,它在矢量图形的处理方面有其独特之处。使用 Fireworks 可以轻松地制作出尺寸较小的图形和 GIF 动画。

7．Flash

Flash 是一款优秀的网页动画开发软件,可以创建从简单到复杂的交互式 Web 应用程序,其独特的编译方式和跨平台的能力,广泛应用在 Web 程序、游戏、软件、多媒体娱乐等方面。

1.2.5　相关术语

1．Internet

Internet 指的是国际互联网。它是由那些使用公用语言互相通信的计算机连接而成的全球网络。一旦用户连接到它的任何一个节点上,就意味着计算机已经连入互联网了。

2．浏览器

浏览器是指万维网(Web)服务的客户端浏览程序,它可向万维网服务器发送各种请求,并对从服务器发来的超文本信息和各种多媒体数据格式进行解释、显示和播放,如图 1-8～图 1-10 所示。

图 1-8　谷歌浏览器　　　　图 1-9　IE 浏览器　　　　图 1-10　火狐浏览器

3．URL

URL(Uniform Resource Locator)指的是统一资源定位符,也被称为网页地址,是

Internet 上标准的资源地址。

4. HTML

HTML(Hypertext Markup Language)是用于描述网页文档的一种标记语言。

5. DHTML

DHTML 是 Dynamic HTML 的简称,指的是动态的 HTML。DHTML 不是一种技术、标准或规范,只是一种将目前已有的网页技术、语言标准整合运用,制作出能在下载后仍然能实时变换页面元素效果的网页设计概念。

6. TCP/IP

TCP/IP(Transmission Control Protocol/Internet Protocol)译为传输控制协议/因特网互联协议,它是 Internet 最基本的协议,定义了电子设备如何连入 Internet,以及数据如何在它们之间传输的标准。

7. FTP

FTP(File Transfer Protocol)是 TCP/IP 网络上两台计算机传送文件的协议,FTP 是在 TCP/IP 网络和 Internet 上最早使用的协议之一。FTP 客户机可以给服务器发出命令来下载文件,上载文件,创建或改变服务器上的目录。

8. 域名

域名(Domain Name)是一串用点分隔的名字,它组成了 Internet 上某一台计算机或计算机组的名称。由于 IP 地址是数字标识,使用时难以记忆和书写,因此在 IP 地址的基础上又发展出一种符号化的地址方案,来代替数字型的 IP 地址。这个与网络上的数字型 IP 地址相对应的字符型地址,就被称为域名。

9. 虚拟主机

虚拟主机是使用特殊的软硬件技术,在网络服务器上划分出一定的磁盘空间供用户放置站点和应用组件等文件,提供必要的站点功能、数据存放和传输功能。

由于多台虚拟主机共享一台真实主机的资源,每个用户承受的硬件费用、网络维护费用、通信线路的费用均大幅度降低,使得 Internet 真正成为人人用得起的网络。

10. 服务器租用

服务器租用指的是客户租用数据中心的服务器硬件,并由数据中心的工作人员负责基本软件的安装、配置,负责服务器上基本服务功能的正常运行,确保客户独享服务器的资源。

11. 主机托管

主机托管指的是企业自身拥有服务器,将其放置在 Internet 数据中心的机房内,由客户自己进行维护,或者是由其他的签约人进行远程维护,这样企业自身的服务器可以享受7×24 小时全天候值班监控、稳定的网络带宽、恒温、防尘、防火、防潮、防静电等专业服务。

1.3 习　　题

1. 简述网页、网站和首页之间的联系。
2. 构成网页的基本元素都有什么?
3. 什么是网页设计? 什么是网页制作?
4. 网站在确定主题与风格定位时需要注意哪些方面?
5. 简述网站建设的基本流程。
6. 列举常见的浏览器,它们的内核相同吗?
7. 什么是虚拟主机? 什么是服务器租用? 什么是主机托管?

第2章 网页语言基础

❏ 了解 HTML、XHTML 和 HTML5 之间的联系与差异。
❏ 熟练掌握常见标签的含义及其用法。
❏ 掌握 CSS 基本语法,能够创建简单网页。

网页的本质是使用标签语言编写的一篇"文章",它通过浏览器的解析能够将页面中的元素表示出来,那么作为网页的设计者就必须对这种标签语言有所了解。本章首先对当前主流的标签语言加以介绍,然后再重点讲解常见标签的含义及其使用方法,最后配合有关 CSS 的基本知识完成简单页面的设计和制作。

2.1 HTML、XHTML 和 HTML5 概述

HTML、XHTML 和 HTML5 都属于标签语言,只不过它们的严谨程度、新旧程度、标签内容有一定的区别而已。

2.1.1 HTML

HTML 是一种标签语言,而不是一种编程语言,这种语言的结构很简单,只要明白了各种标签的使用方法便学懂了 HTML。

1. HTML 的含义

HTML(Hyper Text Markup Language)是一种用于描述网页文档的超文本标记语言。它定义了许多带有语义的命令,虽然浏览器中不会显示这些命令,但是它们可以告诉浏览器如何显示文档内容(如文本、图片和其他媒体等)。这种语言还可以通过超文本链接把用户的文档与其他互联网资源联系起来。

HTML 是在 SGML(Standard Generalized Markup Language,标准通用标签语言)定义下的一个描述语言。起初创建 SGML 的目的是让它成为一个唯一的标签语言,但 SGML 太过广泛和全面,以至于设计者没有办法使用它。要想高效地使用 SGML,就需要复杂和昂贵的工具,这些条件远远超出了普通人编写 HTML 文档的范围。所以,HTML 采用了部分 SGML 标准,使得 HTML 易于使用。

2. HTML 文档

包含 HTML 标签和纯文本的文档称为 HTML 文档，又因为被浏览器解析后以网页的形式显示出来，所以又称为网页。该文档的扩展名为". htm"或". html"，两者并无差别。

3. HTML 标签

标签(tag,也称标记)是用一对尖括号"<"和">"括起来的单词或单词缩写，它是HTML 文档的主要组成部分。每个标签都有特定的描述功能，HTML 文档就是通过不同功能的标签来控制 Web 页面内容的。图 2-1 所示的是超链接标签常见的书写方式。

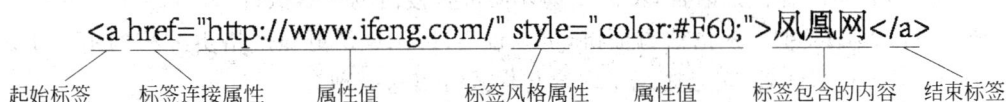

<a href="http://www.ifeng.com/" style="color:#F60;">凤凰网</a>

起始标签　　标签连接属性　　属性值　　标签风格属性　　属性值　　标签包含的内容　　结束标签

图 2-1　标签

图中 a 就是 HTML 标签的一种，在此的作用就是标示超链接，"<a>"为开始标签，"</a>"为结束标签，所包含的内容就在两个标签之间。此外，<a>标签中还包含两个属性，即 href 属性和 style 属性，它们分别标示链接的地址和外观，属性的值要用等号进行连接，并用双引号进行标注。此外，并不是所有的标签都必须是成对出现的，如 img 标签和 br 标签等。

4. HTML 的结构

HTML 文档结构很简单，由最外层的<html>标签组成，里面是文档的头部和主体。在 Dreamweaver 中新建一个 HTML 文档可以清晰看到其基本结构，如图 2-2 所示。

```
<!DOCTYPE HTML PUBLIC "-//W3C//DTD HTML 4.01
Transitional//EN" "http://www.w3.org/TR/html4/loose.dtd">
<html>
<head>
<meta http-equiv="Content-Type" content="text/html;
charset=utf-8">
<title>无标题文档</title>
</head>

<body>
</body>
</html>
```

图 2-2　HTML 文档的基本结构

每个 HTML 文档都有头部(head)和主体(body)，它们分别由<head>标签和<body>标签分隔开来。<head>是网页的头部信息，里面包含关于网页自身的一些信息，它主要是被浏览器所用，但不会显示在网页的正文内容中，头部信息通常包括<title>(标题)、<link>(链接)、<style>(样式)、<script>(脚本)以及<meta>(关于信息)等。<body>是放置文档实际内容的地方，也是访问者在浏览器中看到的内容。

需要特别注意的是，这里 DOCTYPE 的含义是文档类型，浏览器需要根据此文档类

13

型和所使用的代码型号解析出相应的网页,DOCTYPE 直接决定了浏览器的显示效果;meta 元素是 HTML 语言头部的一个辅助性标签,具有定义页面使用语言、自动刷新并指向新页面、实现网页转换时的动画效果、网页定级评价以及帮助主页被各大搜索引擎检索等功能。

2.1.2　XHTML

1. XHTML 的含义

XHTML 是 The Extensible Hyper Text Markup Language(可扩展超文本标识语言)的缩写,它是一种标记语言,不需要编译便可直接由浏览器执行,表现方式与超文本置标语言(HTML)类似。从语法方面讲,可以说 XHTML 是更加严格更纯净的 HTML 版本,它与 CSS 相结合后,充分体现了内容与样式分离这一理念。

2. XHTML 文档的基本结构

XHTML 文档与 HTML 文档结构很相似,但还是有多方面的差别。在 XHTML 文档中必须进行文件类型声明(DOCTYPE declaration),必须存在 html、head、body 元素,而且 title 元素还要位于 head 元素中。为了更加方便地介绍,下面的示例给出了一个最基本 XHTML 标准网页的文档结构,如图 2-3 所示。

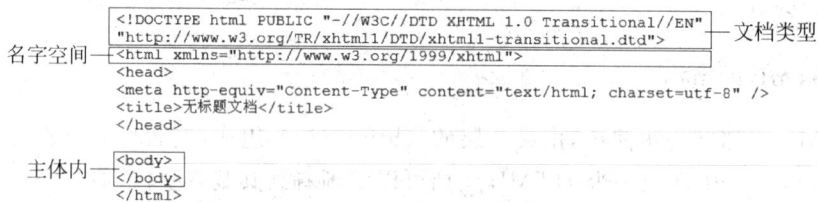

```
<!DOCTYPE html PUBLIC "-//W3C//DTD XHTML 1.0 Transitional//EN"     文档类型
"http://www.w3.org/TR/xhtml1/DTD/xhtml1-transitional.dtd">
名字空间  <html xmlns="http://www.w3.org/1999/xhtml">
<head>
<meta http-equiv="Content-Type" content="text/html; charset=utf-8" />
<title>无标题文档</title>
</head>
主体内  <body>
</body>
</html>
```

图 2-3　XHTML 文档的基本结构

(1) 文档类型声明部分

文档类型的声明部分由<! DOCTYPE>标签进行定义,元素的名称和属性必须大写,代码中 DTD 表示文档类型定义,而浏览器就是根据定义的 DTD 进行解析页面元素的,网页文档必须有正确的文档类型,否则页面内的元素和 CSS 将不能正确生效。

(2) 名字空间

名字空间(Namespace)是通过一个网址指向来识别页面标签的。在 XHTML 文档中必须使用 xmlns 属性声明文档的命名空间。

由于 XHTML 是 HTML 向 XML 过渡的标识语言,因此它需要符合 XML 的规定,这也是为什么需要定义名字空间的原因。此外,目前 XHTML 1.0 还不允许用户自定义元素,因此无论 XHTML 文档的类型是什么它的命名空间值都相同。

(3) head 元素

网页头部元素 head 也是 XHTML 文档中必须使用的元素,其作用与 HTML 文档相同,都是定义页面的头部信息。

(4) title 元素

页面元素 title 用于定义页面的标题,在预览和发布时,页面标题所包含的内容会显示在浏览器的标题栏中。

(5) body 元素

页面主体元素 body 用来定义页面中所有要显示的内容(比如文本、超链接、图像、表格和列表等)。

3. XHTML 的语法规则

XHTML 语法规则比 HTML 语法规则要严格许多,具体内容主要分为以下几方面。

(1) 所有的标签都必须关闭,即便是空标签也必须关闭

在 HTML 文档中,用户可以打开多个标签,例如在使用<li>标签时,并不一定要用</li>标签将其关闭,而在 XHTML 中,这种写法是不合法的,不允许出现没有关闭的标签。如果是单独不成对的标签,也要在标签最后加一个"/"来关闭它,如图 2-4 和图 2-5所示。

```
<body>
<p>所有的标签都必须关闭, 即便是空标签也必须关闭。</p>
<img src=" 插入图片.png" width="156" height="143" />
</body>
```

图 2-4　关闭标签时的正确写法

```
<body>
<p>所有的标签都必须关闭, 即便是空标签也必须关闭。
<img src=" 插入图片.png" width="156" height="143" >
</body>
```

图 2-5　关闭标签时的错误写法

(2) 所有标签的属性必须是小写

与 HTML 不同,XHTML 对大小写区分得十分清楚,像
和
是两个不同的标记。在 XHTML 文档中标签和属性的名字必须是小写,且大小写混合书写也是不被允许的,如图 2-6 和图 2-7 所示。

```
<body>
<div id="main">
  <div id="main-main">
    <p><img src="images/1021.gif" width="50" height="51" />2013.01.05</p>
    <p>华东地区销售额已经突破1500万元, 华中地区销售出现增长缓慢趋势</p>
  </div>
</div>
</body>
```

图 2-6　标签属性大小写时正确写法

```
<BODY>
<DIV ID="MAIN">
  <DIV ID="MAIN-MAIN">
    <P><IMG SRC="images/1021.gif" WIDTH="50" HEIGHT="51" />2013.01.05</P>
    <P>华东地区销售额已经突破1500万元, 华中地区销售出现增长缓慢趋势</P>
  </DIV>
</DIV>
</BODY>
```

图 2-7　标签属性大小写时错误写法

(3) 所有标签的属性值必须用英文格式的双引号括起来

在 HTML 中,不需要给属性值加引号,但是在 XHTML 中,则必须加上引号,如图 2-8和图 2-9 所示。

```
<body>
<p>所有标签的属性值必须用英文格式的双引号括起来。</p>
<img src=" 插入图片.png" width="156" height="143" />
</body>
```

图 2-8　属性值引用时正确写法

```
<body>
<p>所有标签的属性值必须用英文格式的双引号括起来。</p>
<img src= 插入图片.png width=156 height=143 />
</body>
```

图 2-9　属性值引用时错误写法

（4）所有标签都必须合理嵌套

在 XHTML 文档中,如果使用多个元素进行嵌套,必须按照打开元素的相反顺序进行关闭。也就是说,一层一层的嵌套必须严格对称,如图 2-10 和图 2-11 所示。

```
<body>
<div id="nav">
    <ul>
    <li><a href="#">首页</a></li>
    <li><a href="#">新闻</a></li>
    </ul>
</div>
</body>
```

图 2-10　嵌套标签时正确写法

```
<body>
<div id="nav">
    <ul>
    <li><a href="#">首页</li></a>
    <li><a href="#">新闻</li></a>
    </ul>
</div>
</body>
```

图 2-11　嵌套标签时错误写法

此外,XHTML 中还有一些严格强制执行的嵌套限制,主要有以下几点。

① ＜a＞元素中不能包含其他＜a＞元素。

② ＜pre＞元素中不能包含＜object＞、＜big＞、＜img＞、＜small＞、＜sub＞或＜sup＞元素。

③ ＜button＞元素中不能包含＜input＞、＜textarea＞、＜label＞、＜select＞、＜button＞、＜form＞、＜iframe＞、＜fieldset＞ 或＜isindex＞元素。

④ ＜label＞元素中不能包含其他的＜label＞元素。

⑤ ＜form＞元素中不能包含其他的＜form＞元素。

（5）明确属性值,且不能简写

在 XHTML 文档中,所有属性都必须有一个值,即便是没有值的属性也必须使用自己的名称作为值,如图 2-12 和图 2-13 所示。

```
<body>
<form action="" method="get">
    <input name="adc" type="checkbox" id="adc" checked="checked" />
</form>
</body>
```

图 2-12　属性值是否能简写时的正确写法

```
<body>
<form action="" method="get">
    <input name="adc" type="checkbox" id="adc" checked>
</form>
</body>
```

图 2-13　属性值是否能简写时的错误写法

2.1.3　HTML5

HTML5 是互联网研发的必然趋势之一,它具有提高产品品质的巨大潜力。设计师唯有顺应这一潮流的发展,积极投身到 HTML5 的试验研发中,才能在时代的大潮中握有先机。

1. HTML5 简介

简单来说,HTML5 是对 HTML 标准的第五次修订,其主要的目标是将互联网语义化,以便更好地被人类和机器阅读,并同时降低 Internet 程序(RIA)对 Flash、Silverlight 和 JavaFX 一类浏览器插件的依赖,以便提供更好地支持各种媒体的嵌入。

HTML5 带来很多新功能,以及 HTML 代码上的改变,新增了一些元素和属性,如 <nav> 和 <footer>,这种标签将有利于搜索引擎的索引整理;除了原先的 DOM 接口,增加了更多样化的 API,如实时二维绘图、离线存储数据库、拖放、跨文档消息和可控媒体播放等。

2. HTML5 的结构

HTML5 的文档类型声明与HTML 4.0或 XHTML 1.x 的文档类型声明有很大区别,在 HTML5 中不需要使用版本声明,不区分大小写,书写方式也简单许多,而且保持了向后兼容性,即"<! DOCTYPE HTML>"。

HTML5 文档在语义结构方面也有很大改变,图 2-14 所示的是最基本的页面结构。

```
<!DOCTYPE HTML>
<html>
<head>
<meta http-equiv="Content-Type"
content="text/html; charset=utf-8">
<title>无标题文档</title>
</head>

<body>
<header>
  <h1>My Site</h1>
</header>
<nav>
  <ul>
    <li>Home</li>
    <li>About</li>
    <li>Contact</li>
  </ul>
</nav>
<section>
  <h1>My Article</h1>
  <article>
    <p>...</p>
  </article>
</section>
<footer>
  <p>...</p>
</footer>
</body>
</html>
```

图 2-14　HTML5 文档结构

- <header> 标签:用来描述一节或一个完整 Web 页面的介绍性信息,该标记可以包括所有的通常放在页面头部的标志。
- <nav>标签:用于放置主站点的导航信息。
- <section>标签:描述一个有主题的内容组,如章节、页眉、页脚或文档中的其他部分。
- <article>标签:article 元素是将 section 进行打包形成一个文档或网站独立的部分,例如一篇杂志或报纸文章,或一篇博客文章。
- <footer>标签:描述页脚信息,可以应用在 section 中,也可以用于一个页面的底部。

3. HTML5 的特性

HTML 4.0 主要用于在浏览器中呈现富文本内容和实现超链接,HTML5 继承了这些特点,但更侧重于在浏览器中实现 Web 应用程序。对于网页的制作,HTML5 主要有两方面的改动,即实现 Web 应用程序和用于更好地呈现内容。

(1) 实现 Web 应用程序

HTML5 引入新的功能,以帮助 Web 应用程序的创建者更好地在浏览器中创建富媒体应用程序,这是当前 Web 应用的热点。多媒体应用程序目前主要由 Ajax 和 Flash 来实现,HTML5 的出现增强了这种应用。HTML5 用于实现 Web 应用程序的功能如下:

- 绘画的 canvas 元素,该元素就像在浏览器中嵌入一块画布,程序可以在画布上绘画。
- 更好的用户交互操作,包括拖放、内容可编辑等。
- 扩展的 HTMLDOM API(Application Programming Interface,应用程序编程接口)。
- 本地离线存储。
- Web SQL 数据库。
- 离线网络应用程序。
- 跨文档消息。
- Web Workers 优化 JavaScript 执行。

(2) 更好地呈现内容

基于 Web 表现的需要,HTML5 引入了更好地呈现内容的元素,主要有以下几项。

- 用于视频、音频播放的 video 元素和 audio 元素。
- 用于文档结构的 article、footer、header、nav、section 等元素。
- 功能强大的表单控件。

4. HTML5 元素

根据内容类型的不同,可以将 HTML5 的标签元素分为 7 类,见表 2-1。

表 2-1　HTML5 的内容类型

内容类型	描　述
内嵌	向文档中添加其他类型的内容,例如 audio、video、canvas 和 iframe 等
流	在文档和应用的 body 中使用的元素,例如 form、h1 和 small 等
标题	段落标题,例如 h1、h2 和 hgroup 等
交互	与用户交互的内容,例如音频和视频的控件、button 和 textarea 等
元数据	通常出现在页面的 head 中,设置页面其他部分的表现和行为,例如 script、style 和 title 等
短语	文本和文本标签元素,例如 mark、kbd、sub 和 sup 等
片段	用于定义页面片段的元素,例如 article、aside 和 title 等

其中的一些元素如 canvas、audio 和 video,在使用时往往需要其他 API 来配合,以实现细粒度控制,但它们同样可以直接使用。

2.2　网页文件的创建过程

能够编辑 HTML 文档的软件很多,如 Dreamweaver、Visual Studio 和 UltraEdit 等,这些软件能够帮助用户构建大部分 HTML 文档,但作为初学者来说不需要任何第三方工具就可以学习 HTML。本节使用纯文本编辑器(记事本)来创建一个网页,通过这个简单的案例学习网页的编辑、保存和测试的过程。

【演练 2-1】　使用记事本编辑 HTML 文档。

① 执行“开始”→“所有程序”→“附件”→“记事本”命令,打开记事本。

② 创建网页。按照之前所讲的 HTML 规则,在"记事本"窗口中输入相关内容,如图 2-15 所示。

```
<!DOCTYPE HTML PUBLIC "-//W3C//DTD HTML 4.01 Transitional//EN" "http://www.w3.org/TR/html4/loose.dtd">
<html>
<head>
<meta http-equiv="Content-Type" content="text/html; charset=utf-8">
<title>使用记事本创建HTML文档</title>
</head>

<body style="background:url(2-1_bg.jpg) no-repeat;">
<h1>使用记事本创建HTML文档</h1>
<p>这是我创建的第一个网页,虽然内容很简单,也没有增加过多的修饰,但我想以后一定会成功的! </p>
</body>
</html>
```

图 2-15　使用笔记本编辑 HTML

③ 保存网页。在记事本的菜单栏中,执行"文件"→"保存"命令,此时弹出"另存为"对话框。在该对话框的"保存在"下拉列表框中选择文件存放的路径;在"文件名"文本框中输入扩展名".html",这里输入"使用记事本创建 HTML 文档.html";在"保存类型"下拉菜单中选择"文本文档",最后单击"保存"按钮即可。

④ 启动 Internet Explorer 浏览器。将刚才制作完成的网页文档拖放到浏览器内部,或者执行浏览器菜单栏中的"文件"→"打开"命令,弹出"打开"对话框,如图 2-16 所示。

⑤ 单击"浏览"按钮,在打开的对话框中找到刚才保存的"使用记事本创建 HTML 文档.html"文件。在"打开"对话框中,单击"确定"按钮,即可看到网页效果,如图 2-17 所示。预览后如果有需要修改的地方,还可以在"记事本"中打开该网页文件进行修改。

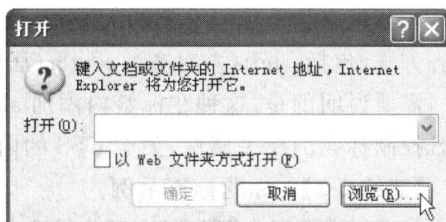

图 2-16　"打开"对话框(1)

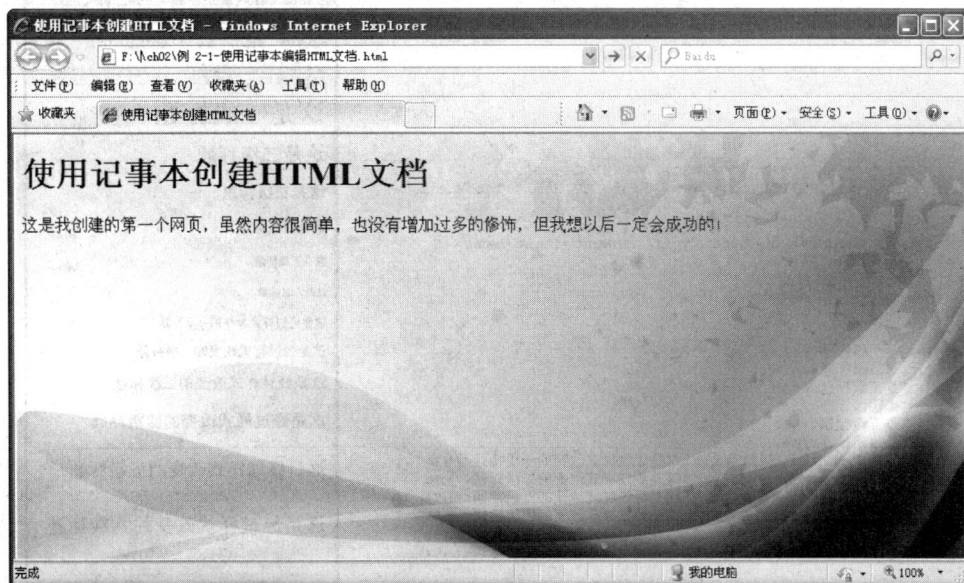

图 2-17　预览效果(1)

2.3 常 用 标 签

HTML、XHTML 和 HTML5 都属于标签语言,它们之间有很大一部分标签都是通用的,本节主要对那些常用的标签进行介绍。

2.3.1 标题标签、段落标签与换行标签

1. 标题标签

在网页中使用 h 系列的标签标示标题,h 系列的标签共有 6 个,即<h1>~<h6>,它们之间的区别类似于大纲的级别,<h1>代表顶级的标题,字号最大;<h6>标题级别最小,字号也最小。标题标签的格式为

<h＃ align＝"left|center|right"> 标题文字 </h＃>

"＃"用来指定标题文字的大小,＃取 1~6 的值,属性 align 用来设置标题在页面中的对齐方式,包括:left(左对齐)、center(居中)或 right(右对齐),默认为 left。

需要说明的是,这种在标签内添加 align 属性的做法正在被淘汰,取而代之的是使用 CSS 控制标题的相关属性,关于 CSS 的内容将在后续章节着重讲解。

【演练 2-2】 标题标签示例。

① 打开"记事本"程序,在其中输入如图 2-18 所示的代码,并另存为网页文档。

② 打开浏览器预览刚才制作的网页文档,其效果如图 2-19 所示。

```
<!DOCTYPE HTML PUBLIC "-//W3C//DTD HTML 4.01
Transitional//EN" "http://www.w3.org/TR/html4/loose.dtd">
<html>
<head>
<meta http-equiv="Content-Type" content="text/html;
charset=utf-8">
<title>标题标签</title>
</head>

<body>
<h1>这是一级标题</h1>
<h2>这是二级标题</h2>
<h3>这是三级标题</h3>
<h4>这是四级标题</h4>
<h5>这是五级标题</h5>
<h6>这是六级标题</h6>
<h1 style="font-size:14px;">这是经过样式改变的一级标题</h1>
<h2 style="font-size:16px;">这是经过样式改变的二级标题</h2>
<h3 style="font-size:18px;">这是经过样式改变的三级标题</h3>
<h4 style="font-size:20px;">这是经过样式改变的四级标题</h4>
<h5 style="font-size:22px;">这是经过样式改变的五级标题</h5>
<h6 style="font-size:24px;">这是经过样式改变的六级标题</h6>
</body>
</html>
```

图 2-18 页面代码(1)   图 2-19 预览效果(2)

20

从本例可以看出,默认状态下 h 系列标签标能够以不同大小显示其内容,但如果为其增加 CSS 样式即便 h1 元素也可能显示较小的字体。

2. 段落标签

<p>标签是一个具有特定语义的标签,为了使文字段落排列得整齐清晰,段落之间通常使用<p>和</p>标签定义段落。虽然,<p>标签常出现在文章段落中,但并不是所有内容都要放在<p>标签中,<p>标签同样可以嵌套在其他元素中。段落标签的格式为

<p> 文字 </p>

要想控制段落标签内部文字的各种属性,推荐使用 CSS 规则,后续内容将着重讲解编写规则的语法,这里仅做简单介绍。

【演练 2-3】　段落标签示例。

① 打开"记事本"程序,在其中输入如图 2-20 所示的代码,并另存为网页文档。

② 打开浏览器预览刚才制作的网页文档,其效果如图 2-21 所示。

```
<!DOCTYPE HTML PUBLIC "-//W3C//DTD HTML 4.01 Transitional//EN"
"http://www.w3.org/TR/html4/loose.dtd">
<html>
<head>
<meta http-equiv="Content-Type" content="text/html; charset=utf-8">
<title>段落p标签</title>
</head>

<body>
<p>段落元素由 p 标签定义。</p>
<p style="text-align:left;">这里是段落。这里是段落。这里是段落。这里是段落。</p>
<p style="text-align:center;">这里是段落。这里是段落。这里是段落。这里是段落。</p>
<p style="text-align:right ;">这里是段落。这里是段落。这里是段落。这里是段落。</p>
</body>
</html>
```

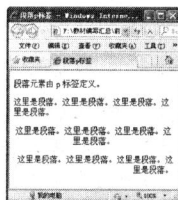

图 2-20　页面代码(2)　　　　　　　　　　图 2-21　预览效果(3)

从预览效果图中可知,由于为段落增加了"对齐"属性,所以段落文字呈现出不同的排列效果,虽然这种处理方法能够使文字进行对齐操作,但在实际工作中并不常用。

3. 换行标签

网页的内容并不都是像段落那样整齐排列的,有些时候没有必要使用多个 p 标签去分割内容,这时就可以使用 br 标签插入一个简单的换行符来实现换行效果。

br 标签将打断 HTML 或 XHTML 文档中正常段落的行间距和换行。在 HTML 中它没有结束标签,仅仅是指出文本流中要从哪里开始新的一行。但是在 XHTML 中则必须将此标签进行关闭。强制换行标签的格式为

文字 < br />

浏览器解释时,从该处换行。换行标签单独使用,可使页面清晰、整齐。

【演练 2-4】　换行标签示例。

① 打开"记事本"程序,在其中输入如图 2-22 所示的代码,并另存为网页文档。

② 打开浏览器预览刚才制作的网页文档,其效果如图 2-23 所示。

```
<!DOCTYPE HTML PUBLIC "-//W3C//DTD HTML 4.01 Transitional//EN"
"http://www.w3.org/TR/html4/loose.dtd">
<html>
<head>
<meta http-equiv="Content-Type" content="text/html; charset=utf-8">
<title>换行标签示例</title>
</head>

<body>
<div id="box1">
    <h3>使用换行符换行</h3>
    <p>功盖三分国，名成八阵图。<br />
       江流石不转，遗恨失吞吴。<br />
    </p>
</div>
<div id="box2">
    <h3>使用段落标签换行</h3>
    <p>功盖三分国，名成八阵图。</p>
    <p>江流石不转，遗恨失吞吴。</p>
</div>
<div id="box3">
    <h3>使用CSS控制段落间距</h3>
    <p style="margin:0;">功盖三分国，名成八阵图。</p>
    <p style="margin:0;">江流石不转，遗恨失吞吴。</p>
</div>
</body>
</html>
```

图 2-22　页面代码(3)　　　　　　　　　　　图 2-23　预览效果(4)

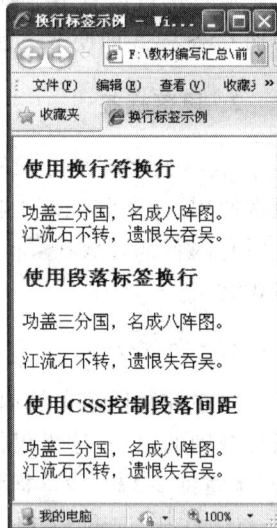

本例中使用三种方式进行换行效果的演示，从预览效果图中可以发现使用 br 标签进行换行，行间距没有变化；使用 p 标签进行换行，行间距变大(其实是段落间距)；使用CSS 对元素进行控制后，也能恢复正常的行间距外观。上述三种方式仅是让读者体会 br标签的不同，在实际工作中要使用 br 标签进行换行。此外，br 标签的写法有些特别，不是
或者
</br>，而是
。

2.3.2　超链接标签与图像标签

1. 超链接标签

在 HTML 或 XHTML 中使用<a>标签创建超链接。超链接可以是长短不一的句子，也可以是一幅图像，当浏览者把鼠标指针移动到网页中的某个超链接上时，鼠标指针会变成"🖐"，当单击该超链接时会跳转到其他页面或打开指定的程序。<a>标签的格式为

< a href = "URL" target = "打开窗口方式"> 热点 </a>

href 属性为超文本引用，它的值为一个 URL，是目标资源的有效地址。如果要创建一个不链接到其他位置的空超链接，则可用"＃"代替 URL。target 属性设定链接被单击后所要开始窗口的方式，可选值为：_blank、_parent、_self、_top。

【演练 2-5】　超链接标签示例。

① 打开"记事本"程序，在其中输入如图 2-24 所示的代码，并另存为网页文档。

② 打开浏览器预览刚才制作的网页文档，其效果如图 2-25 所示。

```
<!DOCTYPE HTML PUBLIC "-//W3C//DTD HTML 4.01 Transitional//EN"
"http://www.w3.org/TR/html4/loose.dtd">
<html>
<head>
<meta http-equiv="Content-Type" content="text/html; charset=utf-8">
<title>超链接标签示例</title>
</head>

<body>
<h1>常见的超链接类型</h1>
<p><a href="http://www.baidu.com">外部链接</a></p>
<p><a href="#">内部链接</a></p>
<p><a href="mailto:wufeng1121@126.com">邮件链接</a></p>
</body>
</html>
```

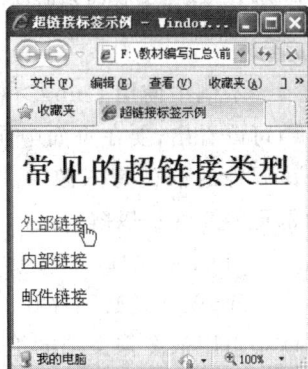

图 2-24　页面代码(4)　　　　　　　　　　图 2-25　预览效果(5)

本例包含外部链接(单击后链接到其他网站)、本页面链接(单击后还是当前页面),以及邮件链接(单击后打开 Outlook 软件)3 种类型的链接,而＜a＞标签内均包含"href"属性,该属性的作用是创建指向另一个文档的链接。需要特别注意的是,当创建的链接是本站点外的链接时,必须包含"http://"。

2. 图像标签

在 HTML 和 XHTML 中,图像由＜img＞标签定义,该标签是空标签,即它只包含属性,没有闭合标签。图像标签的格式为

＜img src = "图像文件名" alt = "简单说明" width = "图像宽度" height = "图像高度" /＞

标签中的属性说明如下。

src：指出要加入图像的文件名,即"图像文件的路径\图像文件名"。

alt：在浏览器尚未完全读入图像时,在图像位置显示的文字。

width：宽度(像素数或百分数)。通常只设为图像的真实大小以免失真。若需要改变图像大小,则最好事先使用图像编辑工具进行修改。百分数是指相对于当前浏览器窗口的百分比。

height：设定图像的高度(像素数或百分数)。

【演练 2-6】　图像标签示例。

① 打开"记事本"程序,在其中输入如图 2-26 所示的代码,并另存为网页文档。

```
<!DOCTYPE HTML PUBLIC "-//W3C//DTD HTML 4.01 Transitional//EN"
"http://www.w3.org/TR/html4/loose.dtd">
<html>
<head>
<meta http-equiv="Content-Type" content="text/html; charset=utf-8">
<title>图像标签示例</title>
</head>

<body>
<h3>图像标签示例</h3>
<img src="2-6.jpg" alt="安卓操作系统" width="240" height="320">
</body>
</html>
```

图 2-26　页面代码(5)

23

② 打开浏览器预览刚才制作的网页文档,其效果如图 2-27 所示。

本例中使用＜img＞标签插入了一幅图像,从页面代码中可以看出,要在页面中显示图像,需要使用"src(源属性)",该属性的值就是图像的 URL 地址。下面对＜img＞标签中常见的属性加以解释。

（1）src 属性

src 属性是必须存在的,它的值就是图像文件的 URL,也就是引用该图像文档的绝对地址或相对地址。为了方便文档的存储,一般将图像文件存放在一个单独的文件夹中,而且通常会将这个目录命名为 images 或 pic 之类的名称。此外,本例中由于图像与网页文档处在同一目录下,所以只用书写图像名称即可,如果图像位于 www.yyy.com 的 images 目录中,那么其 URL 为 http:// www.yyy.com/images/2-6.jpg。

（2）alt 属性

图 2-27　预览效果(6)

alt 属性指定了替代文本,用于在图像无法显示的时候,代替图像显示在浏览器中的内容。此外,当鼠标移动到该图像上方时,浏览器同样会在一个文本框中显示这个描述性文本。

（3）width 属性和 height 属性

width 属性和 height 属性用于定义图像的宽度和高度。为图像指定 height 属性和 width 属性是一个好习惯,如果设置了这些属性,就可以在页面加载时为图像预留空间。如果没有这些属性,浏览器就无法了解图像的尺寸,也就无法为图像保留合适的空间,因此当图像加载时,页面的布局就会发生变化。

2.3.3　列表标签

目前,列表元素在网页中的应用十分广泛,导航条、栏目区域、搜索结果等重要布局都是通过列表和 CSS 来实现的。列表分为三种,分别是无序列表、有序列表和自定义列表,下面通过示例加以介绍。

【演练 2-7】　列表标签示例。

① 打开"记事本"程序,按照 HTML 文档的基本结构在其 body 元素内部输入如图 2-28 所示的代码。

② 在页面 head 元素内部,创建如图 2-29 所示的代码,并另存为网页文档。

③ 打开浏览器预览刚才制作的网页文档,其效果如图 2-30 所示。

对于无序列表来说,浏览器会在每个条目前面添加一个项目符号,并让其独占一行,而且每行会针对文档的左边界缩进一定距离。

对于有序列表来说,默认情况下浏览器会从"1"开始自动对有序条目进行编号,如果需要使用其他类型的编号或从指定的编号上累计编号,可以通过＜ol＞标签的"type"属性(用于更改编号的类型)和"start"属性(用于指定有序列表的开始编号)实现。

```
<body>
<div class="box">
  <h3>无序列表标签示例</h3>
  <ul>
    <li><a href="#">公司简介</a></li>
    <li><a href="#">公司荣誉</a></li>
    <li><a href="#">对外合作</a></li>
  </ul>
</div>
<div class="box">
  <h3>有序列表标签示例</h3>
  <ol>
    <li><a href="#">公司简介</a></li>
    <li><a href="#">公司荣誉</a></li>
    <li><a href="#">对外合作</a></li>
  </ol>
</div>
<div class="box">
  <h3>自定义列表标签示例</h3>
  <dl>
    <dt>HTML</dt>
    <dd>HTML（超文本标签语言）是一种用于文档布局和超
文本链接规范的语言。</dd>
    <dt>XHTML</dt>
    <dd>从语法方面讲，可以说XHTML是更加严格更纯净的
HTML版本。</dd>
  </dl>
</div>
</body>
```

```
<style type="text/css">
.box {
    border:1px #F00 solid;
    margin:5px;
    padding:5px;
    width:200px;
    float:left;
}
</style>
```

图 2-28　页面代码(6)　　　　图 2-29　CSS 代码

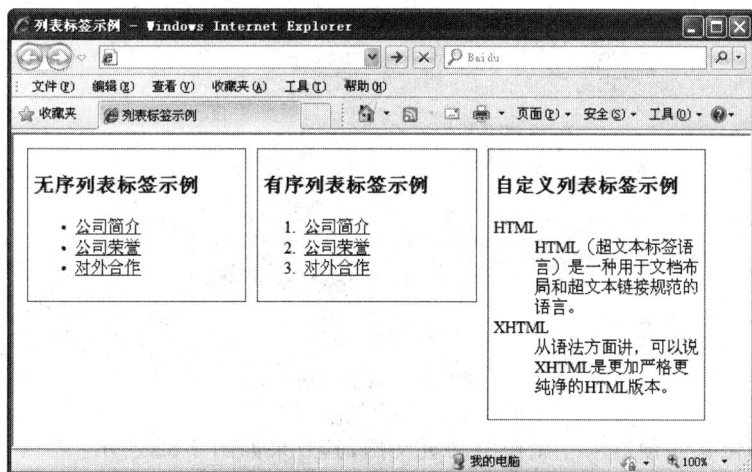

图 2-30　预览效果(7)

　　对于自定义列表来说，每一项的名称不再是<li>标签，而是用<dt>标签进行标记，后面跟着由<dd>标签标记的条目定义或解释。默认情况下，浏览器一般会在左边界显示条目或术语的名称，并在下一行缩进显示其定义或解释。在<dl>、<dt>和<dd>三个标签组合中，<dt>是标题，<dd>是内容，<dl>可以看做是承载它们的容器，当出现很多组的时候尽量使用一个<dt>标签配合一个<dd>标签的方法。如果<dd>标签中内容很多，则可以嵌套<p>标签使用。

2.3.4　表格标签

　　在 HTML 中表格由 table 元素以及一个或多个 tr、th 或 td 元素组成，可以将任何东

25

西(如图像、表单,甚至另一个表格)放进表格内。

表格的标签为＜table＞,行的标签为＜tr＞,表项的标签为＜td＞。其中,＜tr＞是单标签,一行的结束是新一行的开始。表项内容写在＜td＞与＜/td＞之间。＜table＞标签必须成对使用,简单表格的格式为

```
< table border = "n" width = "x|x%" height = "y|y%" cellspacing = "i" cellpadding = "j">
  < caption align = "left|right|top|bottom valign = top|bottom>标题</caption>
  <tr>< th>表头 1</th>< th>表头 2</th>< th>...</th>< th>表头 n</th></tr>
  <tr>< td>表项 1</td>< td>表项 2</td>< td>...</td>< td>表项 n</td></tr>
     ...
  <tr>< td>表项 1</td>< td>表项 2</td>< td>...</td>< td>表项 n</td></tr>
</table>
```

为了能清楚地讲解各种元素的含义,这里先给出一个示例。

【演练 2-8】 表格标签示例。

① 打开"记事本"程序,按照 HTML 文档的基本结构在其 body 元素内部输入如图 2-31所示的代码,并保存为网页文件。

```
<body>
<table width="100%" border="3" cellspacing="1" cellpadding="2" >
  <caption>
  显卡驱动程序下载
  </caption>
  <tr>
    <th scope="col">序号</th>
    <th scope="col">版本</th>
    <th scope="col">下载</th>
  </tr>
  <tr>
    <th scope="row">1</th>
    <td>Intel英特尔Graphics Media Accelerator 3600显卡驱动
8.14.8.1077版For   Win7-32</td>
    <td><img src="2-8.jpg" width="178" height="42"></td>
  </tr>
</table>
</body>
```

图 2-31　页面代码(7)

② 打开浏览器预览刚才制作的网页文档,其效果如图 2-32 所示。

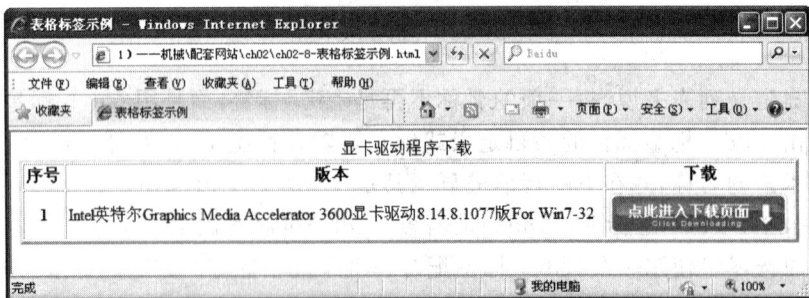

图 2-32　预览效果(8)

1. ＜table＞标签

＜table＞标签与＜/table＞结束标签在文档中定义一个表格,其中包含了很多属性。

（1）border 属性

border 属性为＜table＞标签的可选属性，其作用是告诉浏览器在表格、表格里的行和单元格的周围画线，默认情况下是没有边框的。本例中为 border 属性指定了一个值，这个整数值就是环绕在表格外 3D 镶边的像素宽度。

（2）cellspacing 属性

cellspacing 属性用于控制表格中相邻单元格的间距以及单元格外边沿和表格边沿之间的间距。

（3）cellpadding 属性

cellpadding 属性用于控制单元格的边沿和它内容之间的距离，默认值为一个像素。

（4）scope 属性

scope 属性可以将数据单元格与表头单元格联系起来，属性值"row"会将表头行包括的所有表格都和表头单元格联系起来；属性值"col"会将当前列的所有单元格和表头单元格绑定起来。

2．＜tr＞标签

＜tr＞标签用于定义表格中的行。＜tr＞标签中可以放置一个或多个单元格，单元格又包括＜th＞标签定义的表头，以及由＜td＞标签定义的数据。表格中每一行单元格的数据，都与最长的单元格数据相同。

3．＜th＞与＜td＞标签

在＜tr＞标签内部，＜th＞与＜td＞标签会在一行中创建单元格及其内容。＜th＞标签定义表格内的表头单元格，在 th 元素内的文本通常会以粗体显示；＜td＞标签用于定义 HTML 表格中的标准单元格。

2.3.5　表单标签

表单让 HTML 和 XHTML 真正具有互交性，使用表单可以创建用来获取和处理用户输入数据的文档，同时还可以生成个性化的回应，特别是在电子商务网站应用方面，表单更是具有无限的潜能。

表单（form）是由一个或多个输入文本框、按钮、复选框、下拉菜单或图像映射组成的，这些元素都放置在＜form＞标签中。一个文档中可以包含多个表单，而且表单中可以放置包括文字和图像在内的主体内容。

下面来制作一个简单的例子，对表单中的一些常见的标签进行讲解，看一看表单是如何整合在一起的。

【演练 2-9】　表单标签示例。

① 打开"记事本"程序，在其中输入如图 2-33 所示的代码，并另存为网页文档。

② 打开浏览器预览刚才制作的网页文档，其效果如图 2-34 所示。

```
<!DOCTYPE HTML PUBLIC "-//W3C//DTD HTML 4.01 Transitional//EN"
"http://www.w3.org/TR/html4/loose.dtd">
<html>
<head>
<meta http-equiv="Content-Type" content="text/html; charset=utf-8">
<title>表单标签示例</title>
</head>

<body>
<h3>表单标签示例</h3>
<form id="ww" name="ff" method="post" action="/example/form_action.asp">
  姓名:
  <label for="na"></label>
  <input type="text" name="name" id="na" size="20" maxlength="40"/>
  <p> 性别:
    <label>
      <input type="radio" name="sex" value="M" id="sex_0" />
      男</label>
    <label>
      <input type="radio" name="sex" value="F" id="sex_1" />
      女</label>

  <p>所属班级:
    <select name="degree" id="degree">
      <option value="1">计算机1301</option>
      <option value="2">计算机1302</option>
      <option value="3">计算机1303</option>
      <option value="4">计算机1304</option>
    </select>
  </p>
  <p>
    <input type="submit" name="button_1" id="button_1" value="提交" />
    <input type="reset" name="button" id="button" value="重置" />
  </p>
</form>
</body>
</html>
```

图 2-33　页面代码(8)

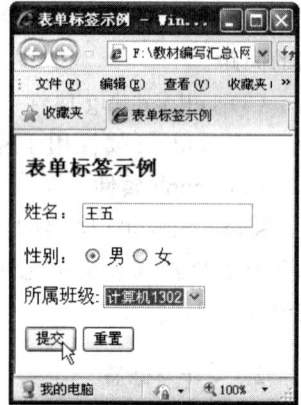

图 2-34　预览效果(9)

在本例的源代码中,<form>标签说明了表单的开始,同时表明将采用 post 方法向表单处理服务器传送数据。随后是表单的用户输入控件,其中每个控件都是用<input>标签和 type 属性定义的。

在这个示例中共有四个控件,第一个控件是文本域,允许用户最多输入 40 个字符,但一次最多只能显示 20 个字符;第二个控件是一组单选按钮,用户只能从 2 个单选按钮中选择其中一个;第三个控件是一个下拉菜单,可以从 4 个选项中选择一个;第四个控件是简单的"提交"按钮,用户单击此按钮后,输入信息会发送到服务器上名为"form_action. asp"的页面。

1. <form>标签

<form>标签用于为用户输入创建 HTML 表单。在文档主体中,表单可以被放置于任何位置,只要将表单的元素都放在<form>标签与</form>结束标签中就可以,此外 form 元素是块级元素,其前后会产生换行。

(1) action 属性

<form>标签中必须包含 action(动作)属性,此属性说明了接收和处理表单数据的应用程序的 URL。通常 Web 管理员将表单处理应用程序放在 Web 服务器上名为"cgi-bin"的目录下。一个带有 action 属性典型的<form>标签代码片段如下所示。

```
< form action = "http://www.yyy.com/cgi - bin/update">
…
</form>
```

cgi-bin 目录中的文档实际上是一个应用程序,每次调用它时该程序都会动态地创建一个所需要的页面。

（2）method 属性

method 属性用于规定使用何种方法发送表单数据，共有两种方法 POST 方法和 GET 方法。

（3）id 属性和 name 属性

id 属性允许用户使用一个唯一的字符串来标记控件，这样程序或者超链接就可以直接引用它们。name 属性就是控件的名称，可以重复。

2．＜input＞标签

＜input＞标签用于定义表单控件，根据不同 type 的属性值，输入字段拥有很多种形式（文本字段、复选框、掩码后的文本控件、单选按钮和按钮等）。虽然＜input＞标签中有许多属性，但对每个元素来说，只有 type 和 name 属性是必须的。＜input＞标签中 type 属性用来选择控件类型，name 属性用来为字段命名。以下是 type 属性常见值的含义。

（1）type＝"text"单行文本输入框

文本框是一种让访问者自己输入内容的表单对象，通常用来填写用户名以及简单的回答，如图 2-35 所示。

（2）type＝"password"密码输入框

当用户在此类型的输入框中输入任何文字时，文字会被"·"代替，从而起到保密的作用，如图 2-36 所示。

（3）type＝"checkbox"复选框

复选框控件为用户提供了一种在表单中选择或取消选择某个条目的快捷方法。复选框可以集中在一起产生一组选择，用户可以选择或取消选择组中的每个选项，如图 2-37 所示。

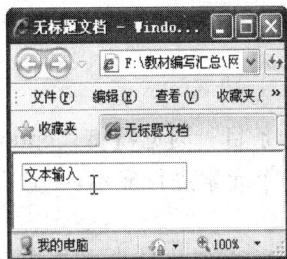

图 2-35　文本输入框　　　　图 2-36　密码输入框　　　　图 2-37　复选框

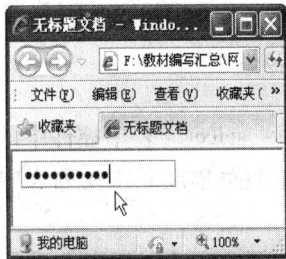

（4）type＝"radio"单选按钮

单选按钮表单控件与复选框的行为非常相似，唯一不同的是浏览者在待选项中只能选择其中一个，如图 2-38 所示。

（5）type＝"file"文件域

文件域主要用于文件的上传，如图 2-39 所示。

（6）type＝"submit"提交按钮

表单中 input 元素的 type 属性可以定义为提交按钮（submit），并且允许一个表单中包含多个提交按钮，它的作用就是把表单数据发送到服务器。

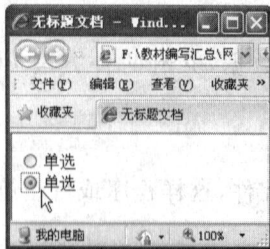

图 2-38　单选按钮

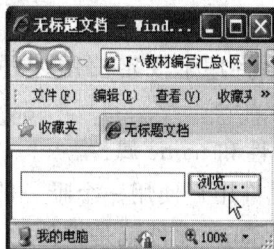

图 2-39　文件域

对于最简单的提交按钮(按钮不包含 name 属性或 value 属性),浏览器将显示一个长方形按钮,上面有默认标记 submit(提交)。其他情况下,浏览器会在 value 属性中设置文本来标记按钮。如果还包含 name 属性,当浏览器将表单信息发送给服务器时,会将提交按钮的 value 属性值添加到参数列表中。

3. ＜label＞标签

＜label＞标签用于为 input 元素定义标记。虽然 label 元素不会向用户呈现任何特殊效果,但用户选择该标签时,浏览器就会自动将焦点转到和标签相关的表单控件上。此外,＜label＞标签的 for 属性应当与相关元素的 id 属性相同。

4. ＜select＞标签

＜select＞标签用于创建下拉菜单或滚动列表。与其他标签一样,name 属性是必须存在的。当提交表单时,浏览器会提交选定的项目,或者收集用逗号分隔的多个选项,将其合成一个单独的参数列表。此外,用户如果希望一次选择多个选项,则可以在＜select＞标签中添加 multiple 属性。

5. ＜option＞标签

＜option＞标签可以定义一个＜select＞表单控件中的每个条目。浏览器将＜option＞标签中的内容作为＜select＞标签的菜单或是滚动列表中的一个元素进行显示。

(1) value 属性

value 属性可以为每个选项设置一个值,当表单被提交时这个值将被发送到服务器端。如果没有指定 value 属性,则选项的值将设置为＜option＞标签中的内容。

(2) selected 属性

默认设置下,所有多选的＜select＞标签中选项都是未选中状态。当＜select＞标签中包含 selected 属性后,就可以实现选定一个或多个选项在初始状态时就处于被选中状态。

2.3.6　HTML5 新增标签

由于目前 HTML5 还没有成为 W3C 正式的推荐标准,很多浏览器对其的支持程度参差不一,本节仅介绍新增的音频和视频标签,而所演示的例子均在 Firefox 6 中预览。

1. 标签 video

HTML5 视频标签 video 是新增元素之一。之前,大多数网页视频是通过插件(例如 Flash)来显示的,但插件运行太多或插件本身问题都容易引起浏览器的假死,造成用户使用不便。所以,HTML5 视频标签 video 将改善用户 Web 体验,让用户在轻松愉快的情况下观看视频。

(1)＜video＞标签支持的视频格式及浏览器兼容性

＜video＞标签支持 3 种视频格式,在不同的浏览器中的兼容性见表 2-2。

表 2-2　3 种视频格式的浏览器兼容性

音频格式	IE 9	Firefox 3.5	Opera 10.5	Chrome 10	Safari 3.0
Ogg		√	√	√	
MPEG 4	√			√	√
WebM		√	√	√	

(2)＜video＞标签的属性

＜video＞标签的属性见表 2-3。

表 2-3　＜video＞标签的属性

属　　性	描　　　　述
autoplay	如果出现该属性,则视频在就绪后马上播放
controls	如果出现该属性,则向用户显示控件,比如播放、暂停和音量控件
height	设置视频播放器的高度
loop	如果出现该属性,则每当音频结束时重新开始播放
preload	如果出现该属性,则视频在页面加载时进行加载,并预备播放。如果使用 autoplay,则忽略该属性
src	要播放音频的 URL
width	设置视频播放器的宽度

【演练 2-10】　视频标签示例。

① 打开"记事本"程序,在其中输入如图 2-40 所示的代码,并另存为网页文档。

```
<!DOCTYPE HTML>
<html>
<head>
<meta http-equiv="Content-Type" content="text/html;
charset=utf-8">
<title>无标题文档</title>
</head>

<body>
<video width="320" height="240" controls="controls">
<source src="wf.ogg" type="video/ogg">
<source src="wf.mp4 " type="video/mp4">
对不起! 您的浏览器不支持video标签。
</body>
</html>
```

图 2-40　页面代码(9)

② 保存为网页文件后通过不同的浏览器解析,显示效果如图 2-41 和图 2-42 所示。

图 2-41 IE 8 预览时的 video 元素页面效果　　图 2-42 Firefox 6 预览时的 video 元素网页效果

本例中,controls 属性提供了播放、暂停和音量控件,方便用户对视频进行控制;width 属性和 height 属性,定义了视频显示的范围;<video>标签中的文字内容用于在不支持 video 元素的浏览器中进行显示;<video>标签中包含多个 source 元素,其目的在于方便浏览器选择一个可识别的视频格式。

2. 音频标签 audio

HTML5 规定了一种通过 audio 元素来包含音频的标准方法,与 video 元素类似,audio 元素能够播放声音文件或者音频流。

(1) <audio>标签支持的音频格式及浏览器兼容性

<audio>标签支持 3 种音频格式,在不同的浏览器中的兼容性见表 2-4。

表 2-4 3 种音频格式的浏览器兼容性

音频格式	IE 9	Firefox 3.5	Opera 10.5	Chrome 10	Safari 3.0
Ogg Vorbis		√	√	√	
MP3	√			√	√
WAV		√	√		√

(2) <audio>标签的属性

<audio>标签的属性见表 2-5。

表 2-5 <audio>标签的属性

属　　性	描　　述
autoplay	如果出现该属性,则音频在就绪后马上播放
controls	如果出现该属性,则向用户显示控件,比如播放、暂停和音量控件
loop	如果出现该属性,则每当音频结束时重新开始播放
preload	如果出现该属性,则音频在页面加载时进行加载,并预备播放
src	要播放音频的 URL

【演练 2-11】　音频标签示例。

① 打开"记事本"程序,在其中输入如图 2-43 所示的代码,并另存为网页文档。

```
<!DOCTYPE HTML>
<html>
<head>
<meta http-equiv="Content-Type" content="text/html;
charset=utf-8">
<title>无标题文档</title>
</head>

<body>
<audio controls="controls">
  <source src="dx.ogg"type="audio/ogg">
  <source src="dx.mp3"type="audio/mp3">
  对不起！您的浏览器不支持audio标签。 </audio>
</body>
</html>
```

图 2-43　页面代码(10)

② 保存为网页文件后通过不同的浏览器解析,显示效果如图 2-44 和图 2-45 所示。

本例中,直接使用 audio 元素将音频添加到 HTML 代码中,它将使用 src 特性指定要播放的音频文件,并使用 controls 特性以使用内置的播放器控件,由于使用的是内部播放器,所以在不同浏览器内部预览的样式或功能上有所不同。

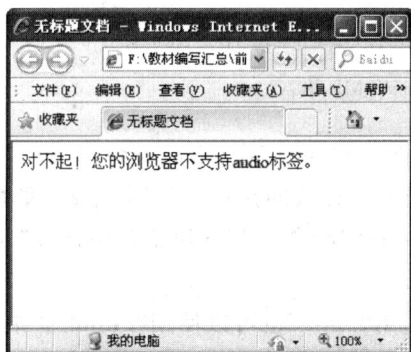

图 2-44　IE 8 预览时的 audio 元素页面效果

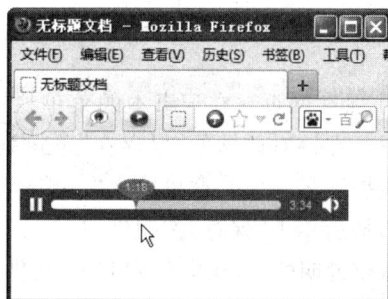

图 2-45　Firefox 6 预览时的 audio 元素网页效果

2.4　简单实例

本节主要讲解在"记事本"环境下创建、修改和预览网页文档的全部过程,其目的在于让读者掌握常见标签的使用方法。

2.4.1　创建和保存网页

专业的 Web 开发者常用 Dreamweaver 这样的软件编辑网页,这也是本书所讲授的重点之一,但在本章中为了更好地理解 HTML,这里使用最简单的工具——记事本来创建网页。

① 在计算机系统中,执行"开始"→"所有程序"→"附件"→"记事本"命令,打开记事本。

② 创建网页。按照之前所讲的 HTML 规则,在"记事本"窗口中输入相关内容,如图 2-46 所示。

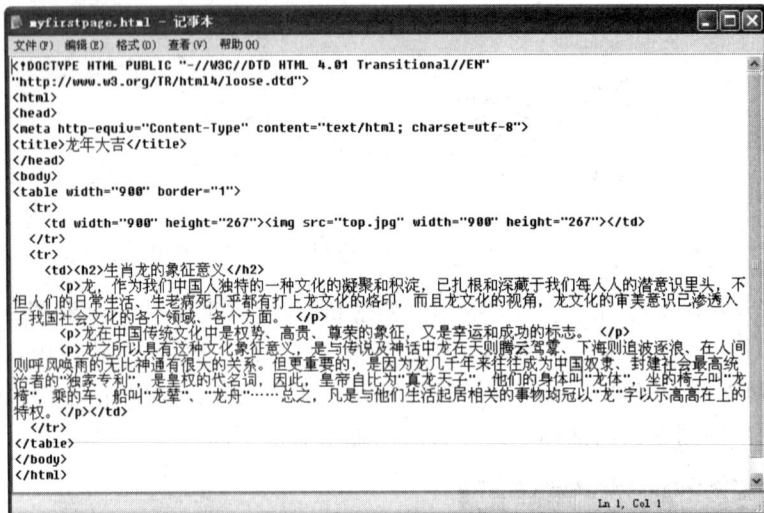

图 2-46　在"记事本"中输入 HTML 语言

③ 保存网页。在记事本的菜单栏中,执行"文件"→"保存"命令,此时弹出"另存为"对话框。在该对话框的"保存在"下拉列表框中选择文件存放的路径;在"文件名"文本框中输入扩展名.html,这里输入"myfirstpage.html";在"保存类型"下拉菜单中选择"文本文档",最后单击"保存"按钮即可。

需要说明的是,在保存 HTML 文件时,既可以使用".htm"也可以使用".html"扩展名,这是因为过去很多软件只允许三个字母的文件扩展名,而现在使用".html"完全没有问题。

2.4.2　预览网页

Web 浏览器的作用是读取 HTML 文档,并以网页的形式显示出它们,浏览器不会显示 HTML 标签,而是使用标签来解释页面的内容。具体操作如下:

① 启动 Internet Explorer 浏览器。

② 执行浏览器菜单栏中的"文件"→"打开"命令,弹出"打开"对话框,如图 2-47 所示。

③ 单击"浏览"按钮,在打开的对话框中找到刚才保存的"myfirstpage.html"文件。在"打开"对话框中,单击"确定"按钮,即可看到网页效果,如图 2-48 所示。预览后如果有需要修改的地方,还可以在"记事本"中打开该.html 文件进行修改。

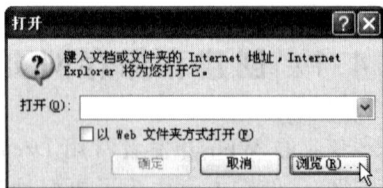

图 2-47　"打开"对话框(2)

图 2-48　在 Internet Explorer 浏览器中预览网页

　　至此,使用"记事本"创建并保存一个简单的网页过程已经介绍完了,读者在制作本案例过程中,可能觉得使用"记事本"编写网页十分枯燥也容易出错,那么有没有其他更直观、更方便的方法制作网页呢? 回答是肯定的,本书后续章节将着重讲解使用Dreamweaver CS5 制作网页的方法,以及结合 CSS 的内容美化网页,而在本节的操作过程仅是希望读者能够掌握有关 HTML 语言的基本规则,牢记相关标签的含义。

2.5　实　　　训

1. 具体要求

　　根据本章所学内容,使用"记事本"创建一个简单的网页。在制作过程中,要求加深对HTML 语言的理解,熟练掌握常用标签的含义。

2. 制作思路

　　① 执行"开始"→"所有程序"→"附件"→"记事本"命令,打开记事本。

　　② 在"记事本"窗口中插入段落和表单元素,并且在表单内部插入单选按钮、复选框、单行文本框、多行文本框等标签,由于涉及标签较多,更为细致的页面结构读者可以参阅源文件。

　　③ 丰富完善各种标签内部的文字内容,并保存文件。通过浏览器预览可以看到效果,如图 2-49 所示。

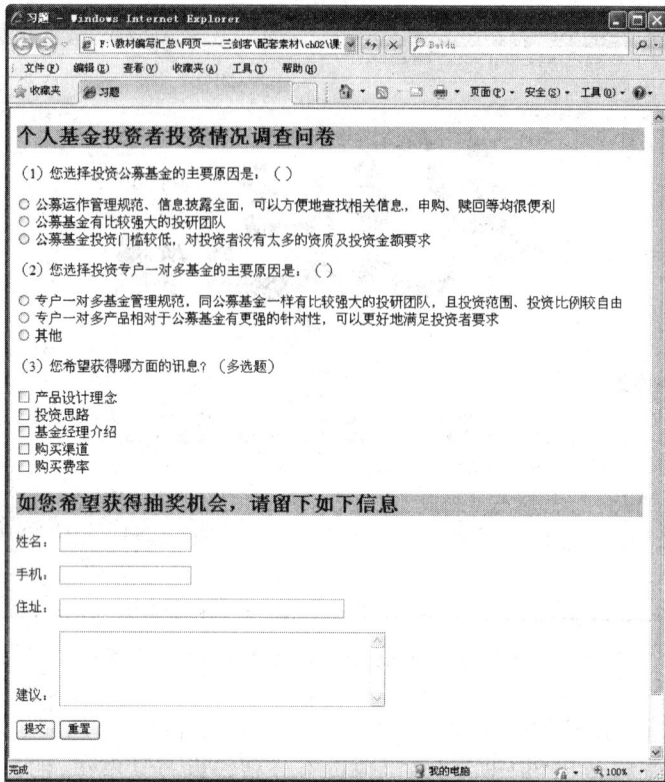

图 2-49　预览效果(10)

2.6　习　　题

1. 什么是 HTML？什么是 XHTML？什么是 HTML5？它们之间有什么联系？

2. 什么是标签？

3. 简述 XHTML 的语法规则。

4. 超链接标签内部能否插入图像标签？

5. 列表标签包括哪几类？

6. 什么是表单？列举常见的表单对象。

7. HTML5 中的标签类型是否被所有浏览器所支持？分别使用 HTML5 的音频和视频标签制作简易页面。

8. 使用列表标签制作如图 2-50 所示的网页。

9. 使用表格标签和图像标签制作如图 2-51 所示的网页。

10. 使用表格和图片制作如图 2-52 所示的页面。

11. 使用表单制作登录框页面,如图 2-53 所示。

图 2-50　习题 8 对应图

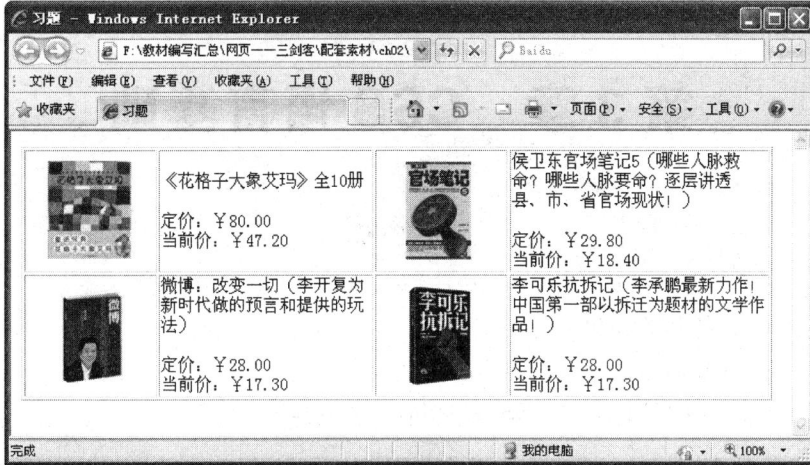

图 2-51　习题 9 对应图

图 2-52　习题 10 对应图

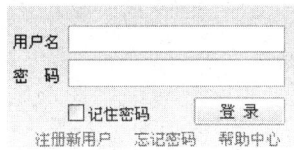

图 2-53　习题 11 对应图

第 3 章　CSS 语言基础

- □ 了解 CSS 的相关知识。
- □ 掌握 CSS 基本语法。
- □ 能够使用"(X)HTML+CSS"创建简单网页。

CSS 是一种表现(Presentation)语言,用来格式化网页、控制字体、布局和颜色等。CSS 扩展了 HTML 的功能,减小了网页的存储空间,加快了网络传送速度,也大大简化了网页格式化工作的强度。

3.1　CSS 语言概述

在"表现与结构相分离"这一 Web 理念盛行的大环境中,CSS 语言可以将样式信息与网页内容分离开来,使站点外观维护变得更为简便,而且还可以使(X)HTML 文档代码结构清晰、内容简练。

3.1.1　CSS 概述

1. 什么是 CSS

CSS(Cascading Style Sheet,层叠样式表)是由 W3C(万维网联盟)的 CSS 工作组创建和维护的。它是一种不需要编译,可直接由浏览器执行的标记性语言,用于控制 Web 页面的外观。通过使用 CSS 样式控制页面各元素的属性显示,可将页面的内容与表现形式进行分离。

目前 CSS 有多种版本,CSS 1 是 1996 年 W3C 的一个正式规范,其中包含最基本的属性(如字体、颜色和空白边)。CSS 2 是在 CSS 1 的基础上增添了某些高级概念(如浮动和定位)以及高级的选择器(如子选择器、相邻同胞选择器和通用选择器),并于 1998 年作为正式规范发布的。

尽管 CSS 3 的开发工作很早就开始了,但至今尚未正式发布,目前仅是草案。不过 CSS 3 的新功能(圆角、多背景、用户自定义字体、动画与渐变、渐变色、盒阴影、透明色、文字阴影等),还是让众多设计人员备受期待,它能让代码更为简洁,页面结构更合理,性能和效果得到兼顾。

可能是考虑到 CSS 2 到 CSS 3 的发布时间会很长,2002 年人们启动了 CSS 2.1 的开发,它是 CSS 2 的修正版,纠正了之前版本的一些错误,并更精确地描述 CSS 的浏览器实现。本书所涉及的 CSS 均使用 CSS 2.1 版本。

2. 体验 CSS

同一个网页文档可以有巨大的外观差异,如图 3-1 和图 3-2 所示,这就是 CSS 的强大之处。读者可以访问一个名为"CSS 禅意花园"的网站(http://www.csszengarden.com/)亲身体验。

图 3-1　CSS 禅意花园页面(1)

图 3-2　CSS 禅意花园页面(2)

3. CSS 的优势

为了简化和整理页面制作过程中那些繁冗以及杂乱无章的 HTML 代码,CSS 在 W3C 工作组的努力下被开发出来,有效地解决了这些烦琐的问题,其优势表现在以下几个方面。

(1) 避免使用不必要的 XHTML 元素

XHTML 标签本意是用来定义文档结构的,通过<h1>、<p>、<table>等各种标签,表达标题、段落和表格之类的信息。

CSS 样式可以代替 HTML 中原本用于表现形式的标签,使得语义化标签处于更好的位置,更能发挥文档标签规范文档结构的作用。

（2）缩短更新和维护的时间

CSS 可以将多个页面同时更新来实现样式及布局的变化，设计者只需要修改 CSS 文件中的某些属性，整个站点的外观就会随之改变，大幅提升了开发和维护过程的效率。一般来说，CSS 样式文件存放于独立的文件中，或者包含在＜style＞和＜/style＞标签中。

（3）减少服务器和带宽的费用，以节约资金

使用 CSS 替换过时的＜font＞标签，优化页面结构，可以使页面体积减小，这对于一个每日访问量巨大的站点来说，可以有效节约带宽，减轻服务器的压力，进而节约资金。

3.1.2　CSS 规则

CSS 规则由两部分组成：选择符(selector)和声明(declaration)，而声明又由属性及其对应的值组成，如图 3-3 所示。

选择符可包含一种或多种属性，其作用是决定网页上的哪一部分应该样式化；属性告诉浏览器要改变什么；属性的值告诉浏览器要改变成什么。

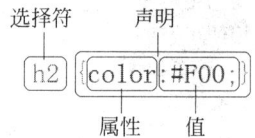

图 3-3　CSS 规则

- 选择符：规则中用于选择文档中要应用样式的那些元素。该元素可以是(X)HTML 的某个标签(如本例中＜h2＞标签被选中)，也可以是页面中指定的 class(类)或者 id 属性限定的标记。

- 声明：包含在一对大括号"{}"内，用于告诉浏览器如何渲染页面中与选择符相匹配的对象。声明内部由属性及其属性值组成，并用冒号隔开，以分号结束，声明的形式可以是一个或者多个属性的组合。

  - 属性(property)：由官方 CSS 规范约定，而不是自定义的，除个别浏览器私有属性以外。

  - 属性值(value)：放置在属性名和冒号后面，其具体内容跟随属性的类别呈现不同形式，一般包括数值、单位以及关键字。

【演练 3-1】　CSS 规则示例。

① 打开"记事本"程序，按照 HTML 文档的基本结构在其 body 元素内部输入如图 3-4 所示的代码。

② 在页面 head 元素内部，创建如图 3-5 所示的代码，并另存为网页文档。

```
<body>
<h1>CSS基本语法</h1>
<p>CSS规则由两部分组成：选择符（selector）和声明
（declaration），而声明又由属性及其对应的值组成。</p>
</body>
```

图 3-4　页面代码(1)

```
<style type="text/css">
body {
        font-family:"微软雅黑";   /*设置字体*/
        font-size:16px;   /*设置文字大小为13px*/
        background-color: #FF0;   /*设置背景颜色为黄色*/
}
h1 {
        color:#F00;/*设置颜色为红色*/
}
p {
        color:#00F;/*设置字体颜色为蓝色*/
}
</style>
```

图 3-5　CSS 代码(1)

③ 打开浏览器预览刚才制作的网页文档,其效果如图 3-6 所示。

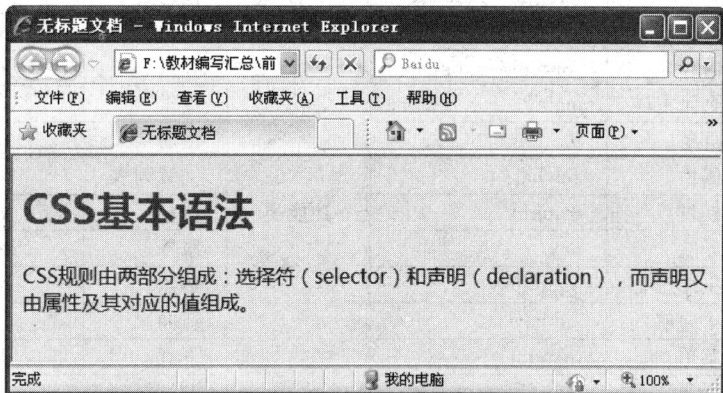

图 3-6 最终预览效果(1)

通过本例可以看出,页面结构代码十分清晰,并没有混杂外观样式,而所有外观全部通过 CSS 进行控制,这充分体现了"表现与结构相分离"这一 Web 理念。在实际工作中,符合 Web 标准的网页制作并非如此简单,还有更为复杂的知识等待读者学习。

3.1.3 CSS 的命名规则

在工作中,要完成一个项目通常以多人合作的方式进行,如果没有规范化命名,则合作伙伴之间很难看懂代码,大大降低了工作效率。为了增强代码的可读性,规范化的命名十分必要。

CSS 命名规则和其他的程序命名差不多,主要包含三种:骆驼命名法、帕斯卡命名法和匈牙利命名法。

(1) 骆驼命名法

骆驼命名法指的是第一个字母小写,后面单词的第一个字母就要用大写,例如 ♯headerBlock 和 ♯navMenuRedButton。

(2) 帕斯卡命名法

帕斯卡命名法同样也是大小写字母混编而成的,只是首字母要大写,例如 ♯HeaderBlock 和 ♯NavMenuRedButton。

(3) 匈牙利命名法

匈牙利命名法指的是在名称前面加上一个或多个小写字母作为前缀,让名称更加容易理解,例如 ♯head_navigation 和 ♯red_navMenuButton。

以上三种命名方法都比较常用,其实读者在实际工作中并不需要强调使用的是哪种命名方法,只需要注意"容易理解,方便协同工作"这个原则即可。

此外,在规划整体页面布局时各板块区域也有通用的命名规则,详见表 3-1。

表 3-1   页面布局时通用的命名规则

页面结构类	容器	wrapper/container	功能类	标志	logo
	页头	header		广告	banner
	内容	content/container		登录	login
	页面主体	main		搜索	search
	页尾	footer		注册	regsiter
	侧栏	sidebar		文章列表	list
	栏目	column		图标	icon
导航类	导航	nav		服务	service
	主导航	mainnbav		热点	hot
	子导航	subnav		新闻	news
	菜单	menu		下载	download
	标题	title		友情链接	link
	摘要	summary		版权	copyright

3.2　CSS 与 HTML 文档的结合方法

　　CSS 控制网页内容显示格式的方式是通过许多定义的样式属性(如：字号、段落控制等)实现的,并将多个样式属性定义为一组可供调用的选择符(Selector)。其实,选择符就是某一个样式的名称,称为选择符的原因是,当 HTML 文档中某元素要使用该样式时,必须利用该名称来选择样式。

　　要想在浏览器中显示出样式表的效果,就要让浏览器识别并调用。当浏览器读取样式表时,要依照文本格式来读。为了让读者了解 CSS 与 HTML 文档的结合方法,这里简要讲解 4 种在页面中插入样式表的方法,更为详细的内容将结合 Dreamweaver CS5 的内容在第 4 章向读者讲解。

1. 内联样式

　　内联样式是指在 HTML 标签中插入 style 属性,再定义要显示的样式表,而 style 属性的内容就是 CSS 的属性和值。其格式为

<标签 style＝"属性:属性值; 属性:属性值 …">

【演练 3-2】 CSS 与 HTML 文档的结合方法——内联样式。

① 打开"记事本"程序,在其中输入如图 3-7 所示的代码,并另存为网页文档。

② 打开浏览器预览刚才制作的网页文档,其效果如图 3-8 所示。

③ 使用"记事本"程序再次打开刚才创建网页文档,向其中增加内联样式。这里拟将标题中"内联"两字体字号变大,段落内容改变颜色,具体的修改内容如图 3-9 所示。

④ 保存修改后的网页文档,通过浏览器预览即可看到效果如图 3-10 所示。

```
<!DOCTYPE HTML PUBLIC "-//W3C//DTD HTML 4.01 Transitional//EN"
"http://www.w3.org/TR/html4/loose.dtd">
<html>
<head>
<meta http-equiv="Content-Type" content="text/html; charset=utf-8">
<title>内联样式</title>
</head>

<body>
<h2>CSS与HTML文档的结合方法——内联样式</h2>
<p>内联样式是指在HTML标签中插入style属性，再定义要显示的样式表，而style属性
的内容就是css的属性和值。</p>
</body>
</html>
```

图 3-7　页面代码(2)

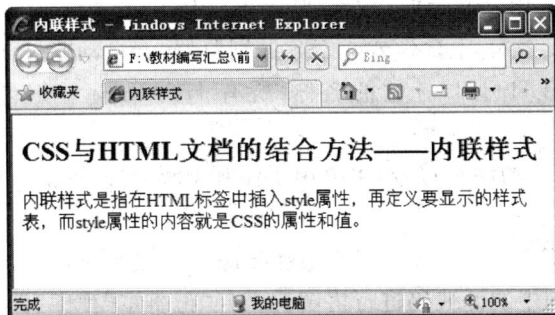

图 3-8　未增加内联样式时预览的效果

增加的内联样式

```
<body>
<h2>CSS与HTML文档的结合方法——<span style="font-size:40px;">内联</span>样式</h2>
<p style="color:#F00;">内联样式是指在HTML标签中插入style属性，再定义要显示
的样式表，而style属性的内容就是css的属性和值。</p>
</body>
```

图 3-9　为页面增加内联样式

图 3-10　增加内联样式后预览的效果

2. 内部样式

内部样式表是指把样式表放到页面的<head>…</head>区内，样式规则仅对当前
页面有效。内部样式表的格式为

```
< style type = "text/css">
<! --
```

43

```
        选择符 1{属性:属性值; 属性:属性值 …}        /* 注释内容 */
        选择符 2{属性:属性值; 属性:属性值 …}
            …
        选择符 n{属性:属性值; 属性:属性值 …}
    -->
</style>
```

＜style＞…＜/style＞标签对用来说明所要定义的样式。type 属性指定 style 使用
CSS 的语法来定义。当然,也可以指定使用像 JavaScript 之类的语法来定义。属性和属
性值之间用冒号":"隔开,定义之间用分号";"隔开。

＜!--… --＞的作用是避免旧版本浏览器不支持 CSS,把＜style＞…＜/style＞的内
容以注释的形式表示,这样对于不支持 CSS 的浏览器,会自动略过此段内容。

选择符可以使用 HTML 标签的名称,所有 HTML 标签都可以作为 CSS 选择符
使用。

/* … */为 CSS 的注释符号,主要用于注释 CSS 的设置值。注释内容不会被显示
或引用在网页上。

【演练 3-3】 CSS 与 HTML 文档的结合方法——内部样式。

① 继续使用上题中的源代码进行讲解。打开"记事本"程序,创建结构相同文字内容
不用的代码,具体内容如图 3-11 所示。

```
<body>
<h2>CSS与HTML文档的结合方法——<span>内部</span>样式</h2>
<p>内部样式表是指把样式表放到页面的head区内, 样式规则仅对当前页面有效。</p>
</body>
```

图 3-11　页面代码(3)

② 在当前页面代码的 head 区域内,根据内部样式表的格式创建相关规则,如图 3-12
所示。通过浏览器预览即可看到效果如图 3-13 所示。

```
<!DOCTYPE HTML PUBLIC "-//W3C//DTD HTML 4.01 Transitional//EN"
"http://www.w3.org/TR/html4/loose.dtd">
<html>
<head>
<meta http-equiv="Content-Type" content="text/html; charset=utf-8">
<title>内部样式</title>
<style type="text/css">
span {
    font-size:40px;/*设置字体大小*/            增加的内部样式
}
p {
    color:#F00;/*设置字体颜色*/
}
</style>
</head>
<body>
<h2>CSS与HTML文档的结合方法——<span>内部</span>样式</h2>
<p>内部样式表是指把样式表放到页面的head区内, 样式规则仅对当前页面有效。</p>
</body>
</html>
```

图 3-12　增加内部样式

3. 外部样式

链入外部样式表就是当浏览器读取到 HTML 文档的样式表链接标签时,将向所链

图 3-13　增加内部样式后的预览效果

接的外部样式表文件索取样式,该类样式的规则将作用于整个站点。

　　要想实现外部样式与 HTML 文档的链接,必须在网页<head>…</head>标签对内增加<link>标签,具体的格式如下:

```
< head >
   …
  < link rel = "stylesheet" href = "外部样式表文件名.css" type = "text/css">
   …
</head >
```

　　其中,<link>标签表示浏览器从"外部样式表文件.css"文件中以文档格式读出定义的样式表。rel="stylesheet"属性定义在网页中使用外部的样式表,type="text/css"属性定义文件的类型为样式表文件,href 属性用于定义.css 文件的 URL。

　　样式表文件可以用任何文本编辑器(如记事本)打开并编辑,一般样式表文件的扩展名为.css。样式表文件的内容是定义的样式表,不包含 HTML 标签。

　　由于外部样式在创建站点初期能够通过 Dreamweaver CS5 自动添加到页面内,所以添加和编辑外部样式的案例内容放在后续章节讲解。

3.3　结合 CSS 创建简单网页

　　本节主要讲解在"记事本"环境下创建、修改和预览网页文档的全部过程,其目的在于让读者掌握常见标签的使用方法,以及了解 CSS 语言美化页面的过程。

3.3.1　页面布局分析

　　在制作任何网页之前需要清楚地了解网页布局的方式,这对于后面页面的搭建非常重要。图 3-14 所示的是本例网页制作的最终效果,对于初学者来说可以先不考虑效果图切片的问题,而需要重点学习如何合理地规划页面,以及对各种标签的学习。

　　从本例的最终效果图中可以发现,主要包含顶部导航和主体内容两大部分,考虑到对页面元素控制的便利性,以及整个页面需要背景图像加以衬托,这里使用 wrapper 容器加以包裹,最终的示意图如图 3-15 所示。

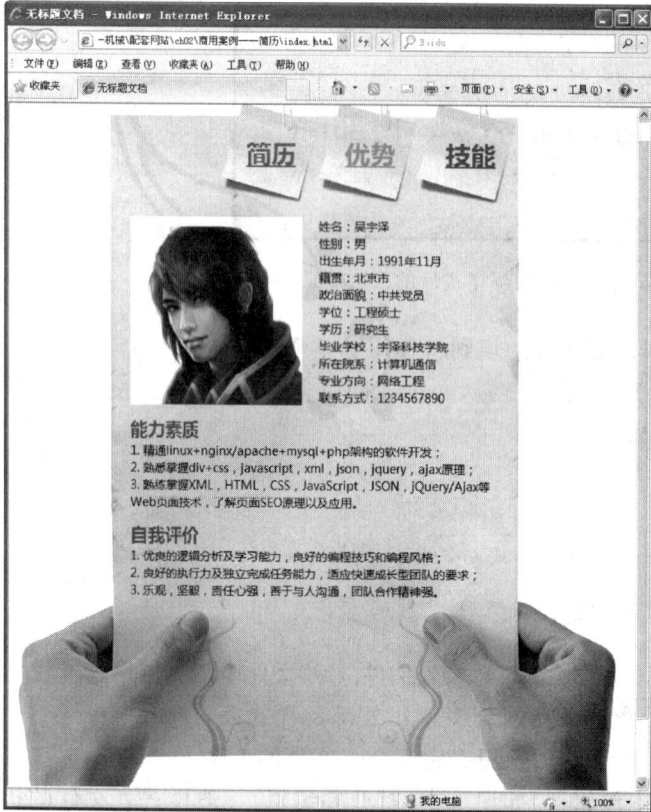

图 3-14　最终预览效果(2)

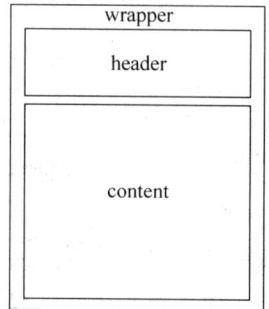

图 3-15　布局示意图(1)

3.3.2　编写 HTML 文档

① 搭建页面框架。在计算机系统中,打开"记事本"程序。按照之前所讲的 HTML 规则,在"记事本"窗口中输入相关内容,如图 3-16 所示。

```
<!DOCTYPE html PUBLIC "-//W3C//DTD XHTML 1.0 Transitional//EN"
"http://www.w3.org/TR/xhtml1/DTD/xhtml1-transitional.dtd">
<html xmlns="http://www.w3.org/1999/xhtml">
<head>
<meta http-equiv="Content-Type" content="text/html; charset=utf-8" />
<title>无标题文档</title>
</head>

<body>
<div id="wrapper">
  <div id="header"></div>
  <div id="content"></div>
</div>
</body>
</html>
```

图 3-16　搭建页面框架(1)

② 在记事本的菜单栏中,执行"文件"→"保存"命令,此时弹出"另存为"对话框。在该对话框的"保存在"下拉列表框中选择文件存放的路径;在"文件名"文本框中输入扩展

名．html，这里输入"index．html"；在"保存类型"下拉菜单中选择"文本文档"，最后单击"保存"按钮。

③ 在名为 header 的容器内部使用无序列表插入一组列表内容，作为导航使用，如图 3-17 所示。

④ 根据页面效果，在名为 content 的容器内部使用＜img＞标签插入一幅图像，然后使用段落标签和标题标签插入相关文字内容，如图 3-18 所示。

⑤ 启动 Internet Explorer 浏览器，打开刚才制作的网页文档，此时的页面效果如图 3-19 所示。

```
<body>
<div id="wrapper">
    <div id="header">
        <ul id="nav">
        <li><a href="#">简历</a></li>
        <li><a href="#">优势</a></li>
        <li><a href="#">技能</a></li>
        </ul>
    </div>
    <div id="content"></div>
</div>
</body>
```

图 3-17　插入无序列表元素制作导航条

```
<div id="content"> <img src="images/ps.jpg" width="208" height="220"/>
<p>姓名: 吴宇泽<br />
    性别: 男<br />
    出生年月: 1991年11月<br />
    籍贯: 北京市<br />
    政治面貌: 中共党员<br />
    学位: 工程硕士<br />
    学历: 研究生<br />
    毕业学校: 宇泽科技学院<br />
    所在院系: 计算机通信<br />
    专业方向: 网络工程<br />
    联系方式: 1234567890<br />
</p>
<h2>能力素质</h2>
<p>1. 精通linux+nginx/apache+mysql+php架构的软件开发;<br />
    2. 熟悉掌握div+css, javascript, xml, json, jquery, ajax原理;<br />
    3. 熟练掌握XML, HTML, CSS, JavaScript, JSON, jQuery/Ajax等Web页面技术,
了解页面SEO原理以及应用。<br />
</p>
<h2>自我评价</h2>
<p>1. 优良的逻辑分析及学习能力, 良好的编程技巧和编程风格;<br />
    2. 良好的执行力及独立完成任务能力, 适应快速成长型团队的要求;<br />
    3. 乐观, 坚毅, 责任心强, 善于与人沟通, 团队合作精神强。<br />
</p>
</div>
```

图 3-18　插入页面主体内容

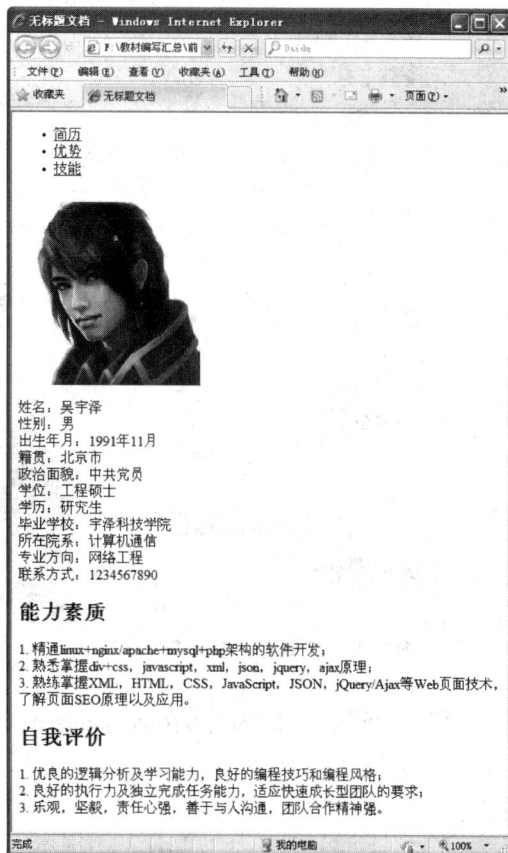

图 3-19　当前预览效果(1)

3.3.3　美化与修改文档

通过上述步骤的制作，读者可以发现当前页面的内容已经完成，但整体页面效果非常不美观，下面主要介绍如何通过 CSS 语言美化当前文档。

① 再次打开"记事本"程序，对当前文档进行修改，这里在 HTML 文档的 head 标签

内部插入如图 3-20 所示的 CSS 规则。读者在此环节不必拘泥于每条 CSS 规则的具体含义,而是要从整体出发体会 HTML 与 CSS 之间的关系,对于 CSS 的具体内容后续章节陆续讲解。

② 保存当前文档,通过浏览器预览可以看到效果,如图 3-21 所示。从图中可以看出,当前页面导航和内容的标题没有突出显示,下面针对此问题进行修改。

```css
<style type="text/css">
* {
    margin:0;
    padding:0;
}
body {
    font-family:"微软雅黑";
    font-size:14px;
    background:  url(images/bg.jpg)
no-repeat center top;
}/*设置背景图像*/
#wrapper {
    width:490px;
    height:900px;
    margin:0 auto;
}/*设置wrapper容器宽高属性*/
#header {
    height:80px;
    padding-top:60px;
    padding-left:130px;
}
#nav {
    font-size:30px;
}
#nav li {
    display:inline;
    padding:0 25px;
}/*设置无序列表横向排列*/
#nav a {
    color: #333;
    font-weight:bolder;
}/*设置超链接的颜色*/
#content {
    padding:15px;
}
#content img {
    float:left;
    margin-right:20px;
}/*设置图像浮动,使得文字得以环绕排列*/
#content p {
    margin-bottom:15px;
} /*设置段落间距*/
</style>
```

图 3-20　CSS 代码(2)

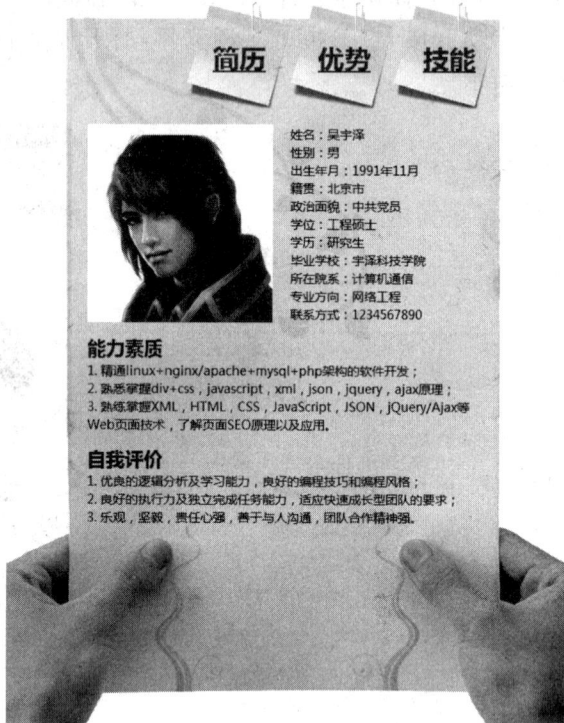

图 3-21　当前预览效果(2)

③ 打开"记事本"程序,在名为 nav 的容器,以及 h2 标签内部增加 CSS 修饰代码,如图 3-22 和图 3-23 所示。

```html
<ul id="nav">
  <li><a href="#" style="color:#06F;">简历</a></li>
  <li><a href="#" style="color:#F60;">优势</a></li>
  <li><a href="#" style="color:#90F;">技能</a></li>
</ul>
```

```html
<h2 style="color:#F00;">能力素质</h2>
<h2 style="color:#F00;">自我评价</h2>
```

图 3-22　为导航条增加 CSS 样式　　　　图 3-23　为 h2 标签增加 CSS 样式

④ 再次通过浏览器进行预览,即可看到最终效果。

至此,使用"记事本"创建并保存一个简单的网页过程已经介绍完了,通过本例的练习读者应该掌握有关 HTML 语言的基本语法,以及标签的使用方法,更应该体会到 CSS 在美化页面方面的重要性。

3.4　实　　训

1. 具体要求

根据本章所学内容,使用"记事本"创建一个简单的网页。在制作过程中,要求加深对 HTML 语言的理解,熟练掌握常用标签的含义。实训最终效果图及其布局规划如图 3-24 和图 3-25 所示。

图 3-24　最终预览效果(3)

2. 制作思路

① 执行"开始"→"所有程序"→"附件"→"记事本"命令,打开记事本。

② 在"记事本"窗口中首先创建页面框架,如图 3-26 所示。

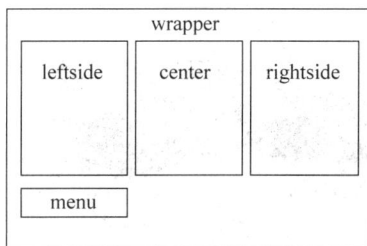

图 3-25　布局示意图(2)

```
<body>
<div id="wrapper">
    <div id="leftside"></div>
    <div id="center"></div>
    <div id="rightside"></div>
    <div id="menu"></div>
</div>
</body>
```

图 3-26　搭建页面框架(2)

49

③ 分别在各大容器内部创建相关的文字内容。

④ 在页面顶部的 head 区域插入对应的 CSS 规则,并保存文件。通过浏览器预览可以看到效果。

3.5 习　　题

1. 什么是 CSS? 它的优势主要体现在什么地方?

2. 简述 CSS 语言的规则。

3. 在创建 CSS 规则中,有什么命名规则可以遵循?

4. 制作如图 3-27 所示的网页,要求一级标题为 h2、居中、蓝色;二级标题为 h3、红色;正文为"微软雅黑"、黑色;页面背景为粉色。

5. 使用表格和图片结合 CSS 的内容制作如图 3-28 所示的页面。

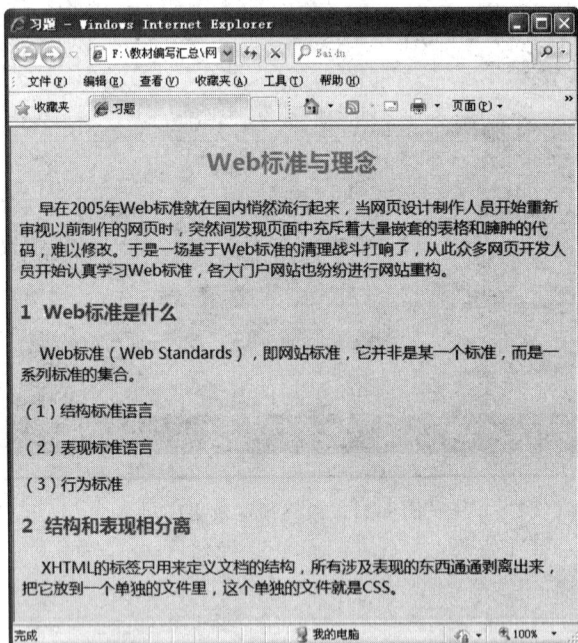

图 3-27　习题 4 对应图

图 3-28　习题 5 对应图

第 4 章　Dreamweaver CS5 基础

❑ 熟悉 Dreamweaver CS5 的工作环境。
❑ 掌握 Dreamweaver CS5 的基本操作。
❑ 掌握盒模型和选择符的重要概念。
❑ 能够使用"DIV＋CSS"模式制作网页。

Adobe Dreamweaver CS5 是一款功能强大的可视化网页制作工具,使用该软件能够快捷地制作出极具表现力的网页。本章主要从软件的使用方法入手,向读者介绍软件的常用功能。此外,还配合"CSS＋DIV"制作模式详细阐述"基于工作过程"的网页制作方法,为后续学习夯实基础。

4.1　初识 Dreamweaver CS5

Dreamweaver CS5 为不同层次的用户提供不同风格且灵活多变的工作环境,作为初学者首先应该了解一下 Dreamweaver CS5 的工作环境和基本设置。

4.1.1　Dreamweaver CS5 的工作环境

成功安装 Dreamweaver CS5 后,单击桌面快捷方式即可打开软件,经过一系列初始化首先看到的是"起始页"对话框。起始页对话框中包含"最近的项目"、"新建"和"主要功能"3 个栏目。顺利启动软件,并打开某个正在编辑的 XHTML 文档,此时可以看到整个工作区的界面,如图 4-1 所示。

从图 4-1 中可以看出,Dreamweaver CS5 的工作区由菜单、面板和工具栏等功能模块组成,部分功能模块的含义如下。

- 代码视图:用于显示当前网页文件的源代码。
- 设计视图:用于显示当前网页文件在浏览器中的效果。
- 文档工具栏:包括按钮和弹出式菜单,提供各种"文档"窗口视图、各种查看选项和一些常用操作。
- 工作区切换器:用于快速切换工作区布局,方便各类用户的需求。
- 插入面板:分类显示常用的命令。
- CSS 面板:用于显示、编辑 CSS 样式规则。

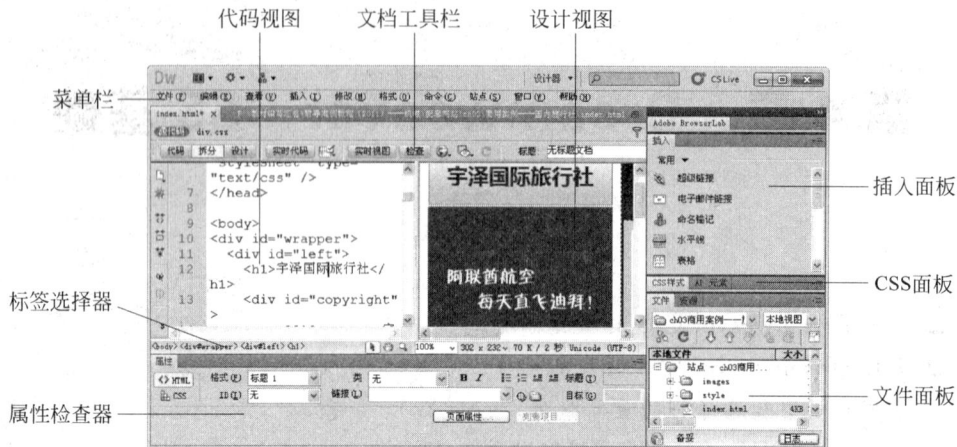

图 4-1　Dreamweaver CS5 工作环境

* 文件面板：用于帮助用户管理文件和文件夹，无论这些文件存放在本地，还是储存在远程服务器，文件面板都能够轻松管理，类似于 Windows 的资源管理器。
* 属性检查器：用于查看当前编辑对象的各种属性。
* 标签选择器：用于显示环绕当前选定内容的标签的层次结构。单击某个标签时，即可选择该标签及其内部的全部内容。

4.1.2　工具栏与面板介绍

1. "文档"工具栏

"文档"工具栏在实际工作中使用率最高，其主要功能就是帮助用户在"设计"视图、"代码"视图和"拆分"视图之间快速切换，并且兼具 CSS 检查、实时代码和实时视图等功能，如图 4-2 所示。

图 4-2　"文档"工具栏

"文档"工具栏中，除切换视图的按钮外，其他各按钮的功能含义详见表 4-1。

表 4-1　"文档"工具栏

按　　钮	功　　能
实时代码	显示浏览器用于执行该页面的实际代码
	检查当前 CSS 规则是否对各种浏览器均兼容
实时视图	用于显示基于浏览器的文档视图
检查	在此模式下允许用户以可视化方式详细显示 CSS 框模型属性
	用于在浏览器中预览当前编辑的网页

续表

按　　钮	功　　能
	使用户利用各种可视化助理来设计界面
	在"代码"视图中进行修改后刷新文档的"设计"视图
标题:	用于设置整个文档的标题,它将显示在浏览器的标题栏中
	文件管理

2. "编码"工具栏

"编码"工具栏位于整个软件界面的最左侧。该工具栏主要在编辑代码时使用,由于包含的功能按钮较多,这里仅对最常用的加以解释,详见表 4-2。

表 4-2　"编码"工具栏

按钮	名　　称	作　　用	按钮	名　　称	作　　用
	打开文档	显示当前打开的文档		语法错误警报	启用或禁用语法错误警报
	显示代码导航	显示代码导航器		应用注释	在所选代码两侧添加注释标签
	折叠整个标签	折叠一组标签之间的内容		删除注释	删除注释
	折叠所选	折叠所选代码		环绕标签	在所选代码两侧自动添加某个标签
	扩展全部	还原所有折叠的代码		最近的代码片段	从"代码片段"面板中插入代码
	选择父标签	选择当前标签的父标签		移动或转换 CSS	移动 CSS 位置,或转换 CSS 类别
	选取当前代码段	选取当前代码段		缩进代码	将选定内容向右移动
	行号	显示或隐藏代码的行号		突出代码	将选定内容向左移动
	高亮无效代码	用黄色显示无效代码		格式化源代码	将代码赋予标准格式

3. 状态栏

网页文档在编辑的状态下,状态栏始终位于文档窗口的底部,通过状态栏用户可以查看当前文档的多种状态,如图 4-3 所示。

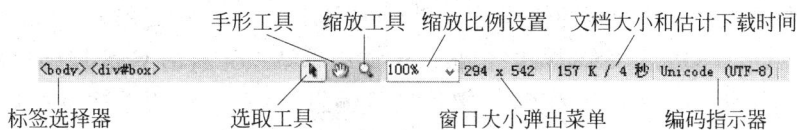

手形工具　缩放工具　缩放比例设置　文档大小和估计下载时间

<body> <div#box>　　　　　100%　294 x 542　157 K / 4 秒　Unicode (UTF-8)

标签选择器　　　　　选取工具　　　　窗口大小弹出菜单　　编码指示器

图 4-3　状态栏

- 标签选择器:用于显示环绕当前选定内容的标签的层次结构。
- 选取工具:可使用鼠标直接选取页面中的元素。
- 手形工具:用于在"文档"窗口中拖动文档。

- 缩放工具与缩放比例设置：两者均可对文档进行缩放操作。
- 窗口大小弹出菜单：用于将"文档"窗口的大小调整到预定义的尺寸。
- 文档大小和估计下载时间：此区域用于显示当前网页的大小，以及预估下载需要的时间。
- 编码指示器：显示当前文档的文本编码。

4. 属性检查器

属性检查器主要用于帮助用户检查和编辑当前已选定页面元素的常用属性，打开或隐藏属性检查器的快捷键是 Ctrl＋F3。

由于页面元素的多样性，当选择不同的对象时，属性检查器中的各种参数也不尽相同，图 4-4 和图 4-5 所示的是分别选择图像元素和文本元素时属性检查器的内容。

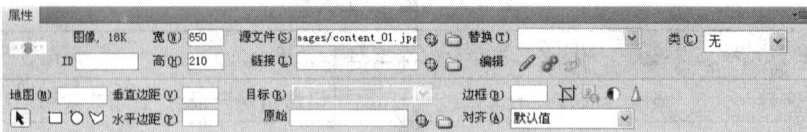

图 4-4　选择图像元素时的属性检查器

图 4-5　选择文本元素时的属性检查器

5. "文件"面板

"文件"面板类似于 Windows 资源管理器，用于帮助用户管理文件和文件夹，如图 4-6 所示，显示或隐藏该面板的快捷键是 F8。

6. "CSS 样式"面板

"CSS 样式"面板的主要功能是跟踪影响当前页面元素的 CSS 规则和属性，该面板包括"全部"和"当前"两种模式，用户可以单击面板顶部的按钮进行自由切换，如图 4-7 所示。此外，打开或隐藏该面板的快捷键是 Shift＋F11。

在实际工作中，通过"CSS 样式"面板新增或编辑某一元素的 CSS 规则比较麻烦，而且效率不高，设计师通常直接对 CSS 文档进行编辑，至于编辑的方法将在后续练习中体现。

7. "插入"面板

"插入"面板将最为常用的菜单命令集成在一起，并按照类别进行组织分类，如图 4-8 所示。显示或隐藏"插入"面板的快捷键是 Ctrl＋F2。

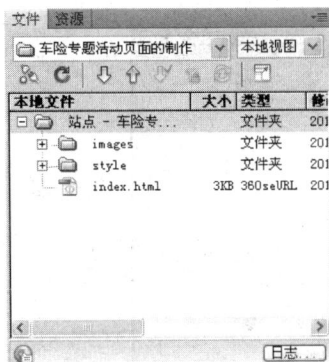

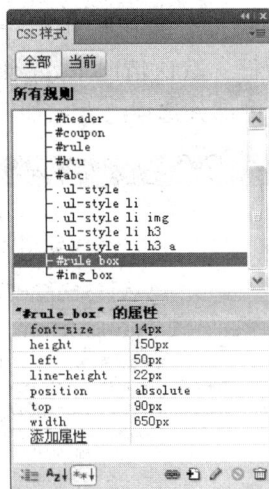

图 4-6　"文件"面板　　　　图 4-7　"CSS 样式"面板　　　　图 4-8　"插入"面板

在"插入"面板中单击左上角的下拉菜单可以在"常用"、"布局"、"表单"、"数据"、Spry、InContext Editing、"文本"和"收藏夹"8 种类别之间相互切换。由于包含的功能按钮较多，这里仅对部分最为常用的功能按钮加以解释，详见表 4-3。

表 4-3　常用类别中各按钮的名称和作用

按钮	名　称	作　用	按钮	名　称	作　用
	超级链接	在网页中插入超级链接		构件	由 HTML、CSS 和 JavaScript 组成的网页组件
	电子邮件链接	插入电子邮件链接		日期	可插入多种格式的日期
	命名锚记	用于页面内定位		服务器端包括	选择一个网页文件，将其添加到当前站点中
	水平线	在光标处插入水平线		注释	插入 HTML 注释
	表格	插入表格		文件头	设置文件头不同的属性
	插入 DIV 标签	插入 DIV 标签		脚本	插入脚本
	图像	可插入图像、占位符、热点等对象		模板	创建和编辑模板
	媒体	可插入 Fash、FLV 等多媒体对象		标签选择器	插入标记语言的标签，方便编辑代码

4.1.3　Dreamweaver CS5 的参数设置

在 Dreamweaver CS5 中，用户可以根据自己的需要重新规划工作环境、重新配置软

55

件参数,并可以将这些设置进行保存,以便引用在不同的环境中。

1. 常规参数设置

启动 Dreamweaver CS5,执行菜单中的"编辑"→"首选参数"命令,或按组合键 Ctrl＋U,即可打开"首选参数"对话框。默认情况下,左侧"分类"列表中选中的是"常规"选项卡,如图 4-9 所示。该选项卡中部分选项的含义如下。

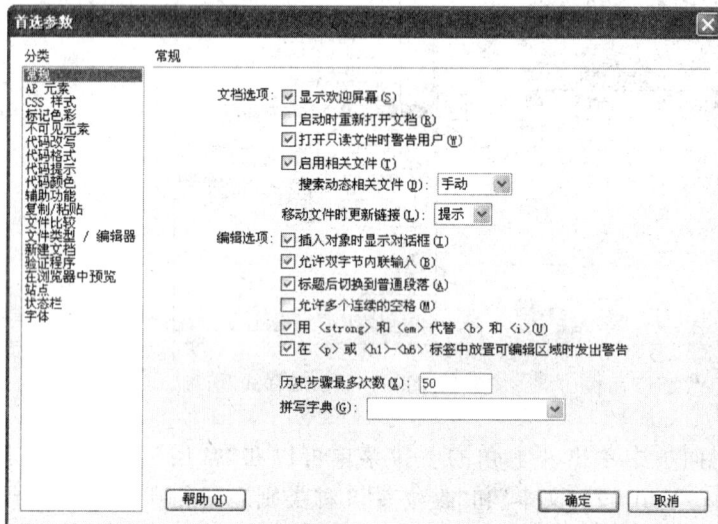

图 4-9　首选参数——"常规"选项卡

(1) 启用相关文件

该选项用于查看哪些文件与当前文档相关,例如外联的 CSS 样式或 JavaScript 等文件。Dreamweaver CS5 会在文档顶部为每个相关文件显示一个按钮,单击该按钮可打开对应的文件。

(2) 用＜strong＞和＜em＞代替＜b＞和＜i＞

由于 WWW 联合会不鼓励使用＜b＞标签和＜i＞标签,所以 Dreamweaver 就分别使用＜strong＞标签和＜em＞标签替代它们,这也是＜strong＞标签和＜em＞标签语义信息更为明确的原因。

(3) 在＜p＞或＜h1＞～＜h6＞标签中放置可编辑区域时发出警告

该选项针对的是指定具有可编辑区域的 Dreamweaver 模板时的情况,当有违反该选项的操作,软件会警告用户无法在此区域中创建更多段落。

2. CSS 代码格式设置

通过设置 CSS 代码格式,可以将所有 CSS 属性放置在单独的行中,不仅便于阅读,而且具有优化代码的作用。

首先,执行"编辑"→"首选参数"命令,在弹出的"首选参数"对话框中选择"代码格式"类别。然后,在"高级格式设置"旁单击"CSS"按钮,此时弹出如图 4-10 所示的对话框。

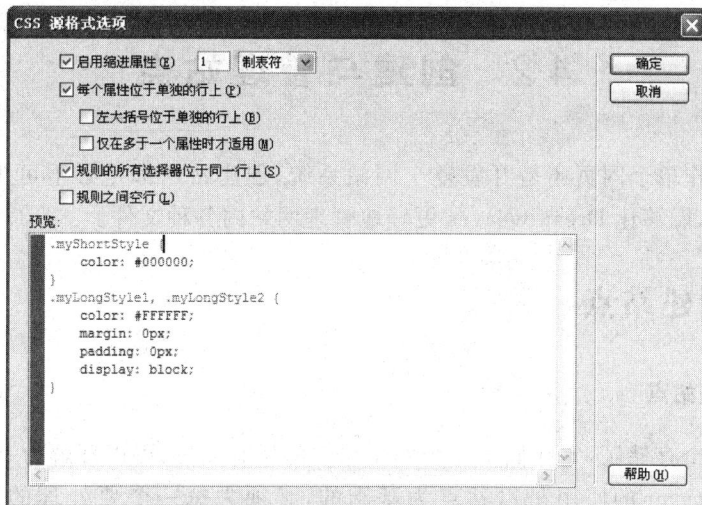

图 4-10　"CSS 源格式选项"对话框

在此对话框中,选择要应用于 CSS 源代码的选项,即刻在下方"预览"窗格中实时显示修改后的预览效果。这里取消"每个属性位于单独的行上"复选框,即可实现属性放置在一行上的效果。

3. 工作区布局设置

① 在 Dreamweaver CS5 界面顶部区域的"设计器"下拉菜单中,包含多种软件自带的工作区布局,如图 4-11 所示,用户直接选择即可在不同工作区之间进行切换。

② 在"设计器"下拉菜单中选择"新建工作区"选项,此时弹出如图 4-12 所示的对话框。输入新工作区的名称后,单击"确定"按钮,即可将用户当前的面板位置和大小存储到命名的工作区中。

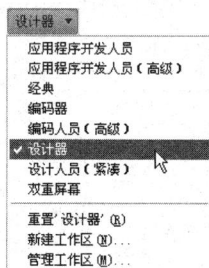

图 4-11　选择工作区布局

图 4-12　新建工作区

当用户工作区中的面板移动或关闭时,可以通过"设计器"下拉菜单中的"重置工作区"恢复该工作区。

③ 执行"设计器"下拉菜单中的"管理工作区",即可弹出"管理工作区"对话框。其中包含了用户自定义工作区的名称列表,选择某个工作区可以对其进行重命名和删除操作。

4.2　创建与管理站点

无论是制作单个网页还是开发整个网站系统,创建站点都是必不可少的重要环节。通过创建站点,能够让 Dreamweaver 更好地管理网站内各种文件。

4.2.1　创建站点

1. 什么是站点

站点是一个存储区,它存储了一个网站包含的所有文件,可以理解为一种文档的组织形式,Dreamweaver 的使用是以站点为基础的,必须为每一个要处理的网站建立一个站点。

站点可分为本地站点和远程站点。"本地站点"指的是在用户本地计算机硬盘中构建用来存放整个网站框架的本地文件夹。"远程站点"通常位于运行 Web 服务器的计算机上,具有与本地文件夹相同的名称。也就是说,用户发布到远程文件夹的文件和子文件夹是本地创建的文件和子文件夹的副本。

2. 如何创建本地站点

在 Dreamweaver CS5 中,利用菜单创建本地站点的具体步骤如下:

① 启动 Dreamweaver CS5,执行"站点"→"新建站点"命令,此时弹出如图 4-13 所示的对话框。

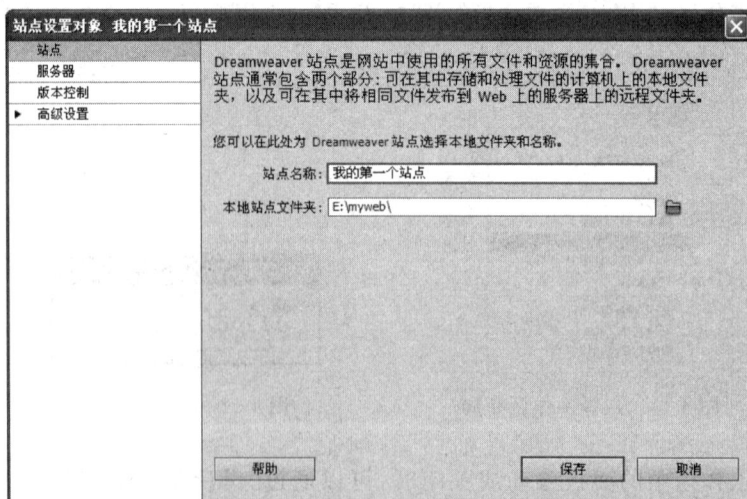

图 4-13　"站点设置对象"对话框——站点

② 在此对话框左侧列表中选择"站点"选项，并在右侧"站点名称"文本框中，输入待创建站点的名称，然后单击 ▢ 图标按钮，在弹出的对话框中为本地站点文件夹选择存储路径。

③ 由于本例不需要连接到 Web 并发布页面，所以这里不需要进行服务器设置，在图 4-13 所示的对话框中单击"保存"按钮，即可完成本地站点的创建。此时"文件"面板中立刻显示新站点的根目录，如图 4-14 所示。

图 4-14　新建本地站点

4.2.2　创建第一个网页文档

站点创建完成后，就可以在其内部创建网页文档了。Dreamweaver 提供了多种类型的页面文档供用户选择，这里以创建 XHTML 文档为例向读者讲解创建过程。

【演练 4-1】 创建第一个网页文档。

① 启动 Dreamweaver CS5，执行菜单栏的"文件"→"新建"命令，此时打开如图 4-15 所示的对话框。

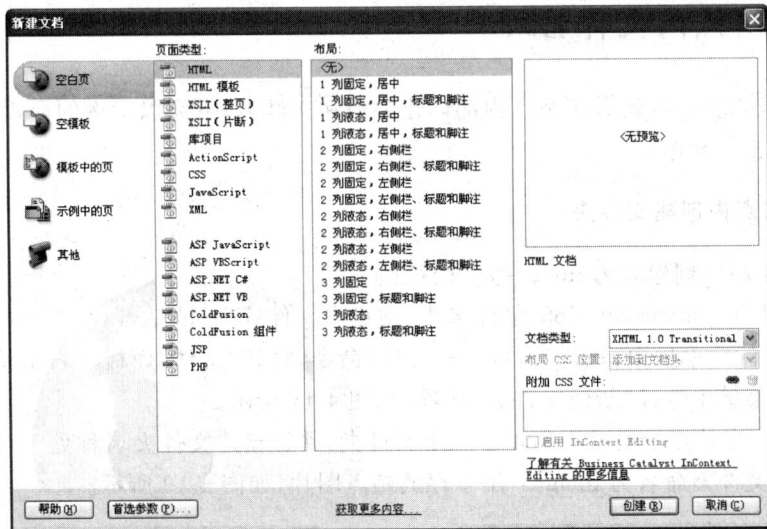

图 4-15　新建文档

② 选择对话框左侧的"空白页"类别，从"页面类型"列选择要创建的页面类型，这里选择"HTML"类型。

③ 如果用户希望新建的页面中包含 CSS 布局，则可以从"布局"列中选择一个预设计的 CSS 布局，这里选择"无"类型。

需要指出的是，在"布局"列中有"固定"和"液态"两种类型，"固定"指的是，宽度是以像素指定的，不会根据浏览器的大小自适应改变；"液态"指的是，宽度是以站点访问者的浏览器宽度的百分比形式指定的，会根据浏览器的大小自适应改变。

59

④ 从"文档类型"弹出菜单中选择需要的文档类型,这里保持默认的"XHTML 1.0 Transitional"选项不变,最后单击"创建"按钮,即可创建一个最简单的空白文档。

⑤ 在空白文档中输入文字内容,执行"文件"→"保存"命令,在弹出的对话框中将文件名修改为"第一个网页.html",最后单击"保存"按钮,即可完成创建过程。

⑥ 在"文档"工具栏中单击 图标,在其二级菜单中选择"预览在 IExplore"选项,如图 4-16 所示。此时,即可通过 IE 浏览器看到当前正在编辑的网页效果,如图 4-17 所示。

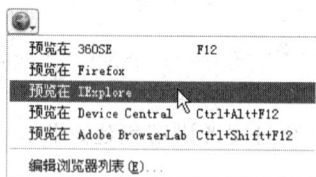

图 4-16　选择预览环境

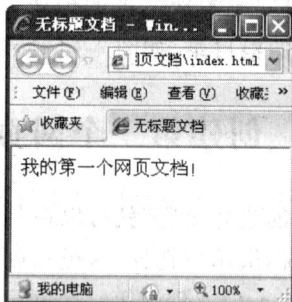

图 4-17　预览效果(1)

4.2.3　站点内文件管理

站点创建完成后,还需在站点内部创建文档和文件夹,下面以示例的形式讲解站点内文件管理的相关操作。

1. 在站点内创建文件夹

【演练 4-2】　创建名为 images 的文件夹。

① 启动 Dreamweaver CS5,创建名为"站点内文件管理"的站点。

② 在软件菜单栏中,执行"窗口"→"文件"命令,打开"文件"面板。右击站点名称,在弹出的右键菜单中选择"新建文件夹"选项,如图 4-18 所示。

③ 此时,在站点根目录下新增了一个文件夹,并且新建文件夹名称处于可编辑状态,这里将新建文件夹命名为 images,用于存放站点图片,如图 4-19 所示。

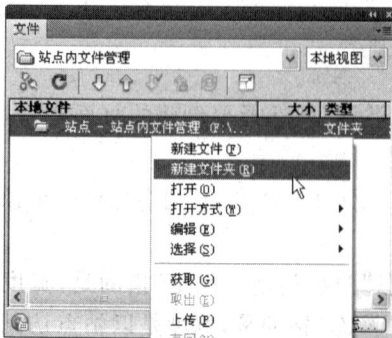

图 4-18　站点右键菜单

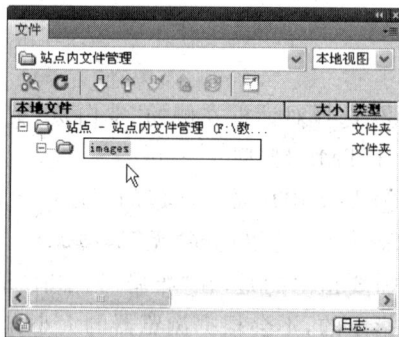

图 4-19　为新建文件夹命名

④ 若要在名为 images 文件夹内部创建子文件夹,只需单击鼠标右键选择 images 文件夹,在其二级菜单中选择"新建文件夹"选项即可,如图 4-20 所示。

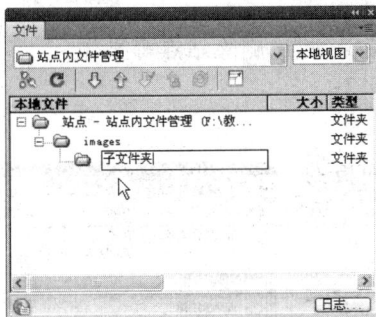

图 4-20　创建子文件夹

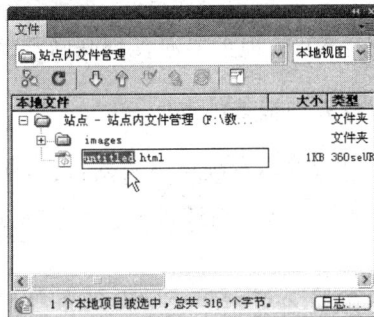

图 4-21　创建空白 HTML 文档

⑤ 文件夹创建完成后,可以在其内部创建空白 HTML 文档。单击鼠标右键选择某个文件夹,选择右键菜单中的"新建文件"选项,同样可以创建空白文档,如图 4-21 所示。

2. 文件或文件夹的复制、删除操作

【演练 4-3】　基本操作。

① 启动 Dreamweaver CS5,创建名为"基本操作"的站点,并在该站点内创建空白网页文档和多个文件夹。

② 用鼠标右键单击待操作的文件或文件夹,在弹出的右键菜单中执行"编辑"→"删除"命令,即可将对象删除,如图 4-22 所示。

③ 在"文件"面板中,选择 index. html 文档,将其拖放到其他文件夹内,如图 4-23 所示,同样可以实现剪切的操作。

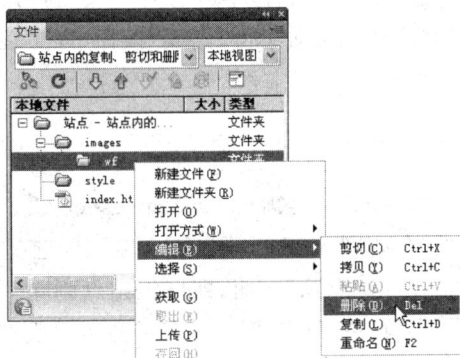

图 4-22　删除文件夹

需要特别指出的是,当文件或文件夹通过"文件"面板移动位置时,其中的链接信息也跟随着发生变化,这时软件会弹出如图 4-24 所示的对话框,用来询问设计者是否要更新被复制或被移动文件中的链接信息,通常用户单击"更新"按钮即可。

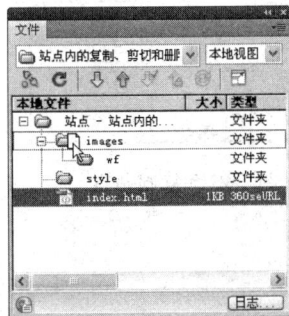

图 4-23　剪切文件

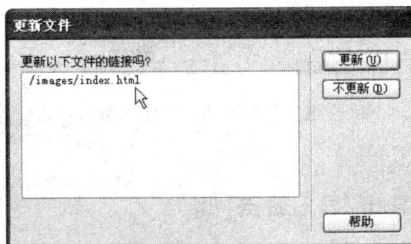

图 4-24　更新文件

61

4.2.4 站点的管理

对站点的管理主要涉及打开站点、复制站点、编辑站点、删除站点等操作。

1. 打开与编辑站点

① 要打开一个创建好的站点,只需在"文件"面板的左上方的下拉菜单中选择要打开的站点即可,如图 4-25 所示。

② 在 Dreamweaver CS5 的菜单栏中执行"站点"→"管理站点"命令,或者在"文件"面板的左上方的下拉菜单中选择"管理站点"选项,即可打开如图 4-26 所示的对话框。

③ 选择某个待编辑的站点,单击"编辑"按钮,即可对该站点的相关设置进行编辑。

④ 编辑完成后,单击"保存"按钮,可以返回"管理站点"对话框。最后单击"完成"按钮,即可完成对该站点的编辑操作。

2. 删除与复制站点

① 如果不再需要 Dreamweaver CS5 对某站点进行管理,在如图 4-26 所示的对话框中,选择某个待编辑的站点,单击"删除"按钮,即可将站点删除。

图 4-25　打开站点

② 如果用户想创建多个结构相同或类似的站点,以便提高工作效率,只需在如图 4-26 所示的对话框中,选择某个待编辑的站点,单击"复制"按钮,即可将指定站点复制,新复制的站点名称也会立刻出现在"管理站点"对话框中,如图 4-27 所示。

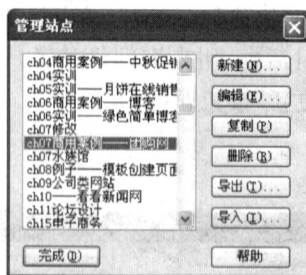

图 4-26　"管理站点"对话框

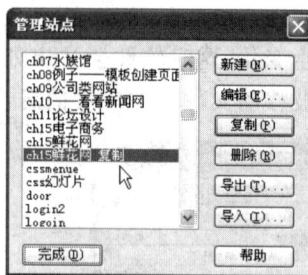

图 4-27　复制站点

3. 导出/导入站点

为了能够在各计算机和不同版本的软件间移动站点,或者与他人共享设置,

Dreamweaver 还提供了站点的导入/导出功能。

用户只需在图 4-26 所示的对话框中，选择某个待导出的站点，单击"导出"按钮，将其保存为".ste"扩展名的 XML 文件即可。导入站点是导出站点的反向操作，这里不再进行介绍。

4.3　CSS 在 Dreamweaver 中的运用

之前的章节已经阐述了使用"记事本"程序如何将 CSS 与 XHTML 联系起来的方法，那么在 Dreamweaver CS5 中 CSS 又是如何发挥功能呢？本节主要讲述 CSS 与 Dreamweaver 的链接类型，以及在 CSS 中最为重要的选择符知识。

4.3.1　CSS 的链接类型

根据实际需要，可以把 CSS 插入到网页的不同位置，依据插入位置的不同，常见的 CSS 样式类型有内联样式（Inline Style Sheet）、内部样式（Internal Style Sheet）和外部样式（External Style Sheet）。

1. 内联样式

内联样式指的是将 CSS 样式与（X）HTML 标签混合使用，这种方法可以很简单地对某个元素单独定义样式。内联样式的使用是直接在（X）HTML 标签里添加 style 参数，而 style 参数的内容就是 CSS 的属性和值。

【演练 4-4】　CSS 的内联样式。

① 启动 Dreamweaver CS5，创建空白 XHTML 文档，在该文档中输入标题和段落文字。

② 将鼠标定位在"代码"视图，分别在 h1 元素和 p 元素内部创建内联样式，如图 4-28 所示。通过浏览器预览可以看到效果，如图 4-29 所示。

```
<body>
<h1 style=" font-family:'微软雅黑'">CSS的内联样式</h1>
<p style="color:#F00; font-size:20px;">此段落修改为红色字体，并且字号设置为20px</p>
<p style="font-weight:bold;">此处的段落设置为字体加粗！</p>
</body>
```

图 4-28　内联样式在文档结构中的体现　　　　图 4-29　内联样式预览效果

63

仔细观察网页文档的代码从中可以发现,内联样式与(X)HTML标签混合在一起,即便是同一类标签(如段落 p 标签),在应用不同的 CSS 样式规则后呈现出的外观也是不同的,由此可以得出内联样式作用的范围很小,仅限于当前元素。如果大面积使用内联样式作为网页制作的美化手段,这里不推荐使用。

2. 内部样式

内部样式位于页面标签的＜head＞与＜/head＞之间,且使用＜style＞标签进行包裹,下面以示例进行演示。

【演练 4-5】 CSS 的内部样式。

① 启动 Dreamweaver CS5,创建空白 XHTML 文档,在该文档中输入标题和段落文字。

② 将鼠标定位在"代码"视图,在页面顶部的 head 区域编写对应的 CSS 规则,如图 4-30 所示。通过浏览器预览可以看到效果,如图 4-31 所示。

```
<!DOCTYPE html PUBLIC "-//W3C//DTD XHTML 1.0 Transitional//EN"
"http://www.w3.org/TR/xhtml1/DTD/xhtml1-transitional.dtd">
<html xmlns="http://www.w3.org/1999/xhtml">
<head>
<meta http-equiv="Content-Type" content="text/html; charset=utf-8" />
<title>内部样式</title>
<style type="text/css">
h1 {
    color: #F00;
}
p {
    font-family:"微软雅黑";
}
</style>
</head>

<body>
<h1>CSS的内部样式</h1>
<p>内部样式位于页面标签的head区域, 且使用style标签进行包裹。</p>
<p>内部样式作用范围是当前页面。</p>
</body>
</html>
```

图 4-30　内部样式在文档结构中的表现　　　　　图 4-31　内部样式预览效果

本例中内部样式只对当前页面有效,不能跨页面执行,所以达不到用 CSS 管理整个风格布局的目的。因此,在实际应用中,使用内部样式的几率相对较少。

3. 外部样式

外部样式是目前在实际工作中使用最为广泛的一种形式。它将 CSS 样式代码保存为一个样式文件,然后在页面中使用＜link＞标签链接到这个样式文件,以便实现多个页面调用同一个外部样式文件的目的。该类型的样式所使用的＜link＞标签必须放置在＜head＞与＜/head＞之间。

【演练 4-6】 CSS 的外部样式。

① 启动 Dreamweaver CS5,创建名为"CSS 的外部样式"的站点。

② 在该站点中创建空白 XHTML 文档,并保存为 index. html,再创建名为 style 的文件夹,用于放置 CSS 文件。

③ 执行"站点"→"新建站点"命令,创建空白 CSS 文档,保存在 style 文件夹中,并命名为 div. css。

④ 切换到 index.html 页面,打开"CSS 样式"面板,单击面板底部的 📧 图标按钮,此时弹出"链接外部样式表"对话框。

⑤ 在此对话框中,单击"浏览"按钮,将刚刚新建的外部样式文件 div.css 链接到 index.html 页面中,如图 4-32 所示。

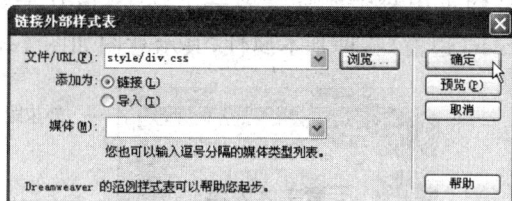

图 4-32　链接外部样式表

⑥ 此时,软件界面显示两个文件已经链接,如图 4-33 所示。用户单击某个文件,可以在这两个文档之间相互切换。

⑦ 切换到 index.html 页面中,输入标题和段落文本,其当前页面结构如图 4-34 所示。

```
<body>
<h1>CSS的外部样式</h1>
<p>此文档使用CSS的外部样式进行链接, </p>
</body>
```

图 4-33　建立链接

图 4-34　页面结构(1)

⑧ 切换到 div.css 页面中,输入相关 CSS 规则,如图 4-35 所示。

⑨ 保存当前文档,通过浏览器预览后的效果如图 4-36 所示。

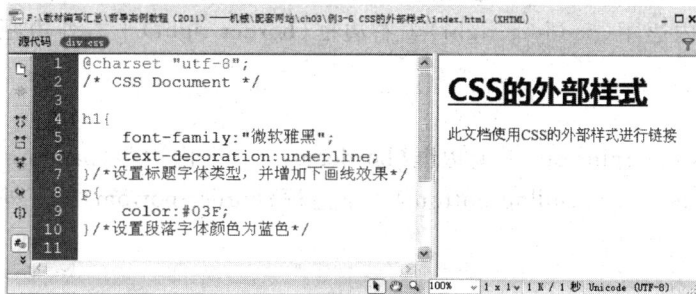

```
@charset "utf-8";
/* CSS Document */

h1{
        font-family:"微软雅黑";
        text-decoration:underline;
}/*设置标题字体类型,并增加下画线效果*/
p{
        color:#03F;
}/*设置段落字体颜色为蓝色*/
```

图 4-35　CSS 规则(1)

图 4-36　预览效果(2)

本例中,当网页文档与 CSS 文档成功链接后,在网页文档的 head 区域会增加<link>标签,其内部的 href="style/css.css"是指外部样式文件的路径位置,rel="stylesheet"是指在页面中使用外部的样式表,type="text/css"是指文件的类型是样式表文件。

由于外部样式表文件可以应用于多个页面,所以当样式文件被修改后,站点所有页面也将随之改变。这样不仅减轻了工作量,而且有利于后期修改和维护,同时浏览时也减少了重复代码的下载量。

65

4.3.2　盒模型概述

在网页中的任何一个元素都遵守盒模型的规范,可以说盒模型的概念是页面布局的基础。简单地说,可以将网页中每个元素看做一个盒子,该盒子具有 margin(外边距)、padding(内边距)和 border(边框)三种基本属性,其示意图如图 4-37 所示。

图 4-37　盒模型示意图

从图 4-37 中可以理解,"元素主体内容"指的就是元素本身(如 p 元素、h1 元素、div 元素、span 元素等);"内边距(padding)"指的是元素边框与元素内容之间的空白区域;"边框(border)"指的是围绕元素内容和内边距的一条或多条线;"外边距(margin)"指的是元素与元素之间的空间。

在默认状态下,margin、padding 和 border 三种基本属性是没有赋值的,其外在的表现形式根据浏览器的种类不同而有细微差别。如果对这些属性进行赋值,那么其值会影响元素本身的高度和宽度。

(1) 盒模型的宽度

盒模型的宽度＝左外边距(margin-left)＋左边框(border-left)＋左内边距(padding-left)＋内容宽度(width)＋右内边距(padding-right)＋右边框(border-right)＋右外边距(margin-right)

(2) 盒模型的高度

盒模型的高度＝上外边距(margin-top)＋上边框(border-top)＋上内边距(padding-top)＋内容高度(height)＋下内边距(padding-bottom)＋下边框(border-bottom)＋下外边距(margin-bottom)

【演练 4-7】　盒模型。

① 启动 Dreamweaver CS5,创建空白 XHTML 文档,将鼠标定位在"代码"视图中,插入宽度和高度均为 100px,名称为"box_1"和"box_2"的 div 容器,页面结构如图 4-38 所示。

② 在页面顶部 head 区域,使用内部样式插入相关 CSS 规则,赋予名为"box_1"和"box_2"的 div 容器有关盒模型的属性,如图 4-39 所示。

③ 在"设计"视图中选择"box_1"容器,此时可以看到外边距、边框和内边距等属性,如图 4-40 所示。

"box_1"容器的宽度＝40px＋30px＋20px＋100px＋20px＋30px＋40px＝280px。

"box_1"容器的高度＝30px＋30px＋30px＋100px＋30px＋30px＋30px＝280px。

66

```
<style type="text/css">
#box_1 {
    width:100px; /*定义元素宽度为100px*/
    height:100px;/*定义元素高度为100px*/
    padding:30px 20px;/*定义元素上下内边距为30px，左右内边距为20px*/
    border:30px #F00 solid;/*定义元素四周边框为30px宽，红色，实线型*/
    margin:30px 40px;/*定义上下外边距为30px，左右外边距为40px*/
}
#box_2 {
    width:100px; /*定义元素宽度为100px*/
    height:100px;/*定义元素高度为100px*/
    padding:30px;/*定义内边距为30px*/
    margin:50px 30px;/*定义上下外边距为50px，左右外边距为30px*/
    border:20px #06F solid;/*定义元素四周边框为20px宽，蓝色，实线型*/
}
</style>
```

```
<body>
<div id="box_1"></div>
<div id="box_2"></div>
</body>
```

图 4-38　页面结构(2)　　　　　　　　　图 4-39　CSS 规则(2)

④ 在"设计"视图中选择"box_2"容器，此时可以看到外边距、边框和内边距等属性，如图 4-41 所示。

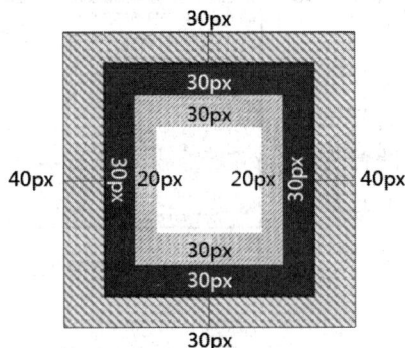

图 4-40　box_1 容器的盒模型　　　　　图 4-41　box_2 容器的盒模型

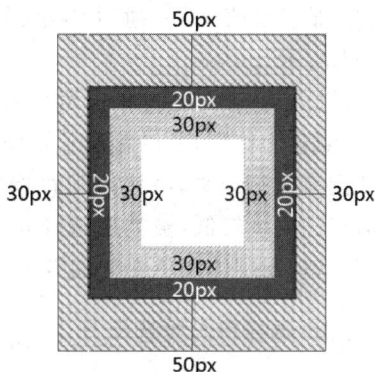

"box_2"容器的宽度＝30px＋20px＋30px＋100px＋30px＋20px＋30px＝260px。

"box_2"容器的高度＝50px＋20px＋30px＋100px＋30px＋20px＋50px＝300px。

这里需要特别注意的是，按照常规理解"box_1"和"box_2"的高度应该为 280px 与 300px 之和，即 580px，而实际情况并非如此。在 CSS 中，当两个元素的外边距相遇时，这两个元素之间的外边距就会进行叠加，形成一个外边距。这个外边距的高度等于这两个元素外边距高度的较大者。

综上所述，"box_1"与"box_2"的高度之和＝（30px＋30px＋30px＋100px＋30px＋30px）＋50px＋（20px＋30px＋100px＋30px＋20px＋50px），即 550px。

4.3.3　CSS 选择符

当需要对 XHTML 文档中某一标签使用 CSS 样式时，就要使用 CSS 选择符来精确指定该元素。由于 CSS 选择符类型多种，这里仅介绍最为常用的选择符类型。

1. 通配符选择符与类型选择符

通配符选择符用"*"号进行表示，其作用是定义页面所有元素的样式，而类型选择符指的是那些使用网页已有标签类型作为名称的选择符,如 body、p 和 h1 等。

【演练 4-8】 通配符选择符与类型选择符。

① 启动 Dreamweaver CS5,创建空白 XHTML 文档,将鼠标定位在"代码"视图中,插入相关文字内容,如图 4-42 所示。

② 在页面顶部 head 区域,使用内部样式插入相关 CSS 规则,如图 4-43 所示。

```
<body>
<h1>通配符选择符与类型选择符</h1>
<p>通配符选择符用"*"号进行表示,其作用是定义页面所有元素的样式,而类
型选择符指的是那些使用网页已有标签类型作为名称的选择符。</p>
</body>
```

图 4-42　当前结构代码(1)

```
<style type="text/css">
* {
    color: #F00;/*对所有元素应用样式,设置字体为红色*/
}
h1 {
    color:#06F;/*设置字体颜色为蓝色*/
    font-size:26px;/*设置字体大小*/
}
</style>
```

图 4-43　CSS 规则(3)

③ 保存当前文件,通过浏览器预览可以看到效果,如图 4-44 所示。

通过分析 CSS 规则和预览效果可知,由于通配符中定义字体颜色为红色,所以影响了页面所有元素。然而又单独对 h2 元素进行定义,虽然通配符选择已经将字体设置为红色,但其优先级较低,被类型选择符所取代,所以 h1 元素中的内容呈现出字体颜色变化的效果。

图 4-44　预览效果(3)

2. ID 选择符与类选择符

ID 选择符以"♯"开头,类选择符以"."开头。由于每个文档中元素的 id 属性值是唯一的,所以通过唯一的值直接定位该元素;类选择符在一个文档中可以使用多次,而且可以使用在不同的标签上。

【演练 4-9】 ID 选择符与类选择符。

① 启动 Dreamweaver CS5,创建空白 XHTML 文档,将鼠标定位在"代码"视图中,插入相关文字内容,如图 4-45 所示。

② 在页面顶部 head 区域,使用内部样式插入相关 CSS 规则,如图 4-46 所示。

```
<body>
<div id="box_1">
  <h1 class="red">ID选择符与类选择符</h1>
  <p class="red size22">如果有多个不同的标签需要共享同一个样式,或者
希望同一个标签在不同位置显示不同的样式,就可以通过类选择符实现。</p>
  <p>由于每个文档中元素的id属性值是唯一的,所以通过唯一的值直接定位该元素。</p>
</div>
</body>
```

图 4-45　当前结构代码(2)

③ 保存当前文件,通过浏览器预览可以看到效果,如图 4-47 所示。

通过分析 CSS 规则和预览效果可知,本例中 ID 选择符"♯box_1"的规则的名称与网页结构代码中"<div id="box_1">"相互对应,故该规则应用在名为"box_1"的容器上。

类规则".red"不仅应用在 h1 上,还应用在 p 元素上,使得标题和内容均呈现红色。

```
<style type="text/css">
.red {
    color:#F00;/*设置字体颜色*/
}
.size22 {
    font-size:22px;/*设置字体大小*/
}
#box_1 {
    font-family:"微软雅黑";/*设置字体类型*/
}
</style>
```

图 4-46　CSS 规则(4)

图 4-47　预览效果(4)

　　值得注意的是,结构代码中第一个 p 元素应用了".red"和".size22"两个类规则,使得效果叠加呈现出既增大字体,又改变颜色的效果。

3. 包含选择符与群组选择符

　　包含选择符又称后代选择符,因为该选择符是作用于某个元素中的子元素,例如"h1 span{color:#06F;}"规则作用的范围是 h1 标签内部的 span 标签。

　　群组选择符可以对一组不同的标签进行相同样式的指派,标签之间使用逗号进行分割,图 4-48 所示的是某网站 CSS 文档初始化时的代码。

```
body, div, dl, dt, dd, ul, ol, li, h1, h2, h3, h4, h5,
h6, pre, form, fieldset, input, p, blockquote, th, td {
    margin:0;
    padding:0;
}
```

图 4-48　CSS 文档初始化时的代码

【演练 4-10】　包含选择符与群组选择符。

　　① 启动 Dreamweaver CS5,创建空白 XHTML 文档,将鼠标定位在"代码"视图中,插入相关文字内容,如图 4-49 所示。

　　② 在页面顶部 head 区域,使用内部样式插入相关 CSS 规则,如图 4-50 所示。

```
<body>
<h1>包含选择符与群组选择符</h1>
<p>包含选择符又称<span>后代选择符</span>,因为该选择符是
作用于某个元素中的子元素。</p>
<p>群组选择符可以对一组不同的标签进行相同样式的指派。</p>
</body>
```

图 4-49　当前结构代码(3)

```
<style type="text/css">
p span {
    font-family:"微软雅黑";
    font-size:30px;
    color:#F00;
}
h1, p {
    color:#06F;
}
</style>
```

图 4-50　CSS 规则(5)

69

③ 保存当前文件,通过浏览器预览可以看到效果,如图 4-51 所示。

图 4-51　预览效果(5)

通过分析 CSS 规则和预览效果可知,本例中"p span"规则为包含选择符,透过两层标签的包裹将规则作用在 span 元素上,使得其内部的文字字体大小、颜色和类型发生变化,而"h1,p"规则为群组选择符,其含义是将 h1 元素和 p 元素统一进行规则定义。

4.4　商用案例——使用 "DIV＋CSS" 模式制作旅行社网页

本节采用"DIV＋CSS"模式完成某旅行社的页面设计,读者应该在此案例中着重体会网页从构思到实现的全过程;着重学习页面布局规划的方法;着重学习有关 CSS 的相关知识。对于案例中较为难以理解的 CSS 规则,这里无须过分追求其含义,待后续章节学习后自然明白其中的缘由。

4.4.1　页面规划

网页制作的第一步都需要对页面进行规划,由于本案例仅制作一个页面,所以这里对该页面进行规划。

图 4-52 所示的是该页面的最终效果,从页面整个布局来看,页面分为左右两部分,其主体内容位于整个页面的右侧,通过对页面的仔细观察,以及成熟的思考,这里将页面的布局规划图展示出来,如图 4-53 所示。

在示意图中各区域的布局是根据工作经验规划得出的,读者通过系统的学习后同样可以得到这种能力。示意图中"wrapper"是整个页面的容器,用于放置其他元素;"left"用于放置左侧的 banner;"right"用于放置页面主体区域,其中包括放置导航的"nav",放置内容的"content",以及放置友情链接的"footer"。

图 4-52　页面最终效果

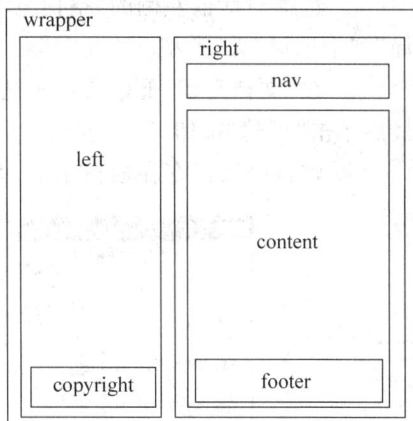

图 4-53　布局示意图(1)

4.4.2　实现过程

1. 创建站点

① 启动 Dreamweaver CS5，执行"站点"→"新建站点"命令，显示"站点设置对象"对话框，如图 4-54 所示。

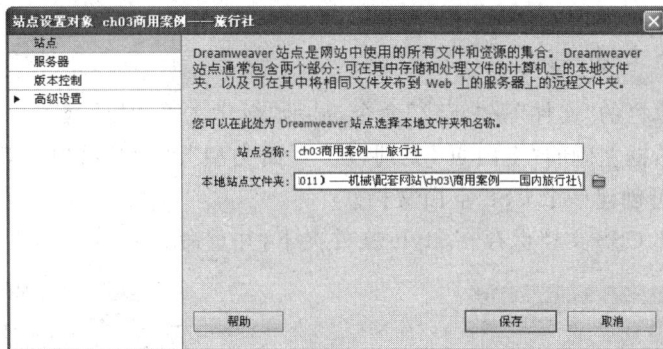

图 4-54　设置创建的站点

② 在此对话框左侧列表中选择"站点"选项，并在右侧"站点名称"文本框中输入"ch03 商用案例——旅行社"，然后单击 📁 图标按钮，为本地站点文件夹选择存储路径。最后，单击"保存"按钮，完成本地站点的创建。

③ 在"文件"面板中站点根目录下分别创建用于放置图片的"images"文件夹和放置 CSS 文件的"style"文件夹。

④ 将所需图片素材拷贝到站点的"images"文件夹内。

2. 创建空白文档

① 执行菜单栏的"文件"→"新建"命令,显示"新建文档"对话框。

② 选择对话框左侧的"空白页"类别,从"页面类型"中选择"HTML"类型,然后在"布局"列中选择"无"类型。

③ 在"文档类型"下拉菜单中选择"XHTML 1.0 Transitional"选项,如图 4-55 所示。最后单击"创建"按钮,即可创建一个空白文档。

④ 将该网页保存在根目录下,并重命名为"index.html",如图 4-56 所示。

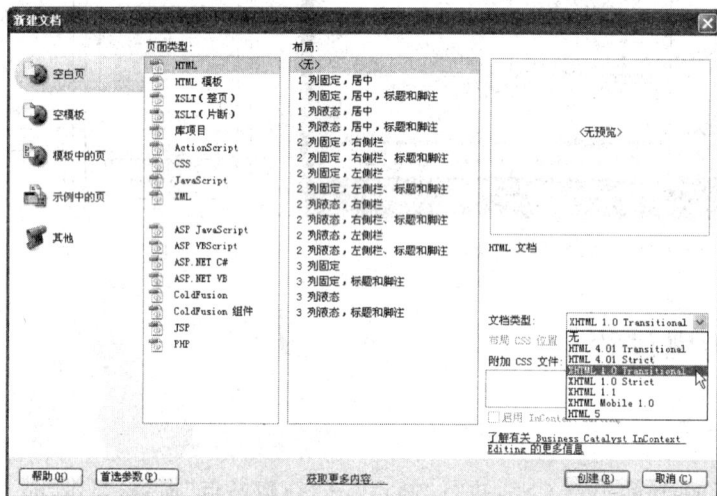

图 4-55　设置文档类型

3. 创建 CSS 文档

① 执行菜单栏的"文件"→"新建"命令,显示"新建文档"对话框。

② 选择对话框左侧的"空白页"类别,从"页面类型"列中选择"CSS"类型,然后单击"创建"按钮,即可创建一个 CSS 空白文档。

③ 将此外部 CSS 文档保存在 style 文件夹下,并重命名为"div.css",如图 4-57 所示。

图 4-56　新建空白网页

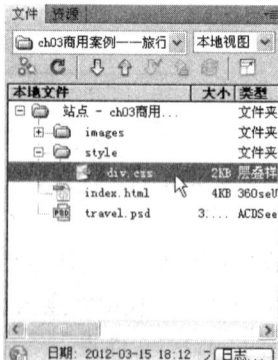

图 4-57　创建 CSS 文档

4. 将 CSS 文档链接至页面

① 打开 index.html 文档,在 Dreamweaver CS5 中执行"窗口"→"CSS 样式"命令,打开"CSS 样式"面板,单击面板底部的 ▧ 图标按钮,此时弹出"链接外部样式表"对话框。

② 在此对话框中,单击"浏览"按钮,将外部样式文件"div.css"链接到"index.html"页面中,如图 4-58 所示。

③ 此时,软件界面显示两个文件已经链接,如图 4-59 所示。用户单击某个文件,可以在这两个文档之间相互切换。

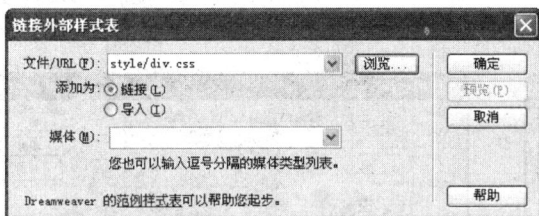

图 4-58　将 CSS 文档链接至页面　　　　　　　图 4-59　两个文件已经成功链接

5. 搭建页面结构与 CSS 初始化

① 将光标定位在"设计"视图中,在"插入"面板的"常用"选项卡中单击"插入 Div 标签"按钮,弹出"插入 Div 标签"对话框,在"插入"下拉菜单中选择"在插入点"选项,在"ID"下拉列表框中输入 wrapper,最后单击"确定"按钮,即可在页面中插入 wrapper 容器,如图 4-60 所示。

② 在"插入"面板的"常用"选项卡中单击"插入 Div 标签"按钮,弹出"插入 Div 标签"对话框,按照图 4-61 所示的参数进行设置,即可在 wrapper 容器内部插入 left 容器。

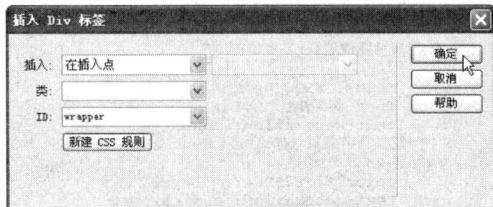

图 4-60　插入 wrapper 容器　　　　　　　图 4-61　插入 left 容器

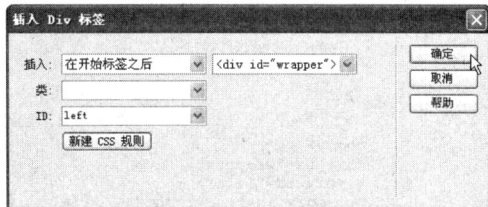

③ 重复步骤②的操作方法,按照图 4-62 所示的参数进行设置,即可在 left 容器内部插入 copyright 容器。

④ 在"插入"面板的"常用"选项卡中单击"插入 Div 标签"按钮,弹出"插入 Div 标签"对话框,按照图 4-63 所示的参数进行设置,即可在 left 容器后面插入 right 容器。

⑤ 在"插入"面板的"常用"选项卡中单击"插入 Div 标签"按钮,弹出"插入 Div 标签"对话框,按照图 4-64 所示的参数进行设置,即可在 right 容器内部插入 nav 容器。

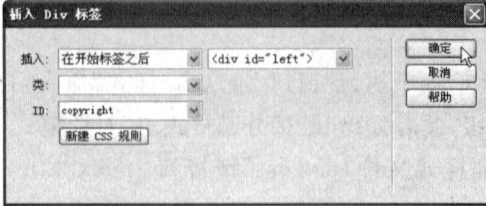

图 4-62　插入 copyright 容器

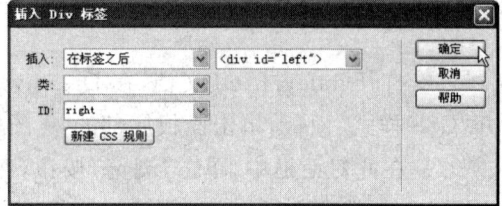

图 4-63　插入 right 容器

⑥ 在"插入"面板的"常用"选项卡中单击"插入 Div 标签"按钮,弹出"插入 Div 标签"对话框,按照图 4-65 所示的参数进行设置,即可在 nav 后面插入 content 容器。

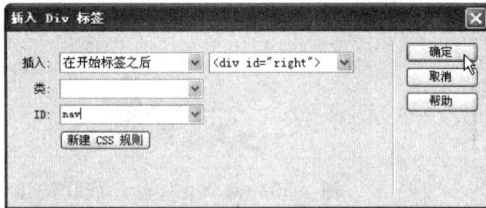

图 4-64　插入 nav 容器

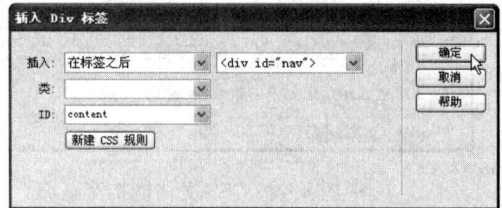

图 4-65　插入 content 容器

至此,页面大面积简易布局已经成型,此时的页面结构如图 4-66 所示。对于搭建页面的环节,读者既可以仿照本例中一次性将整体结构搭建完成的做法,还可以边搭建边细化页面,总之页面的搭建工作一定要根据布局示意图来完成。最后,切换到"div.css"文档,编写如图 4-67 所示的页面初始化规则。

```
<body>
<div id="wrapper">
  <div id="left">
    <div id="copyright"></div>
  </div>
  <div id="right">
    <div id="nav"></div>
    <div id="content"></div>
  </div>
</div>
</body>
```

图 4-66　页面结构(3)

```
/* 页面初始化 */
html, body, h1, h2, h3, h4 {
    margin: 0;
    padding: 0;
}/*页面主要元素初始化*/
img {
    border: 0;
}/*清除图像边框*/
a {
    color: #990000;
    font-weight: bold;
    text-decoration: none;
}/*定义超链接默认样式*/
a:hover {
    color: #FF7F00;
    text-decoration: underline;
}/*定义超链接鼠标悬停时样式*/
.left {
    float: left;
}/*定义向左浮动类,以后后期使用*/
.right {
    float: right;
}/*定义向右浮动类,以后后期使用*/
```

图 4-67　页面初始化规则

6. 细化页面

① 根据页面效果图得知,整个页面具有背景效果,这里拟使用背景图像平铺的方式进行解决。切换到"div.css"文档中,创建如图 4-68 所示的 CSS 规则。

74

② 再次观察页面效果图可知,左侧"left"容器顶部包含旅行社的名字,容器底部包含版权相关内容,因此这里需要在网页结构代码中增加部分内容才能满足需要。将鼠标定位在"代码"视图中,插入 h1 标签和段落标签用于规范插入的内容,具体代码如图 4-69 所示。

```css
body {
    background: #8E0D0D
url(../images/page_bg.jpg) repeat-x;
    text-align: center;
    font:12px "微软雅黑", "宋体", Verdana,
sans-serif;
    color: #565656;
}/*设置背景图像,以及定义整体字体类型和颜色*/
#wrapper {
    text-align: left;
    margin:0 auto;
    width:788px;
}/*定义wrapper容器宽度,并且居中放置*/
```

图 4-68　CSS 规则(6)

```html
<body>
<div id="wrapper">
    <div id="left">
        <h1>宇泽国际旅行社</h1>
        <div id="copyright">
            <p>2013 &copy; 宇泽互联国际</p>
            <p>All rights reserved</p>
        </div>
    </div>
    <div id="right">
        <div id="nav"></div>
        <div id="content"></div>
    </div>
</div>
</body>
```

图 4-69　修改后的结构代码

③ 切换到 div.css 文件中,创建相关 CSS 规则,如图 4-70 所示。

④ 保存当前文档,通过浏览器预览可以看到当前预览效果,如图 4-71 所示。

```css
#left {
    width:268px;
    background: url(../images/logo.jpg)
no-repeat;
    padding-top: 30px;
    float:left;
}
#left h1 {
    text-align: center;
    font: 28px "微软雅黑", "宋体", Verdana,
sans-serif;
    color: #6C0505;
    height: 709px;
}
#copyright {
    color: white;
}
#copyright p {
    margin: 0 1em 0.5em 1em;
}
```

图 4-70　CSS 规则(7)

图 4-71　当前预览效果(1)

⑤ 通常使用无序列表实现导航的功能,这里将鼠标定位在"代码"视图中,在 nav 容器内部插入一组无序列表,其结构如图 4-72 所示。

⑥ 切换到 div.css 文件中,创建相关 CSS 规则,如图 4-73 所示。保存当前文档,预览后的效果如图 4-74 所示。

7. 主体页面的实现

① 将鼠标定位在"代码"视图中,在"插入"面板的"常用"选项卡中单击"插入 Div 标签"按钮,在"插入"下拉菜单中选择"在标签之后"选项,并在后方下拉菜单中选择"<div id="content">"选项,在"ID"下拉列表框中输入"content-top",如图 4-75 所示,即可在 content 容器内部插入 content-top 容器。

```
<body>
<div id="wrapper">
  <div id="left">
    <h1>宇泽国...
  </div>
  <div id="right">
    <div id="nav">
      <ul>
        <li><a href="#">首页</a></li>
        <li><a href="#">旅行社荣誉</a></li>
        <li><a href="#">新闻</a></li>
        <li><a href="#">特色线路</a></li>
        <li><a href="#">金牌导游</a></li>
        <li><a href="#">美食订餐</a></li>
        <li><a href="#">联系我们</a></li>
      </ul>
    </div>
    <div id="content"></div>
  </div>
</div>
</body>
```

图 4-72　插入无序列表作为导航

```
#right {
    width:520px;
    float:left;
}/*设置右侧容器的宽度,并使其浮动*/
#nav {
    background: url(../images/header.jpg)
no-repeat;
    height: 108px;
}/*加载导航所用的背景图像*/
#nav ul {
    margin: 0;
    padding: 0 0 0 30px;
}
#nav li {
    float: left;
    border-right: 1px solid #A26A6B;
    padding: 66px 9px 9px 9px;
    list-style: none;
}
#nav a {
    color: #CECECE;
    font: 14px "微软雅黑";
    font-weight: normal;
}
```

图 4-73　CSS 规则(8)

首页　旅行社荣誉　新闻　特色线路　金牌导游　美食订餐　联系我们

图 4-74　当前预览效果(2)

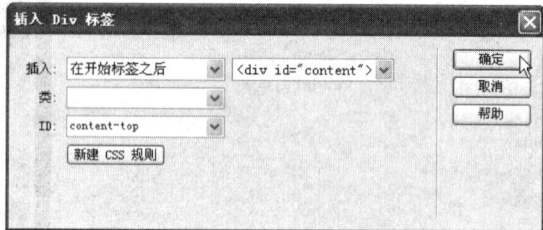

```
插入 Div 标签

插入  在开始标签之后   <div id="content">        确定
类                                             取消
ID    content-top                              帮助
      新建 CSS 规则
```

图 4-75　插入 content-top 容器

② 按照步骤①的方式,在 content-top 容器内部插入 content-bot 容器,此时页面结构如图 4-76 所示。

③ 切换到 div.css 文件中,创建相关 CSS 规则,如图 4-77 所示。

```
<body>
<div id="wrapper">
  <div id="left">
    <h1>宇泽国...
  </div>
  <div id="right">
    <div id="nav">
      <ul> <l...
    </div>
    <div id="content">
      <div id="content-top">
        <div id="content-bot"></div>
      </div>
    </div>
  </div>
</div>
</body>
```

图 4-76　页面结构(4)

```
#content {
    background:  url(../images/body_bg.jpg) repeat-y;
}
#content-top {
    background: url(../images/body_top.jpg) no-repeat;
}
#content-bot {
    background:  url(../images/body_bot.jpg) no-repeat bottom left;
    padding:36px 39px 10px 39px;
}
```

图 4-77　CSS 规则(9)

④ 将鼠标定位在"代码"视图中的 content-bot 容器内部，插入标题标签、图像标签，以及段落标签用于盛放文字内容，具体结构代码如图 4-78 所示。

⑤ 切换到 div.css 文件中，创建相关 CSS 规则，如图 4-79 所示。保存当前文档，预览后的效果如图 4-80 所示。

```
<div id="content">
  <div id="content-top">
    <div id="content-bot">
      <h2>欢迎来到<strong>宇泽国际旅行社! </strong></h2>
      <p>宇泽国际旅行社... </p>
      <p>面对如今的经营... </p>
      <img src="images/tuijian.jpg" width="132" height="90"  class="left"/>
      <h3>特别推荐</h3>
      <p>1、独家推出"海... </p>
      <p>2、酒店: 两晚五... </p>
      <p>3、美食: 独特地... </p>
      <p>4、超值赠送: 旅... </p>
      <p>5、赠送每日营养... </p>
      <br />
      <div id="content-hr"> </div>
    </div>
  </div>
</div>
```

```
#content h2 {
    font: 14px;
}
#content h2 strong {
    color: #660505;
    font-weight: normal;
    font-size: 18px;
}
#content-bot img {
    margin-right:10px;
    margin-bottom:10px;
}
#content-hr {
    clear: both;
    height: 43px;
    background: bottom left
url(../images/body_hr.jpg)
no-repeat;
    margin: 10px -39px;
}
```

图 4-78　插入相关标签盛放文字内容　　　　　图 4-79　CSS 规则(10)

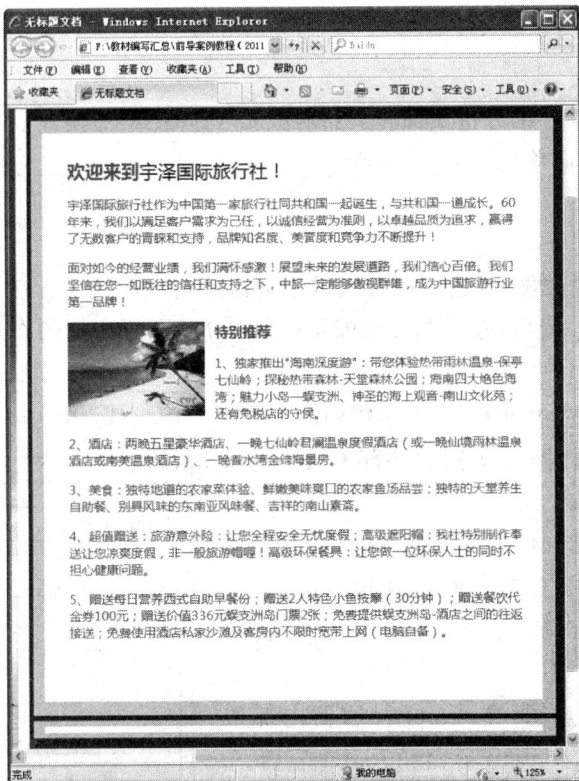

图 4-80　当前预览效果(3)

⑥ 在 content-hr 容器后面插入 footer 容器，并在其内部使用无序列表创建一组内容，用于放置友情链接，如图 4-81 所示。

⑦ 切换到 div.css 文件中,创建相关 CSS 规则,如图 4-82 所示。保存当前页面文档,通过浏览器预览可以发现本页面的所有布局已经全部实现。

```
<div id="content">
    <div id="content-top">
        <div id="content-bot">
            <h2>欢迎来...</h2>
            <div id="content-hr"> </div>
            <div id="footer">
                <ul>
                    <li><a href="#">中国青年旅行社</a></li>
                    <li><a href="#">康辉旅行社</a></li>
                    <li><a href="#">中国和平国际旅行社</a></li>
                    <li><a href="#">携程旅行网</a></li>
                    <li><a href="#">去哪网</a></li>
                </ul>
            </div>
        </div>
    </div>
</div>
```

图 4-81　页面结构(5)

```
#footer {
    margin:0 -35px;
}
#footer ul li {
    display:inline;
    list-style:none;
    margin-right:10px;
}
```

图 4-82　CSS 规则(11)

4.5　实　　　训

1. 实训要求

参考实训源文件仔细分析页面布局,使用“DIV＋CSS”的模式制作网页,着重体会网页制作的全过程,并简单记忆 CSS 规则。

2. 过程指导

① 首先,打开源文件,观察该网页通过浏览器预览后的效果。然后,根据自己的理解尝试规划页面布局。最后,查看源文件的页面结构布局,与自己的布局思路加以对比,学习其中的布局思想。

② 启动 Dreamweaver CS5,并创建站点。在站点内创建“images”文件夹和“style”文件夹。分别创建空白网页文档和外部 CSS 文档,然后将两者链接起来。

③ 根据需要设计规划页面整个布局,示意图如图 4-83 所示。将光标定位在设计视图中,在空白网页内部创建 wrapper 容器,切换到 CSS 文件,输入相应的规则。

④ 参照布局示意图,在 wrapper 容器内部依次创建 header 容器、content 容器和 footer 容器。

⑤ 根据示意图中各容器之间的关系,参照上述步骤,将页面中其他 div 容器制作出来。

⑥ 切换到 CSS 文档中,依次创建对应的 CSS 规则。

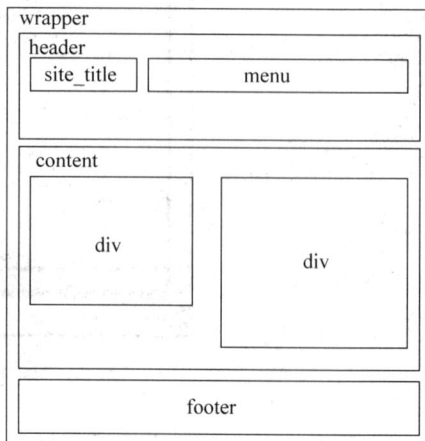

图 4-83　布局示意图(2)

⑦ 保存所有文件,在浏览器中预览并修改,最终效果可参照图 4-84。

图 4-84　最终效果

4.6　习　　题

1. 什么是站点? 简述如何创建本地站点。

2. CSS 的样式类型有几种? 分别是什么? 其作用范围有何区别?

3. 什么是 CSS 的盒模型?

4. 当两个元素的外边距相遇时,这两个元素之间的外边距会发生什么效果? 这种效果影响两个容器的宽度或高度吗?

5. ID 选择符、类选择符和类型选择符之间有什么区别和联系?

6. 熟悉 Dreamweaver CS5 的工作环境,并在本地硬盘内创建名为"我的第一个站点"的站点,在其中创建名为"images"和"style"的文件夹;在站点内部创建"index. html"和"div. css"文件,并将这两个文件链接起来;向站点"image"文件夹内复制多张图像,练习移动、删除、粘贴等操作。

7. 观察图 4-85 所示的网页,分析其中的布局,运用本章知识将该网页制作出来。

8. 分析图 4-86 所示的网页,采用"DIV＋CSS"的模式制作该网页。

图 4-85 习题 7 对应图

图 4-86 习题 8 对应图

第5章 图像在网页中的应用

❑ 掌握图像的常见格式和插入图像的方法。
❑ 熟练掌握 CSS 控制图像的相关属性。
❑ 熟练掌握图文混排的实现方法。
❑ 能够使用 Photoshop 的切片功能输出所需图像。

图像在网页中有着举足轻重的作用,合理的图像设置可以提高网站的美观和实用性,增加网站的观赏性和提高用户的体验度。本章主要从插入图像的基本操作入手,结合常见的图像版式,重点对 CSS 控制图像的相关知识加以阐述,使读者能够掌握从图像效果图到网页成品之间的全过程。

5.1 使用图像丰富页面

图像不仅要好看,而且还要在保证图像质量的情况下尽量缩小图像的体积,在网页中经常使用的图像有三种格式:JPEG、GIF 和 PNG。

一般来说,图像颜色较少、色调均匀,或者包含透明背景的图像最好将它处理为 GIF 图像格式;如果是一些在网页中处在重要位置,且色彩丰富的图像,应该使用 JPEG 图像格式。此外,PNG 格式是一种兼具 JPEG 和 GIF 优势的无专利权限制的格式,包括对索引色、灰度、真彩色图像以及 alpha 通道透明度的支持,已经广泛应用于网页设计中。

5.1.1 插入图像的方法

在 Dreamweaver CS5 中插入图像的方法极为简单,但插入过程中有相关参数需要学习,这里以示例的形式讲解在网页中插入图像的方法。

【演练 5-1】 插入图像。

① 启动 Dreamweaver CS5,创建空白 XHTML 文档,将光标定位在需要插入图像的位置,在"插入"面板的"常用"类别中,单击"图像:图像"图标,或者执行"插入"→"图像"命令。

② 弹出"选择图像源文件"对话框,如图 5-1 所示。在该对话框中,选择需要的图像,右侧预览窗口即刻显示预览效果,单击"确定"按钮即可插入一张图像。

③ 在将图像插入到页面后,设计者如果在"首选参数"的"辅助功能"选项卡中选择了

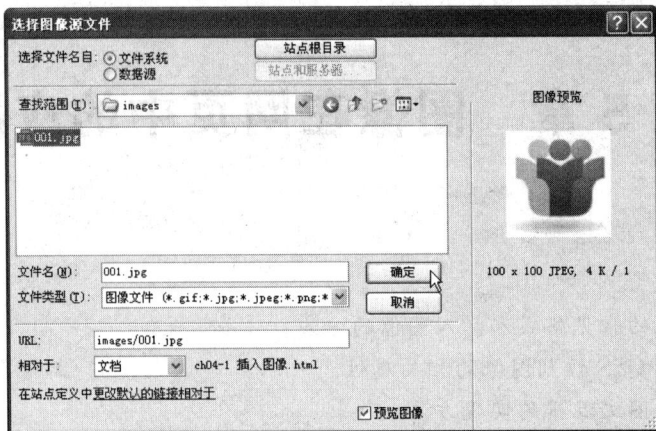

图 5-1 "选择图像源文件"对话框

"图像"复选框,将会弹出如图 5-2 所示的对话框。

④ 在此对话框中,"替换文本"指的是用户需要为图像输入一个名称或一段简短描述(50 个字符左右);"详细说明"用于设置当用户单击图像时所显示的文件的位置。这里可以不做任何设置,单击"取消"按钮后,图像即刻显示在文档中。

需要特别说明的是,如果插图的图像不在当前站点,系统则会弹出询问对话框,如图 5-3 所示。在该对话框中,单击"是"按钮,将弹出"复制文件为"对话框,选择正确的路径后,单击"保存"按钮,即可将站点以外的图像复制到当前站点中。

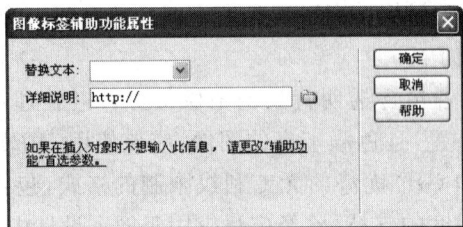

图 5-2 "图像标签辅助功能属性"对话框

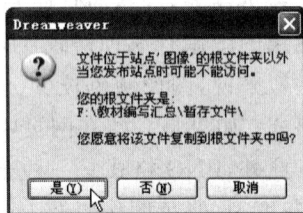

图 5-3 询问对话框

⑤ 选择刚才插入的图像,按下组合键 Ctrl＋F3,打开如图 5-4 所示的"属性"面板。在此面板中,读者可以对图像的大小、位置、超链接、替换文本等相关属性进行设置。

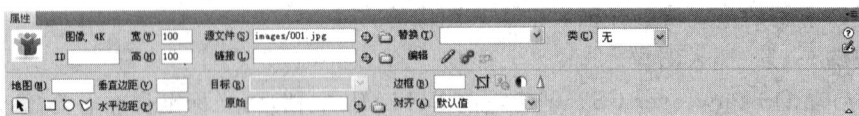

图 5-4 图像属性面板

面板中主要参数的含义如下。

• ID:用于设置图像的名称,以便在用脚本撰写语句时引用该图像。

• 宽和高:图像的宽度和高度,以像素表示。

- 源文件：指定图像的源文件。
- 链接：用于设置单击图像时的超链接。
- 替换：为图像输入一个简短的描述性语句，当鼠标悬停在该图像上时，就显示该输入的信息。
- 编辑：使用指定的外部编辑器打开选定的图像并编辑。
- 地图：用于创建客户端图像地图。
- 垂直边距和水平边距：沿图像的边添加边距，以像素表示。
- 对齐：对齐同一行上的图像和文本。

5.1.2 鼠标经过图像

鼠标经过图像所展现的效果是：当鼠标悬停在图像上时，会显示预先设置好的另一幅图像，而当鼠标移开时，又恢复为第一幅图像。这种实现图像交替变化的本质，其实是软件自动添加了一段 JavaScript 代码而实现的。

从实际工作经验来讲，插入鼠标经过图像并不是解决图像交替效果的最佳方法，要实现图像交替变换的效果，可以使用 CSS 中的伪类解决，对于如何使用伪类实现类似效果，后续章节将会详细讲解，这里仅对鼠标经过图像的制作方法加以说明。

【演练 5-2】 鼠标经过图像。

① 启动 Dreamweaver CS5，创建空白 XHTML 文档，将光标定位于要插入鼠标经过图像的地方。

② 在"插入"面板的"常用"类别中，单击"图像：鼠标经过图像"按钮，或者执行"插入"→"图像对象"→"鼠标经过图像"命令，这时弹出"插入鼠标经过图像"对话框。

③ 在该对话框中，"图像名称"用于设置鼠标经过图像的名称；"原始图像"用于设置页面加载时要显示的图像；"鼠标经过图像"用于设置鼠标指针滑过原始图像时要显示的图像；"按下时，前往的 URL"用于设置当单击图像时要打开的文件路径，如图 5-5 所示。

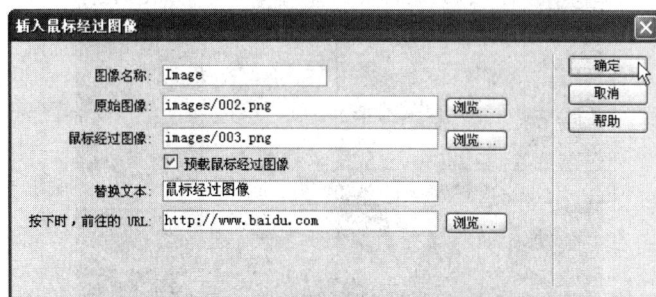

图 5-5 "插入鼠标经过图像"对话框

④ 设置完成后，单击"确定"按钮，即可插入鼠标经过图像。通过浏览器预览可以看到效果，如图 5-6 和图 5-7 所示。

图 5-6 鼠标未经过时的图像显示　　　　图 5-7 鼠标经过时的图像显示

5.1.3 图像的热点区域

　　热点区域指的是通过在图像中绘制一个或多个特定的区域(矩形、圆形或其他形状)而创建的链接。当访问者单击这些热点区域后,就会跳转到热点所链接的不同页面上。图像上如果创建了热点,热点就成为图像的一部分,当改变图像的大小时,图像中所有热点也会发生相应的变化。

　　【演练 5-3】 图像的热点区域。

　　① 启动 Dreamweaver CS5,创建空白 XHTML 文档,在页面中插入一幅图像。

　　② 选中该图像,执行"窗口"→"属性"命令,打开"属性"面板。在该面板上,单击圆形热点工具 ,然后在图像上绘制热点区域,如图 5-8 所示。

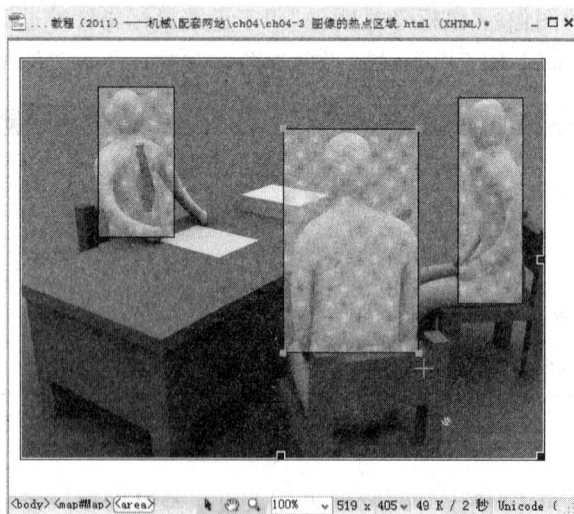

图 5-8 绘制热点区域

84

③ 绘制完成后,选择"属性"面板中的指针热点工具 ，选中刚才绘制的圆形热点区域,此时"属性"面板显示为热点的属性,如图 5-9 所示。在此面板中,为"链接"和"目标"参数进行相应的设置,然后按下组合键 Ctrl+S 保存当前页面。

④ 最后,在浏览器中预览,当鼠标悬停在热点区域时鼠标变为手形,如图 5-10 所示,单击后立刻跳转到指定的页面。

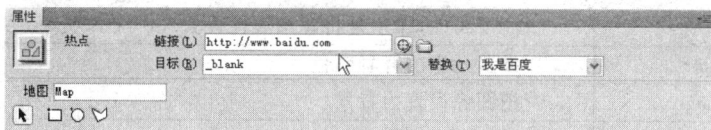

图 5-9　设置热点属性

图 5-10　鼠标悬停在热点区域时的效果

5.2　使用 CSS 控制图像

图像在网页中主要起到美化修饰的作用,但绝大多数的情况下需要对图像进行多方面的控制,这就需要 CSS 的有力配合才能轻松实现。本节向读者介绍有关控制图像的 CSS 规则,希望读者能够强加练习,熟练掌握 CSS 控制图像的方法。

5.2.1　CSS 控制图像背景

背景属性(background)是 CSS 中使用率很高,且非常重要的属性。在网页设计中,无论是单一的纯色背景,还是加载的背景图片,都能够给整个页面带来丰富的视觉效果。

在 CSS 样式中有 6 个标准背景属性和多个可选参数,详见表 5-1。

表 5-1　背景属性

属　　性	说　　明
background	简写属性,作用是将背景属性设置在一个声明中
background-color	设置元素的背景颜色
background-image	把图像设置为背景
background-position	设置背景图像的起始位置
background-repeat	设置背景图像是否重复,以及如何重复
background-attachment	设置背景图像是否固定或者随着页面的其余部分滚动

1. 背景色与背景图

背景色(background-color)和背景图(background-image)是最基本的两个属性,用于分别加载单纯的颜色背景和图像背景。当网页某元素同时具有 background-image 属性和 background-color 属性,那么 background-image 属性将优先于 background-color 属性,也就是说背景图片永远覆盖于背景色之上。

【演练 5-4】　背景色与背景图。

① 启动 Dreamweaver CS5,并创建站点。在站点内创建"images"文件夹,并把制作好的图像放置其中。

② 创建空白 XHTML 文档,在其中插入名为"header"的 div 容器,此时结构代码如图 5-11 所示。

③ 将鼠标定位在"代码"视图,在本页面 head 区域创建相关 CSS 规则,如图 5-12 所示。

```
<style type="text/css">
body {
    background-color:#813e38;/*背景色*/
    background-image: url(images/005.jpg);/*背景图*/
    background-repeat:no-repeat;/*背景无重复*/
    background-position:center top;/*背景水平居中,垂直居顶对齐*/
}
#header {
    width:900px;
    height:220px;
    margin:0 auto;/*设置该容器水平居中*/
    background-image:url(images/006.png);/*增加透明背景的图像*/
    background-repeat:no-repeat;
    font-size:40px;
    font-family:"微软雅黑";
}
</style>
```

```
<body>
<div id="header">背景色与背景图的应用</div>
</body>
```

图 5-11　结构代码　　　　　　　　　　　图 5-12　CSS 规则(1)

④ 保存当前页面,通过浏览器预览可以看到效果,如图 5-13 所示。

本例中为 body 元素和 header 元素分别加载了背景图。对于 body 元素来说,除了添加了背景图属性,还使用了背景色属性,由于背景色所设置的颜色与图像基色相同,所以预览后的效果给人以"融合一体"的感觉,这种处理方式,经常用于有背景图和渐变色的网页中;对于 header 元素来说,由于加载的是具有透明背景的 PNG 格式图像,所以预览后能够实现图像相互叠加的效果,这种处理方法,经常用于网页的细节美化。

图 5-13　预览效果(1)

2. 背景重复

背景重复(background-repeat)属性的主要作用是设置背景图片以何种方式在网页中显示。通过背景重复,设计人员使用很小的图片就可以填充整个页面,有效地减少图片字节的大小。background-repeat 属性有 5 种平铺方式供用户选择,详见表 5-2。

表 5-2　背景重复

重复模式	说　明
background-repeat: repeat;	默认值,在水平和垂直方向平铺
background-repeat: no-repeat;	不进行平铺,图像只展示一次
background-repeat: repeat-x;	水平方向平铺(沿 x 轴)
background-repeat: repeat-y;	垂直方向平铺(沿 y 轴)
background-repeat: inherit;	继承父元素的 background-repeat 属性

【演练 5-5】　图像重复。

① 启动 Dreamweaver CS5,并创建站点。在站点内创建"images"文件夹,并把制作好的图像放置其中。

② 创建空白 XHTML 文档,在其中插入多个 div 容器,并应用同一个".box"类,此时页面结构如图 5-14 所示。

③ 将鼠标定位在"代码"视图,在本页面 head 区域创建相关 CSS 规则,如图 5-15 所示。仔细观察 CSS 代码可知,这里定义了 box 类分别应用在 4 个 div 容器上,而每个容器由于不同的图像重复形式而分别定义。

④ 保存当前页面,通过浏览器预览可以看到效果,如图 5-16 所示。

87

```
<style type="text/css">
.box {
    width:195px;
    height:195px;
    border:1px #F90 solid;
    float:left;
    margin:2px;
}
#box_1 {
    background-image: url(images/007.png);
    background-repeat: no-repeat;/*不重复*/
}
#box_2 {
    background-image: url(images/008.png);
    background-repeat:repeat;/*水平、垂直均重复*/
}
#box_3 {
    background-image: url(images/009.gif);
    background-repeat:repeat-x;/*沿水平方向重复*/
}
#box_4 {
    background-image: url(images/010.png);
    background-repeat:repeat-y;/*沿垂直方向重复*/
}
</style>
```

```
<body>
<div id="box_1" class="box"></div>
<div id="box_2" class="box"></div>
<div id="box_3" class="box"></div>
<div id="box_4" class="box"></div>
</body>
```

图 5-14　当前页面结构(1)　　　　　　　　　图 5-15　CSS 规则(2)

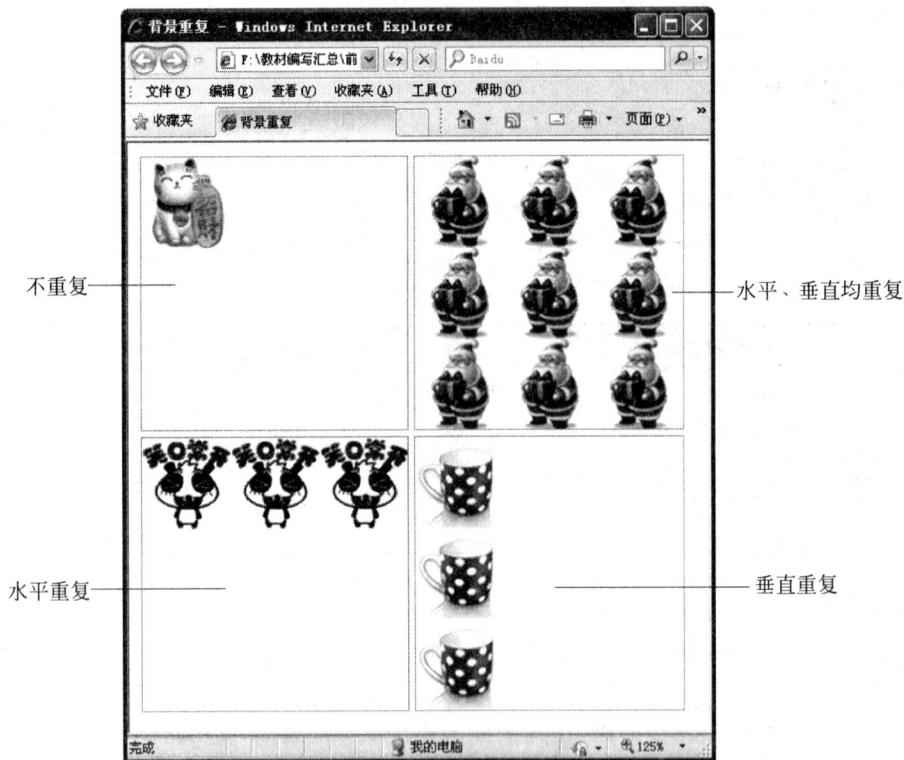

图 5-16　最终效果(1)

5.2.2　图像在超链接方面的应用

单纯的超链接外观已经不能满足追求视觉体验的访问者了,目前大部分网站或多或少的都使用图像美化超链接的外观。对于超链接来说,要想增加美化效果,无非是增加鼠

88

标悬停时状态的效果，之前已经介绍了通过插入鼠标经过图像的方法实现这种效果的方法，而本节采用 CSS 中伪类来解决这个问题。为了更加清晰地说明具体应用过程，这里以示例的形式进行讲解。

【演练 5-6】　图像超链接。

① 提前准备多组大小相同，内容有差别的图像，作为鼠标悬停在超链接时图像前后变换的效果。启动 Dreamweaver CS5，并创建站点。在站点内创建"images"文件夹，并把制作好的图像放置其中。

② 创建空白 XHTML 文档，在页面中创建一组无序列表，作为盛放超链接的容器，此时页面结构如图 5-17 所示。

```
<body>
<ul class="hdrlink">
  <li class="home"><a href="#" title="HOME"></a></li>
  <li class="quotes"><a href="#" title="QUOTES"></a></li>
  <li class="search"><a href="#" title="SEARCH"></a></li>
  <li class="contact"><a href="#" title="CONTACT"></a></li>
</ul>
</body>
```

图 5-17　当前页面结构(2)

③ 在本页面 head 区域创建相关 CSS 规则，如图 5-18 和图 5-19 所示。

```
ul.hdrlink {
    padding:0;
    margin:0;
    list-style:none;
}/*清除无序列表默认外观*/
ul.hdrlink li {
    float:left;
    margin-right:3px;
}/*设置列表项横向浮动，使之横向排列*/
ul li a {
    display:block;
    height:69px;
    width:67px;
}
```

图 5-18　定义无序列表

```
ul.hdrlink li.home a {
    background:url(images/home-butt.gif) no-repeat;
}
ul.hdrlink li.quotes a {
    background:url(images/quotes.gif) no-repeat;
}/*设置quotes在超链接默认状态时的背景图像*/
ul.hdrlink li.quotes a:hover {
    background:url(images/quotes-over.gif) no-repeat;
}/*设置quotes在超链接悬停状态时的背景图像*/
ul.hdrlink li.search a {
    background: url(images/search.gif) no-repeat;
}/*设置search在超链接默认状态时的背景图像*/
ul.hdrlink li.search a:hover {
    background:url(images/search-over.gif) no-repeat;
}/*设置search在超链接悬停状态时的背景图像*/
ul.hdrlink li.contact a {
    background: url(images/contact.gif) no-repeat;
}/*设置contact在超链接默认状态时的背景图像*/
ul.hdrlink li.contact a:hover {
    background:url(images/contact-over.gif) no-repeat;
}/*设置contact在超链接悬停状态时的背景图像*/
```

图 5-19　设置图像超链接相关规则

仔细观察结构代码和 CSS 规则的内容，这里主要为不同类的 a 元素增加了背景图像，并且该图像的重复类型为"无重复"，对于 a 元素的伪类"a:hover"则应用了另外一幅大小相同内容不同的图像，使得鼠标在悬停在超链接上时，会自动变化背景图像，从而达到图像交替的目的。

④ 保存当前页面，通过浏览器预览可以看到效果，如图 5-20 所示。

图 5-20　预览效果(2)

89

5.2.3 CSS 在图文混排版式中的应用

图文混排的版式在网页中非常常见,无论是正文内容,还是某一板块的布局一定能够用到图文混排的知识。由于图文混排所使用的图像与正文有密切的联系,所以图文混排的核心就是让图像脱离文本流,使得文字得以环绕排列。为了更加明晰地阐述图文混排的核心思想,这里采用示例的形式进行讲解。

1. 图文混排

【演练 5-7】 图文混排。

① 启动 Dreamweaver CS5,并创建站点。在站点内创建"images"文件夹,并把制作好的图像放置其中。

② 创建空白 XHTML 文档,在页面中创建合理的页面结构用于放置图像和文字,如图 5-21 所示。由于段落文字内容较多,这里对内容进行了折叠处理,读者在操作时输入较多的文字即可。

```
<body>
<div id="box">
  <h2>悉尼歌剧院</h2>
  <div id="paper">
    <p>悉尼歌剧院位于...</p>
    <span><img src="images/011.jpg" width="199" height="142" /></span>
    <p>悉尼歌剧院不仅...</p>
    <p>每年在悉尼歌剧...</p>
  </div>
</div>
</body>
```

图 5-21 页面结构(1)

对于整体结构而言,之所以使用多层嵌套关系的 div 容器盛放各种元素,是根据需要实现的效果而确定的。本例中,由于实现的效果很简单,所以使用 box 容器作为所有元素的外包裹,使用 h2 元素作为文章的标题,使用 paper 容器作为盛放文章正文的容器,就完全能够实现所需效果。

如果要实现的效果复杂,则需要更多的元素加以控制。这种规划页面的能力是由实践经验而来,读者需要逐步学习才能达到这种水平。

③ 将鼠标定位在"代码"视图,在本页面 head 区域创建具体的 CSS 规则,如图 5-22 所示。

代码中,最为重要的规则是"＃paper span {float:left;margin:5px 5px 5px 0;}",正是由于图像所在的 span 元素进行了浮动设置,使得周围的文字可以环绕着图像排列。为了文字与图像之间留有空隙,还设置了外边距进行美化。

④ 保存当前页面,通过浏览器预览可以看到效果,如图 5-23 所示。

⑤ 在实际工作中,有些时候需要将图像置于正文中央,这就需要对 CSS 规则进一步修改,如图 5-24 所示。保存当前页面,通过浏览器预览可以看到效果,如图 5-25 所示。

```
<style>
* {
    padding:0px;
    margin:0px;
}
p {
    text-indent:2em;/*首行缩进2个汉字的距离*/
    line-height:1.5;/*1.5倍行高*/
}
body {
    font-size:12px;
    color:#333;
}
#box {
    width:600px;
    margin:20px auto;/*设置上下外边距20像素，左右外边距自动*/
}
#box h2 {
    font-size:14px;
    line-height:30px;
    padding-left:10px;
    border-left:10px #F60 solid;
}
#paper {
    border:2px #F60 solid;
    padding:15px;/*设置内边距，避免内容紧贴外轮廓*/
}
#paper span {
    float:left;/*设置图像浮动，使得正文得以环绕图像*/
    margin:5px 5px 5px 0;/*设置图像与正文间的距离*/
}
</style>
```

图 5-22　CSS 规则(3)

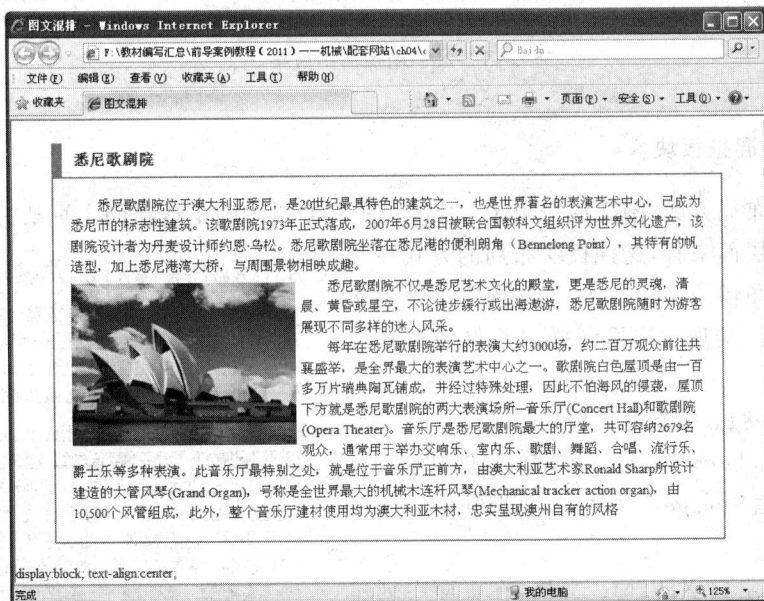

图 5-23　图文环绕效果

```
#paper span {
    display:block;
    text-align:center;
    margin:5px 5px 5px 0;/*设置图像与正文间的距离*/
}
```

图 5-24　修改 CSS 规则

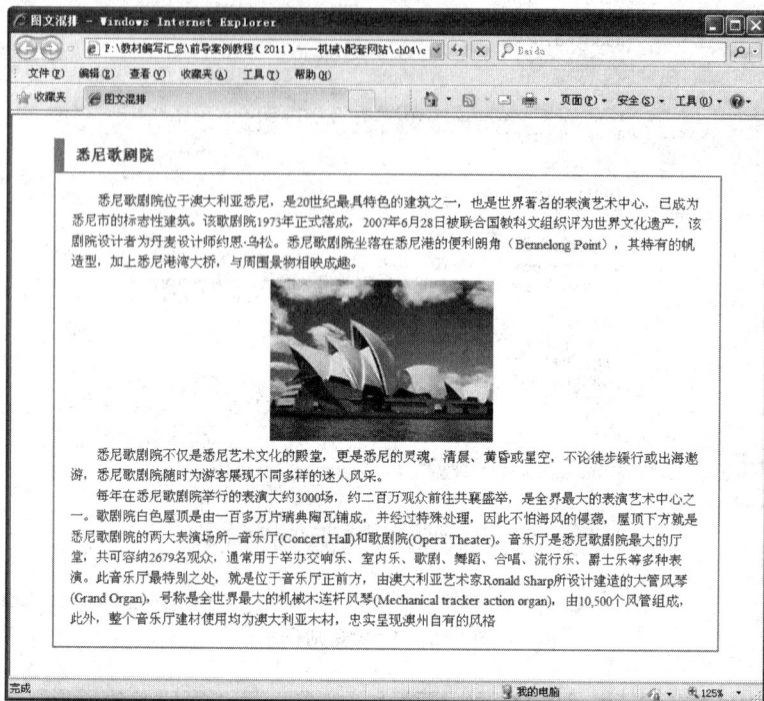

图 5-25　图像居中效果

2．图文混排板块

在板块布局方面,图文混排也十分常见,图 5-26 所示的是搜狐网主页某板块的截图。

从技术层面来看,这种板块布局的方式核心内容同样是图像的浮动,对于正文内容来说无非使用列表进行实现。这里同样以案例的形式进行讲解。

【演练 5-8】　图文混排板块。

① 启动 Dreamweaver CS5,并创建站点。在站点内创建"images"文件夹,并把制作好的图像放置其中。

② 创建空白 XHTML 文档,在页面中创建合理的页面结构用于放置图像和文字,如图 5-27 所示。

③ 将鼠标定位在"代码"视图,在本页面

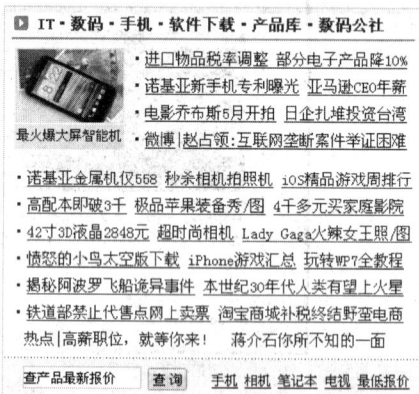

图 5-26　图文混排板块

head 区域创建页面初始化规则与具体的 CSS 规则,如图 5-28 和图 5-29 所示。

④ 保存当前页面,通过浏览器预览可以看到效果,如图 5-30 所示。

```
<body>
  <div id="box">
    <div class="picTxt">
      <H3><a href="#" >笔记本电脑关税降八成：从每台1000元降到200元</a></H3>
      <div class="hotPic"><a href="#" ><img src="images/012.jpg" width="123" height="86" /></a> </div>
      <ul class="list03">
        <li><a href="#" >奢侈手机售价190万</a> <a href="#" >中国成为主要市场</a>
        <li><a href="#" >西安2000亿吸引三星落地不合时宜</a>
        <li><a href="#" >iPhone 4供货不足</a> <a href="#" >销售商无策</a>
        <li><a href="#" >电信联通战火烧至千元智能机</a> </li>
      </ul>
    </div>
    <div class="space10"></div>
    <ul class="list02">
      <li><span><a href="#" >[播客]</a></span><a href="#" >魅族四核手机MX正式发布</a> <a href="#" >32GB手机售价2999元</a> </li>
      <li><span><a href="#" >[播客]</a></span><a href="#" >魅族四核手机MX正式发布</a> <a href="#" >32GB手机售价2999元</a> </li>
      <li><span><a href="#" >[播客]</a></span><a href="#" >魅族四核手机MX正式发布</a> <a href="#" >32GB手机售价2999元</a> </li>
      <li><span><a href="#" >[播客]</a></span><a href="#" >魅族四核手机MX正式发布</a> <a href="#" >32GB手机售价2999元</a> </li>
      <li><span><a href="#" >[播客]</a></span><a href="#" >魅族四核手机MX正式发布</a> <a href="#" >32GB手机售价2999元</a> </li>
    </ul>
  </div>
</body>
```

图 5-27　页面结构（2）

```
* {
    margin:0;
    padding:0;
}
body {
    font-size:12px;
    font-family:simsun;
    background:#fff;
    color:#2b2b2b;
}
h3 {
    font-size:12px
}
img {
    border:0;
}
a {
    text-decoration:none;
}
a:link {
    color:#004276;
}
a:visited {
    color:#004276;
}
a:hover {
    text-decoration:underline;
    color:#ba2636;
}
ul{
    list-style:none;
}
```

图 5-28　初始化 CSS 规则

```
#box {
    width:370px;
    height:260px;
    border:1px #999 solid;
    margin:20px;
    padding:10px;
}
.picTxt h3 {
    font:bold 16px/22px 宋体;
    padding:7px 0 0;
    margin-bottom:7px;
}
.hotPic {
    float:left;
    width:123px;
    height:86px;
    margin:5px 12px 0 0;
}
.list03 li {
    font-size:14px;
    line-height:24px;
}
.space10 {
    clear:both;
    height:10px;
    line-height:0;
    font-size:0
}
.list02 li {
    background: url(images/ico.jpg)
no-repeat left center;
    padding-left:21px;
    font-size:14px;
    line-height:24px;
}
.list02 li span {
    padding-right:7px
}
```

图 5-29　CSS 规则（4）

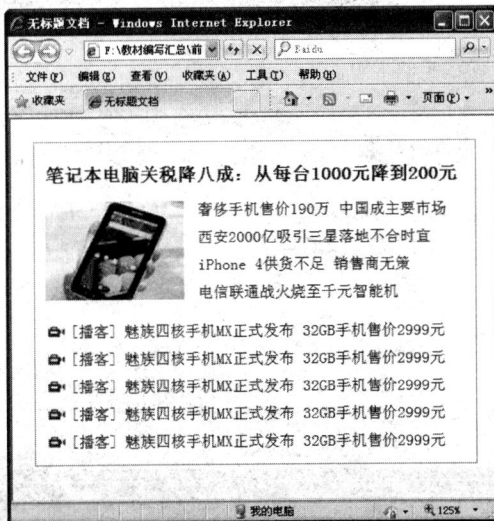

图 5-30　最终效果（2）

5.3 商用案例——从切片到页面的实现

专题网站指的是针对某一主题特意制作出的网站,该类网站的主题大多涉及热点新闻、产品推广和活动宣传等方面的内容,由于网站具有一定的时效性,并且还需要吸引访问者驻足浏览,所以网站通常使用大量的图像作为美化手段,整体效果十分精美。本节同样采用"DIV＋CSS"模式完成专题网站的制作,在实现过程中向读者介绍图像切片的方法。

5.3.1 页面规划与切片的联系

使用 Photoshop 的切片功能对图像进行切片的方法,取决于对网页布局的规划。只有先对网页布局进行合理的规划,才能使得切片顺利进行,如果在页面规划阶段潦草应付,即便能够对图像进行切片,也为后期网页的实现带来很多麻烦。

图 5-31 所示的是本案例网页最终效果图,从整体规划来看,页面大致分为头部、主体和底部三大板块。对于头部来说,又包含右上角的 Logo 标志和 Banner 区域;对于主体部分来说,主要涉及带高光的圆角顶部、带高光效果的中部和底部;对于底部区域来说,涉及内发光效果的版权区域。

图 5-31　网页效果图

通过对页面效果图的仔细分析,可以发现切片工作主要从公司标志、Banner、圆角主体背景和版权区域进行。此外,页面中还有部分区域会用到切片(如小图标、装饰图像等),这些细小部分的切片在整体规划时无须考虑太细,待制作网页时再进行实现即可。

通过对页面的仔细观察,以及成熟的思考,这里将页面的布局规划图展示出来,如图 5-32 所示。

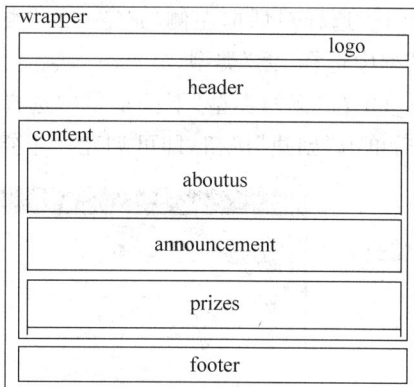

图 5-32 布局示意图

5.3.2 定义站点

1. 创建站点

① 启动 Dreamweaver CS5,执行"站点"→"新建站点"命令,显示"站点设置对象"对话框,如图 5-33 所示。

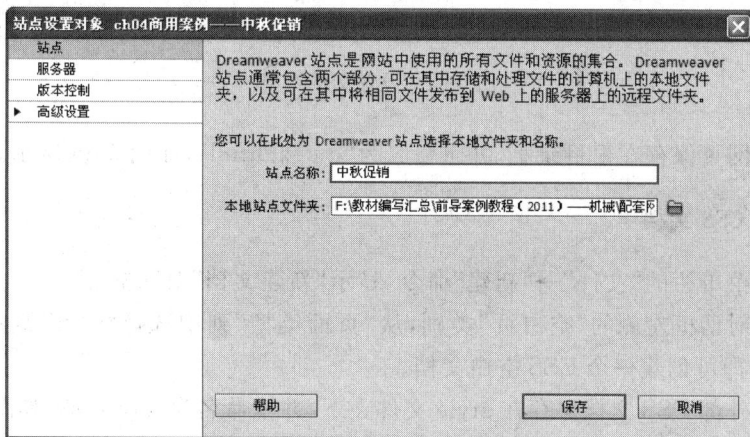

图 5-33 "站点设置对象"对话框

② 在此对话框左侧列表中选择"站点"选项,并在右侧"站点名称"文本框中输入"中秋促销",然后单击 📁 图标按钮,为本地站点文件夹选择存储路径。最后,单击"保存"按钮,完成本地站点的创建。

③ 在"文件"面板中站点根目录下分别创建用于放置图像的"images"文件夹和放置 CSS 文件的"style"文件夹。

④ 将所需图像素材拷贝到站点的"images"文件夹内。

2. 创建空白文档

① 执行菜单栏的"文件"→"新建"命令,显示"新建文档"对话框。

② 选择对话框左侧的"空白页"类别,从"页面类型"中选择"HTML"类型,然后在"布局"列中选择"无"类型。

③ 在"文档类型"下拉菜单中选择"XHTML 1.0 Transitional"选项,如图 5-34 所示。最后单击"创建"按钮,即可创建一个空白文档。

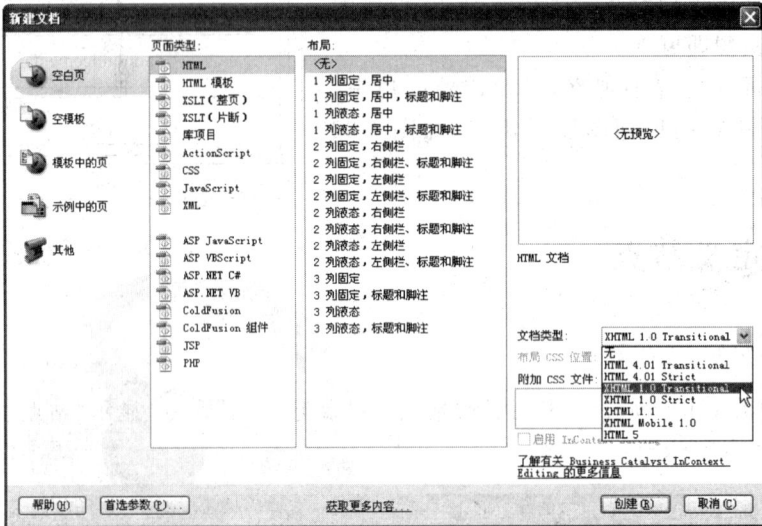

图 5-34　设置文档类型

④ 将该网页保存在根目录下,并重命名为"index. html",如图 5-35 所示。

3. 创建 CSS 文档

① 执行菜单栏的"文件"→"新建"命令,显示"新建文档"对话框。

② 选择对话框左侧的"空白页"类别,从"页面类型"列中选择"CSS"类型,然后单击"创建"按钮,即可创建一个 CSS 空白文档。

③ 将此外部 CSS 文档保存在 style 文件夹下,并重命名为"div. css",如图 5-36 所示。

图 5-35　新建空白网页

图 5-36　创建 CSS 文档

96

4. 将 CSS 文档链接至页面

① 打开 index. html 文档,在 Dreamweaver CS5 中执行"窗口"→"CSS 样式"命令,打开"CSS 样式"面板,单击面板底部的 🖼 图标按钮,此时弹出"链接外部样式表"对话框。

② 在此对话框中,单击"浏览"按钮,将外部样式文件"div. css"链接到"index. html"页面中,如图 5-37 所示。

③ 此时,软件界面显示两个文件已经链接,如图 5-38 所示。用户单击某个文件,可以在这两个文档之间相互切换。

图 5-37　链接 CSS 文档

图 5-38　成功链接

5.3.3　页面的具体实现

1. 头部区域的制作

① 待准备工作结束后,切换到"div. css"文档,为整个页面进行初始化定义,如图 5-39 所示。

② 将网站效果图在 Photoshop CS5 中打开,使用"吸管"工具 🖊 在效果图边缘处单击,吸取背景颜色,此时弹出如图 5-40 所示的对话框。这里要记录对话框中所显示的 RGB 颜色值"#0a78b4"。

```
body, div, dl, dt, dd, ul, ol, li, h1,
h2, h3, h4, h5, h6, p, th, td {
    margin:0;
    padding:0;
}
table {border-collapse:collapse;}
img {border:0;}
p {
    text-indent:2em;
    margin-bottom:20px;
    margin-top:10px;
}
ol, ul {list-style:none;}
caption, th {text-align:left;}
h1, h2, h3, h4, h5, h6 {
    font-size:100%;
    font-weight:normal;
}
.clear {clear:both;}
.fl {float:left;}
.fr {float:right;}
```

图 5-39　页面初始化 CSS 规则

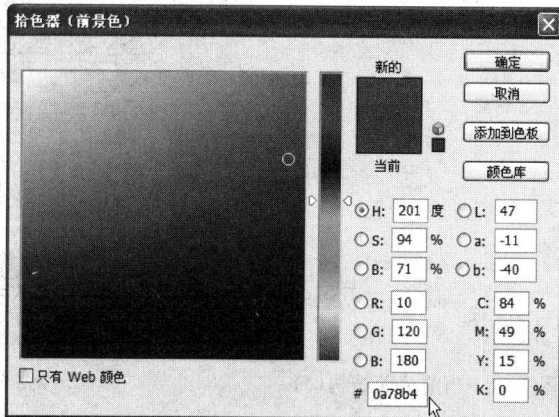

图 5-40　"拾色器"对话框

97

③ 切换到"div.css"文档中,编写 CSS 规则定义网页背景颜色和字体大小,如图 5-41 所示。

```
body {
    font:13px "微软雅黑", "宋体", Verdana, sans-serif;
    color:#000;
    background:#0a78b4;
}
```

图 5-41 定义 body 元素规则

④ 切换到"index.html"文档中,在"插入"面板的"常用"选项卡中单击"插入 Div 标签"按钮,弹出"插入 Div 标签"对话框,在"插入"下拉菜单中选择"在插入点"选项,在"ID"下拉列表框中输入 wrapper,最后单击"确定"按钮,即可在页面中插入 wrapper 容器。

⑤ 删除 wrapper 容器内多余文字,在"插入"面板的"常用"选项卡中单击"插入 Div 标签"按钮,弹出"插入 Div 标签"对话框,按照图 5-42 所示的参数进行设置,最后单击"确定"按钮,即可在 wrapper 内部插入 logo 容器。

⑥ 删除 logo 容器内多余文字,在"插入"面板的"常用"选项卡中单击"插入 Div 标签"按钮,弹出"插入 Div 标签"对话框,按照图 5-43 所示的参数进行设置,最后单击"确定"按钮,即可在 logo 容器后面插入 header 容器。至此,页面此时的结构如图 5-44 所示。

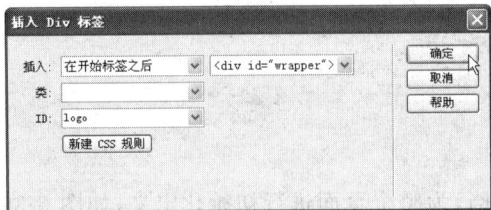

图 5-42 插入 logo 容器

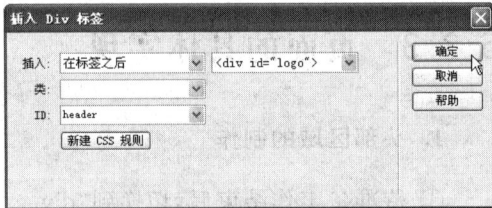

图 5-43 插入 header 容器

⑦ 在 Photoshop CS5 中,使用"切片"工具 在效果图右上角拖曳矩形区域,将 Logo 图像切出来,如图 5-45 所示。

```
<body>
<div id="wrapper">
    <div id="logo"></div>
    <div id="header"></div>
</div>
</body>
```

图 5-44 当前页面结构(3)

图 5-45 Logo 图像的切片

⑧ 在 Photoshop 软件的菜单栏中执行"文件"→"储存为 Web 和设备所用格式"命令,此时弹出如图 5-46 所示的对话框。在此对话框中,用户可以在右上角的下拉菜单中

选择该图像切片的格式,这里选择"PNG 8 128 仿色"选项。最后单击"保存"按钮,将该切片保存在站点的"images"文件夹中,并命名为"logo.png"。

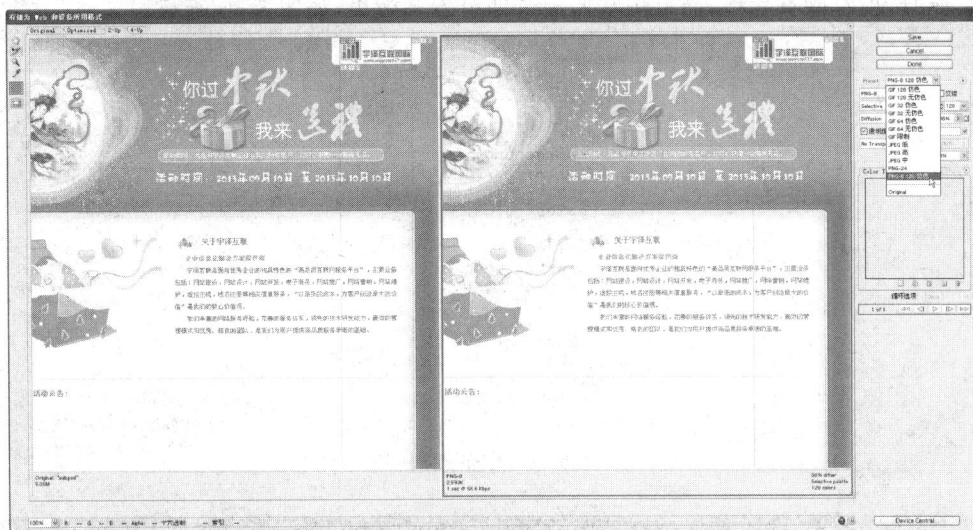

图 5-46　"存储为 Web 和设备所用格式"对话框

⑨ 隐藏 Logo 图像所在的图层,使用同样的方法,在效果图中顶部切出宽 942 像素,高 53 像素的图像,如图 5-47 所示,并将该图像保存为"logo_bg.jpg"。

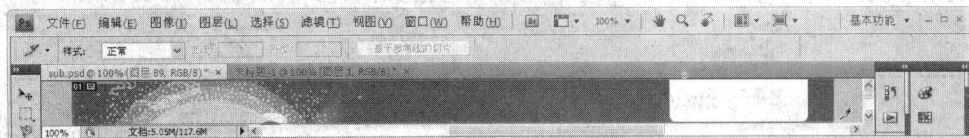

图 5-47　logo_bg 图像切片

⑩ 根据布局的规划,在 Photoshop 中切出宽 942 像素,高 270 像素的图像,如图 5-48 所示,并将该图像保存为"header_bg.jpg"。

图 5-48　header_bg 图像切片

99

⑪ 切换到"index. html"文档中,将刚才制作的"logo. png"图像插入到"＜div id＝"logo"＞＜/div＞"之中。切换到"div. css"文档中,编写对应的 CSS 规则,如图 5-49 所示。此时,保存网页文档,通过浏览器预览即可看到效果,如图 5-50 所示。

```
#wrapper {
    width:942px;
    margin:0 auto;
}
#logo {
    background:
url(../images/logo_bg.jpg)
no-repeat left top;
    height:53px;
}
#logo img {
    float:right;
    margin-right:50px;
}
#header {
    background:
url(../images/header_bg.jpg)
no-repeat left top;
    height:270px;
}
```

图 5-49　CSS 规则(5)

图 5-50　预览效果(3)

2. 主体区域的制作

对于主体区域的实现,难点是如何让主体区域的背景图像随着内容的增长而呈现自适应的效果。由于主体区域的背景具有圆角、高光等艺术效果,这里拟创建三个容器用于盛放主体区域背景的顶部、中部和底部,再通过 CSS 的帮助将图像载入到容器中,整个制作思路的示意图如图 5-51 所示。

图 5-51　示意图(1)

从示意图可以看出，使用 Photoshop 将主体区域三部分分别切片输出，在创建相互嵌套的容器内部将切片载入，其中 content 容器需要设置为高度自适应，且背景图像垂直平铺；content_top 容器和 content_bot 容器，用于放置顶部和底部切片，且不需要背景重复。通过以上方法的处理，就能够满足背景图像跟随内容多少自动适应高度，这也是目前解决此类问题的通用做法。

① 切换到"index.html"文档中，在"插入"面板的"常用"选项卡中单击"插入 Div 标签"按钮，弹出"插入 Div 标签"对话框，按照如图 5-52 所示的参数进行设置，即可在 header 容器后面插入 content 容器。

② 在"插入"面板的"常用"选项卡中单击"插入 Div 标签"按钮，弹出"插入 Div 标签"对话框，按照如图 5-53 所示的参数进行设置，即可在 content 容器内部插入 content_top 容器。

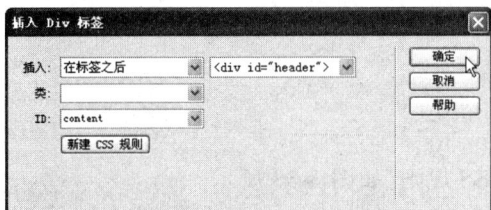

图 5-52　插入 content 容器　　　　　　图 5-53　插入 content_top 容器

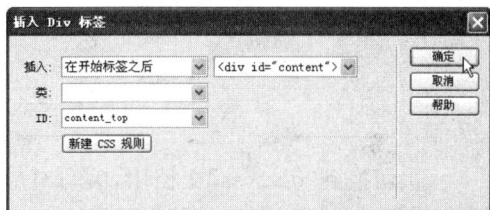

③ 同样的操作方法，在 content_top 容器内部创建 content_bot 容器。此时页面结构如图 5-54 所示。

④ 切换到"div.css"文档中，编写对应的 CSS 规则，如图 5-55 所示。此时，保存网页文档，通过浏览器预览即可看到效果，如图 5-56 所示。

```
<body>
<div id="wrapper">
  <div id="logo"><img sr...</div>
  <div id="header"></div>
  <div id="content">
    <div id="content_top">
      <div id="content_bot"></div>
    </div>
  </div>
</div>
</body>
```

图 5-54　页面结构(3)

```
#content {
    background:
url(../images/content_bg.jpg) repeat-y;
}
#content_top {
    background:
url(../images/content_top_bg.jpg)
no-repeat center top;
}
#content_bot {
    background:
url(../images/content_bot_bg.jpg)
no-repeat center bottom;
    padding:40px 80px 40px 80px;
}
```

图 5-55　CSS 规则(6)

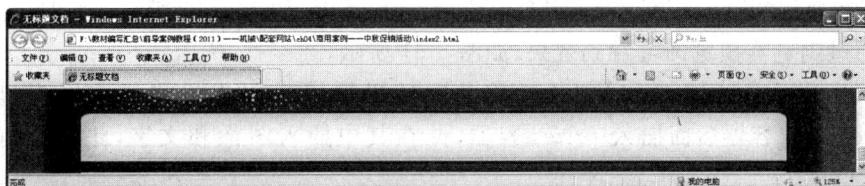

图 5-56　预览效果(4)

101

⑤ 根据对页面整体布局的理解,主体内容分为"公司介绍"、"活动公告"和"活动奖品"三部分内容,由于这三部分内容标题和正文有许多相似之处,这里拟定义多个 CSS 类分别应用在不同的元素中,简化了 CSS 的代码量。

在 content_bot 容器内部创建名为 aboutus 的容器,并在其中插入图像和文字,此时页面结构如图 5-57 所示。

```
<div id="content">
  <div id="content_top">
    <div id="content_bot">
      <div id="aboutus" class="fl" >
      <img src="images/001.png" width="315" height="220" / class="clear">
        <div id="inbox" class="fl">
          <h2 class="tit">关于宇泽互联国际</h2>
          <dl>
            <dt>企业信息化解决方案提供商</dt>
            <dd>
              <p>宇泽互联是面向...</p>
              <p>我们丰富的网络...</p>
            </dd>
          </dl>
        </div>
      </div>
    </div>
  </div>
</div>
```

图 5-57　页面结构(4)

⑥ 切换到"div.css"文档中,编写对应的 CSS 规则,如图 5-58 所示。

```
#aboutus {
    border-bottom:1px #CCC dotted;
    padding-bottom:15px;
}
#aboutus img {
    float:left;
    margin-right:20px;
}
.tit {
    padding-left:50px;
    background: url(../images/h2_bg.gif) no-repeat;
    height:30px;
    font-size:18px;
    line-height:30px;
    color:#039;
    font-weight: bolder;
    margin-bottom:5px;
}
#inbox {
    width:440px;
}
#aboutus dt {
    color:#F60;
    font-weight: bolder;
}
```

图 5-58　CSS 规则(7)

⑦ 在 aboutus 容器后面插入 announcement 容器,并在其中插入图像和文字,此时页面结构如图 5-59 所示。

⑧ 切换到"div.css"文档中,编写对应的 CSS 规则,如图 5-60 所示。此时,保存网页文档,通过浏览器预览即可看到效果,如图 5-61 所示。

⑨ 由于页面第三部分是"活动奖品",所以这里采用表格将内容展现出来。在 announcement 容器后面插入 prizes 容器,并在其中插入图像和文字,此时页面结构如图 5-62 所示。

```
<div id="content">
  <div id="content_top">
    <div id="content_bot">
      <div id="aboutus" class="fl"> <img sr...
      </div>
      <div id="announcement" class="clear">
        <h2 class="tit">活动公告</h2>
        <div id="announcement_part">
          <p><span>活动主题</span>：庆祝中秋佳节，宇泽互联节日献礼！<br />
            <span>活动时间</span>：2013年09月10日　 至 2013年10月10日<br />
            <span>活动概述</span>：活动期间，凡是...<br />
            <span>活动范围</span>：全国<br />
            <span>活动专线</span>：1234567890<br />
          </p>
        </div>
      </div>
    </div>
  </div>
</div>
```

图 5-59　页面结构(5)

```
#announcement {
    padding:10px 10px 15px 10px;
    border-bottom:1px #CCC dotted;
}
#announcement_part {
    padding-left:50px;
}
#announcement_part p {
    text-indent:0;
}
#announcement_part p span {
    color:#F60;
    font-weight:bolder;
}
```

图 5-60　CSS 规则(8)

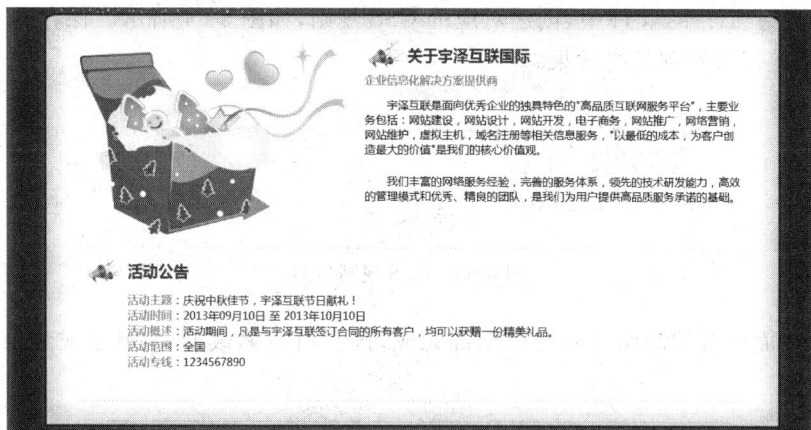

图 5-61　预览效果(5)

```
<div id="content">
  <div id="content_top">
    <div id="content_bot">
      <div id="aboutus" class="fl"   ><img sr...
      </div>
      <div id="announcement" class="clear">
        <h2 cla...
      </div>
      <div id="prizes">
        <h2 class="tit">活动奖品</h2>
        <div id="prizes_part">
          <table width="100%" border="0" cellspacing="0" cellpadding="0">
            <tr>
              <th width="29%" scope="col">合同金额范围</th>
              <th width="71%" scope="col">赠送礼品</th>
            </tr>
            <tr>
              <td>1000元-2999元</td>
              <td>台电潮系列64BG/USB3.0 U盘</td>
            </tr>
            <tr>
              <td>3000元-4999元</td>
              <td>希捷睿翼系列2.5英寸1TB移动硬盘</td>
            </tr>
            <tr>
              <td>5000元以上</td>
              <td>三星 GALAXY Tab P7500（16GB） 平板电脑 </td>
            </tr>
          </table>
          <p>注：所有礼品均...</p>
        </div>
      </div>
    </div>
  </div>
</div>
```

图 5-62　页面结构(6)

103

⑩ 切换到"div.css"文档中,编写对应的 CSS 规则,如图 5-63 所示。

3. 版权区域的制作

① 将光标定位在"设计"视图中,在"插入"面板的"常用"选项卡中单击"插入 Div 标签"按钮,弹出"插入 Div 标签"对话框,在"插入"下拉菜单中选择"在开始标签之后"选项,并在后面下拉菜单中选择"content"选项,然后在"ID"下拉列表框中输入 footer,最后单击"确定"按钮,即可在 content 容器后面插入 footer 容器。

② 切换到 div.css 文件中,创建对应的 CSS 规则,如图 5-64 所示。保存网页文档,通过浏览器预览即可看到最终效果。

```
#prizes {
    padding:10px 10px 15px 10px;
    border-bottom:1px #CCC dotted;
}
#prizes_part {
    padding-left:50px;
}
#prizes_part th {
    background:#f8f8f8;
    text-align:center;
}
#prizes_part td {
    border:1px #CCC solid;
    text-align:center;
}
```

图 5-63　CSS 规则(9)

```
#footer {
    background:url(../images/footer_bg.jpg) no-repeat center top;
    height:60px;
    color:#FFF;
    text-align:center;
    padding-top:30px;
}
```

图 5-64　CSS 规则(10)

至此,页面所有的制作过程已经全部完成,读者可以修改 CSS 规则或装饰图像进一步美化网页。

5.4　实　　　训

1. 实训要求

参考本例提供的 PSD 源文件,仔细分析页面布局,规划出切片合理、实现容易的布局,并使用"DIV＋CSS"的模式制作网页。制作过程中,着重学习切片输出的方法,体会网页制作的全过程。

2. 过程指导

① 打开 PSD 源文件,观察网页效果图整体布局,如图 5-65 所示。从图 5-65 中可以看出,整个页面背景具有木纹效果,而主体区域全部放置在具有信纸效果的背景中,此外信纸左侧还具有规律的穿孔效果。通过这些分析可知,木纹背景单独切片放置在 body 元素中,主体区域信纸效果切片为顶部、中部和底部三部分图像,采用本章"商用案例"中的方法进行处理。

② 启动 Dreamweaver CS5,并创建站点。在站点内创建"images"文件夹和"style"文件夹。分别创建空白网页文档和外部 CSS 文档,然后将两者链接起来。

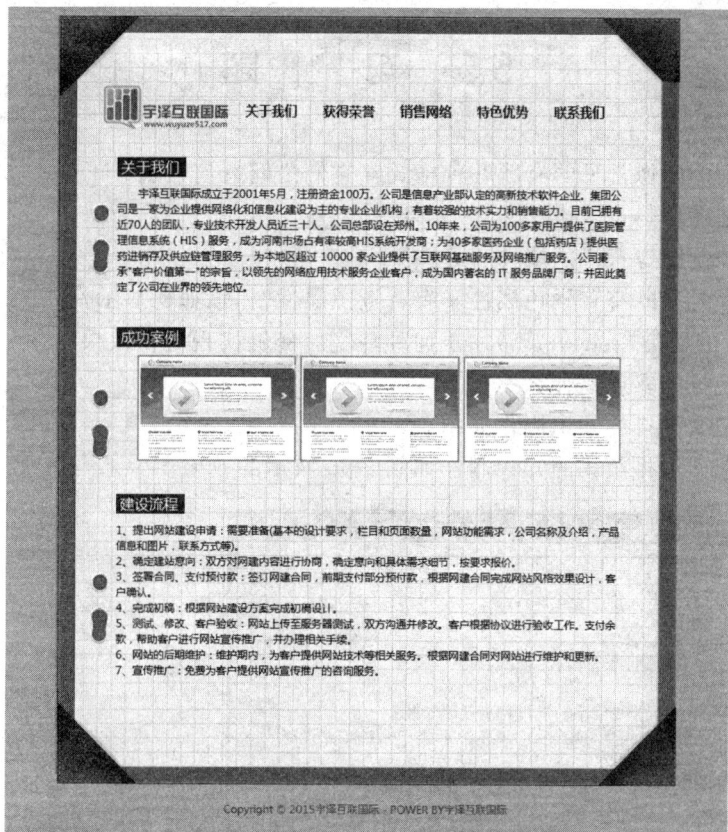

图 5-65　最终效果(3)

③ 根据需要设计规划页面整个布局,示意图如图 5-66 所示。将光标定位在设计视图中,在空白网页内部创建 wrapper 容器,切换到 CSS 文件,输入相应的规则。

④ 参照布局示意图,在 wrapper 容器内部依次创建 content 容器、content_top 容器和 content_bot 容器,用于创建跟随内容多少自动适应其高度的信纸背景。

⑤ 根据示意图中各容器之间的关系,参照上述步骤,将页面中其他 div 容器制作出来。

⑥ 切换到 CSS 文档中,依次创建对应的 CSS 规则。

⑦ 保存所有文件,在浏览器中预览并修改,最终效果可参照图 5-65。

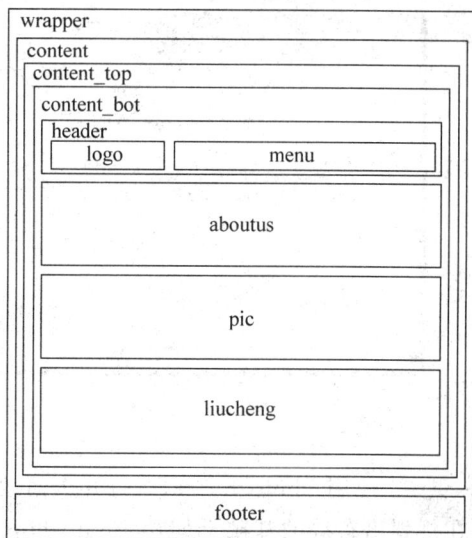

图 5-66　示意图(2)

5.5 习　题

1. 网页中的图像常见的有哪几种格式？它们之间有何区别？
2. 什么是图像热点区域？
3. CSS 控制图像背景的属性有哪些？
4. 当某一元素既有背景色属性又有背景图属性时，该如何显示？
5. a 元素的伪类"a：hover"常用于何种环境？能够实现何种效果？
6. 图文混排的实质是什么？
7. 利用图文混排的知识制作如图 5-67 所示的效果。
8. 利用图文混排版式的知识制作如图 5-68 所示的效果。

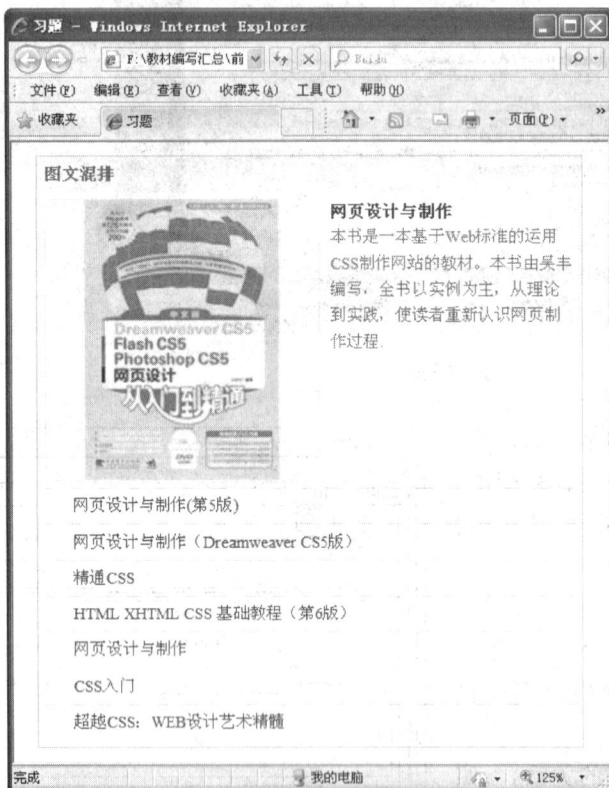

图 5-67　习题 7 对应图　　　　　　　图 5-68　习题 8 对应图

9. 使用 Photoshop CS5 打开页面效果图，如图 5-69 所示。仔细观察页面整体布局，在规划出布局的基础上使用 Photoshop 的切片功能将所需图像输出，采用"DIV＋CSS"的模式将效果图转化为网页。

10. 使用 CSS 规则对页面中的图像和文本加以控制，制作如图 5-70 所示的页面。

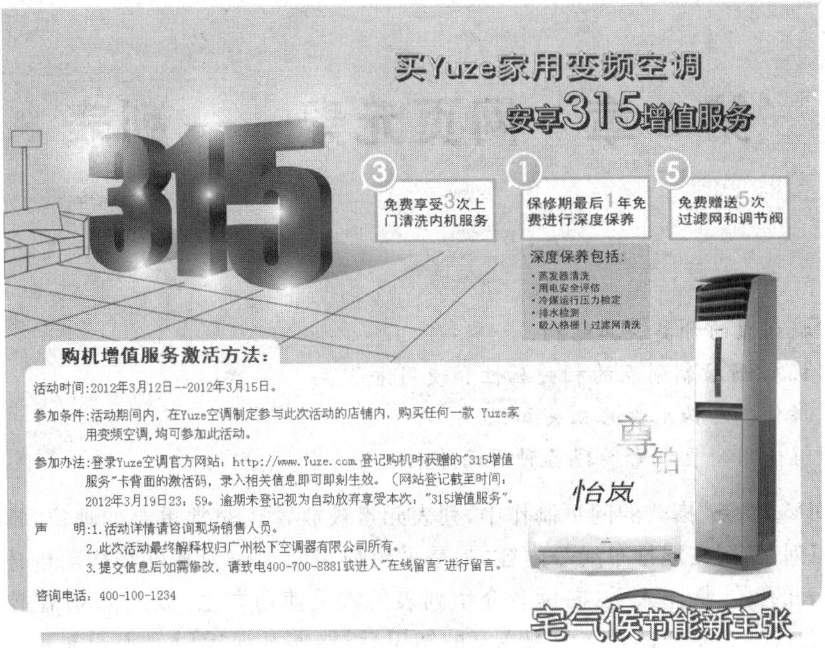

图 5-69　习题 9 对应图

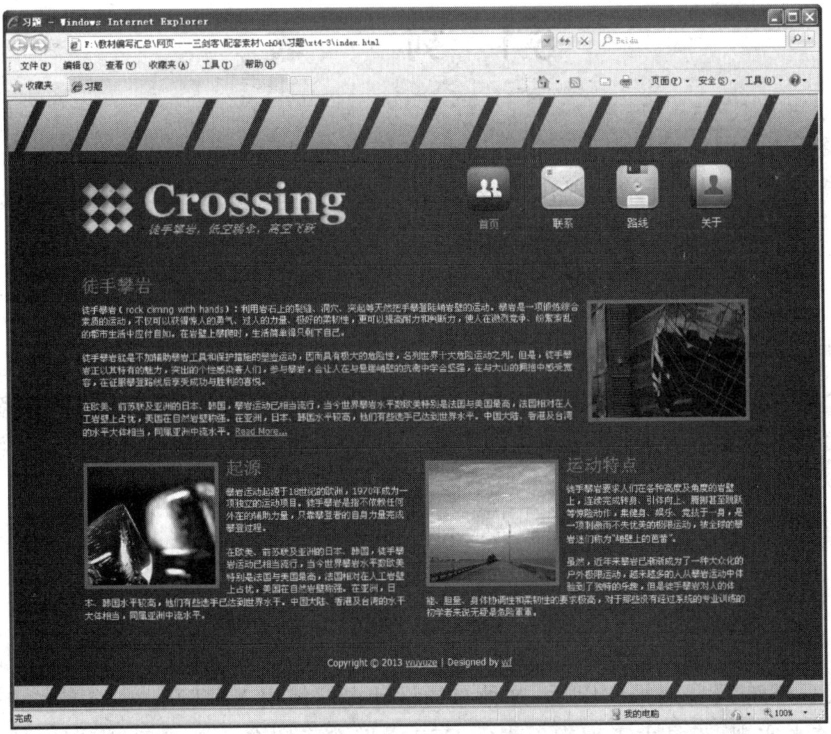

图 5-70　习题 10 对应图

第6章 网页元素——列表

❑ 掌握列表的种类及其结构。
❑ 掌握 CSS 控制列表的相关属性和使用方法。
❑ 掌握伪类与伪元素的相关知识。
❑ 能够使用列表元素实现各种页面导航。

在"DIV＋CSS"模式的网页制作中,列表元素被放置在非常重要的地位,常见的菜单导航、新闻列表、图文混排布局等内容,都是采用列表元素作为基础结构而创建的。本章主要从列表的基本概念入手,向读者介绍列表的常见使用方法,以及 CSS 在控制列表元素时的相关属性。希望读者在学习本章的知识后,能够灵活运用列表元素实现各种网页布局。

6.1 列 表

列表形式在网站设计中占有很大比重,在信息的显示方面非常整齐直观便于用户理解与点击,从出现网页开始到现在,列表元素一直是页面中非常重要的应用形式。

6.1.1 列表元素概述

在早期表格式布局网页设计中,如果要显现图 6-1 所示的布局,每一行必须在左侧分拆出一个单元格用于存放箭头图片,每一个箭头图片也必须是一个＜img＞标签,无形之中使得代码非常复杂烦琐,页面结构如图 6-2 所示,设计性和可读性都较差。

图 6-1 列表布局

自从 CSS 布局普遍推广以后,这种布局设计提倡使用 XHTML 中自带＜ul＞标签和＜li＞标签去实现,正是由于列表元素在 CSS 中拥有了较多的样式属性,所以绝大多数的设计师已经抛弃 table 表格来制作丰富的列表样式设计。图 6-1 所示的布局如果使用无序列表元素,页面结构则更加简洁、清晰,如图 6-3 所示。

```
<body>
<table width="420" border="0" cellspacing="0" cellpadding="0">
  <tr>
    <td width="20"><img src="images/ico.jpg" width="18" height="13" /></td>
    <td width="336">《网页设计与制作》教材2013年度销量第一 </td>
    <td width="64">13-05-05</td>
  </tr>
  <tr><img src="images/ico.jpg" width="18" height="13" /></td>
    <td width="336">《网页设计与制作》教材2013年度销量第一 </td>
    <td width="64">13-05-05</td>
  </tr>
  <tr><img src="images/ico.jpg" width="18" height="13" /></td>
    <td width="336">《网页设计与制作》教材2013年度销量第一 </td>
    <td width="64">13-05-05</td>
  </tr>
  <tr><img src="images/ico.jpg" width="18" height="13" /></td>
    <td width="336">《网页设计与制作》教材2013年度销量第一 </td>
    <td width="64">13-05-05</td>
  </tr>
  <tr><img src="images/ico.jpg" width="18" height="13" /></td>
    <td width="336">《网页设计与制作》教材2013年度销量第一 </td>
    <td width="64">13-05-05</td>
  </tr>
</table>
</body>
```

图 6-2 表格布局时的页面结构

```
<ul>
  <li>《网页设计与制作》教材2013年度销量第一<span>13-05-05</span></li>
  <li>《网页设计与制作》教材2013年度销量第一<span>13-05-05</span></li>
  <li>《网页设计与制作》教材2013年度销量第一<span>13-05-05</span></li>
  <li>《网页设计与制作》教材2013年度销量第一<span>13-05-05</span></li>
  <li>《网页设计与制作》教材2013年度销量第一<span>13-05-05</span></li>
</ul>
```

图 6-3 CSS 布局时使用列表元素实现列表布局

6.1.2 列表的类型

列表元素在网页中以无序列表、有序列表和自定义列表三种类型进行表现,无论何种类型的列表,其骨架结构都十分相似。

1. 无序列表——ul

无序列表,指的是列表中的各个元素在逻辑上没有先后顺序的列表形式,大部分页面中的信息均可以使用无序列表来描述。无序列表中的列表项用 li 标签进行表示,后期通过改变 ul 和 li 的外观即可设计出变化多端的导航。

【演练 6-1】 创建无序列表。

① 启动 Dreamweaver CS5,并创建空白的 XHTML 网页文档。

② 在软件"代码"视图中,插入一组无序列表,具体页面结构如图 6-4 所示。

③ 保存当前文档,通过浏览器预览后的效果如图 6-5 所示。

由预览效果可知,浏览器会为无序列表中的每个列表项添加一个项目符号,并让其独占一行,而且每行会针对文档的左边界缩进一定距离。不同的浏览器对无序列表的解析效果有差别,但总体效果都十分相近。

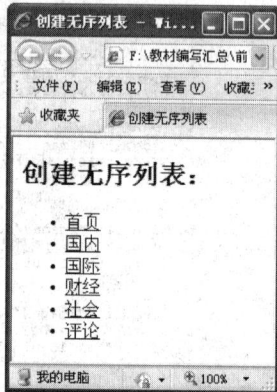

图 6-5　无序列表预览效果

```
<body>
<h2>创建无序列表：</h2>
<ul>
  <li><a href="#">首页</a></li>
  <li><a href="#">国内</a></li>
  <li><a href="#">国际</a></li>
  <li><a href="#">财经</a></li>
  <li><a href="#">社会</a></li>
  <li><a href="#">评论</a></li>
</ul>
</body>
```

图 6-4　页面结构(1)

2. 有序列表——ol

有序列表表示列表中的各个元素有序列之分,从上至下可以由编号 1、2、3、4 或 a、b、c、d 等形式进行排列。

【演练 6-2】　创建有序列表。

① 启动 Dreamweaver CS5,并创建空白 XHTML 网页文档。

② 在软件"代码"视图中,插入一组有序列表,具体页面结构如图 6-6 所示。

③ 保存当前文档,通过浏览器预览后的效果如图 6-7 所示。

图 6-7　有序列表预览效果

```
<body>
<h2>新歌排行TOP3：</h2>
<ol>
  <li>你不知道的事&#8212;王力宏</li>
  <li>我以为&#8212;王珞丹</li>
  <li>没时间&#8212;牛奶咖啡</li>
</ol>
</body>
```

图 6-6　页面结构(2)

对于有序列表元素来说,浏览器会从"1"开始自动对有序条目进行编号,如果需要使用其他类型的编号或从指定的编号上累计编号,<ol>标签还包括 type 和 start 两个属性。type 属性值 A 代表用大写字母进行编号,a 代表使用小写字母编号,I 代表使用大写罗马数字编号,i 表示用小写罗马数字编号;start 属性值用于指定有序列表的开始点。

3. 自定义列表——dl

定义列表的条目可以带有文本、图片和其他多媒体元素,它由<dl>和</dl>标签

110

所包围。在标签中,定义列表的每个条目都由两部分组成:术语及其随后的解释或定义。

【演练 6-3】　自定义列表。

① 启动 Dreamweaver CS5,并创建空白 XHTML 网页文档。

② 在软件"代码"视图中,插入一组自定义列表,具体页面结构如图 6-8 所示。

③ 保存当前文档,通过浏览器预览后的效果如图 6-9 所示。

```
<body>
<h2>创建自定义列表</h2>
<dl>
    <dt>CPU</dt>
    <dd>中央处理器(英...</dd>
    <dt>主板</dt>
    <dd>主板,又叫主机...</dd>
</dl>
</body>
```

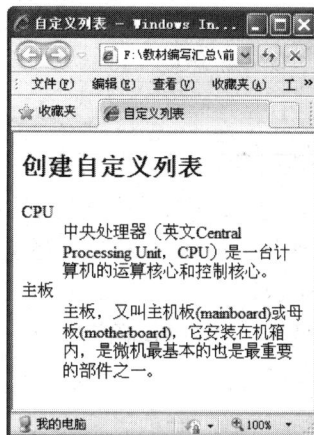

图 6-8　页面结构(3)　　　　　图 6-9　自定义列表预览效果

从自定义列表的结构可以看出,自定义列表中的列表项不再是<li>标签,而是用<dt>标签进行标记,后面跟着由<dd>标签标记的条目定义或解释。

在<dl>、<dt>和<dd>三个标签组合中,<dt>是标题,<dd>是内容,<dl>可以看做是承载它们的容器,当出现很多组的时候尽量使用一个<dt>标签配合一个<dd>标签的方法。如果<dd>标签中内容很多,可以嵌套<p>标签使用。

6.1.3　CSS 控制列表的相关属性

在 CSS 样式中,主要是通过 list-style-image 属性、list-style-position 属性和 list-style-type 这 3 个属性改变列表修饰符的类型,有关列表的属性及其含义详见表 6-1。

表 6-1　CSS 列表属性

属　　　性	说　　　明
list-style	复合属性,用于把所有列表属性设置于一个声明中
list-style-image	将图像设置为列表项标志
list-style-position	设置列表项标记如何根据文本排列
list-style-type	设置列表项标志的类型
marker-offset	设置标记容器和主容器之间水平补白

1. 列表项标志的类型

在表 6-1 中,list-style-type 属性主要用于修改列表项的标志类型,例如,在一个无序

111

列表中,列表项的标志是出现在各列表项旁边的圆点,而在有序列表中,标志可能是字母、数字或另外某种符号。常用的 list-style 属性值见表 6-2。

表 6-2　常用的 list-style 属性值

属性值	说　　明	属性值	说　　明
none	无标记,不使用项目符号	lower-roman	小写罗马数字,如 i、ii、iii、iv、v 等
disc	默认值,标记是实心圆	upper-roman	大写罗马数字,如Ⅰ、Ⅱ、Ⅲ、Ⅳ、Ⅴ等
circle	标记是空心圆	lower-alpha	小写英文字母,如 a、b、c、d、e 等
square	标记是实心方块	upper-alpha	大写英文字母,如 A、B、C、D、E 等
decimal	标记是数字		

【演练 6-4】　list-style-type 属性的使用。

① 启动 Dreamweaver CS5,创建空白 XHTML 文档,在页面中输入多组无序列表,如图 6-10 所示。

② 将鼠标定位在"代码"视图,在本页面 head 区域创建相关 CSS 规则,如图 6-11 所示。

```
<body>
<ul id="none">
    <li>"无模式"列表类型示例</li>
    <li>"无模式"列表类型示例</li>
</ul>
<ul id="disc">
    <li>"实心圆形"列表类型示例</li>
    <li>"实心圆形"列表类型示例</li>
</ul>
<ul id="circle">
    <li>"空心圆形"列表类型示例</li>
    <li>"空心圆形"列表类型示例</li>
</ul>
<ul id="square">
    <li>"实心方块"列表类型示例</li>
    <li>"实心方块"列表类型示例</li>
</ul>
<ul id="decimal">
    <li>"数字模式"列表类型示例</li>
    <li>"数字模式"列表类型示例</li>
</ul>
<ul id="lower-roman">
    <li>"小写罗马文字"列表类型示例</li>
    <li>"小写罗马文字"列表类型示例</li>
</ul>
<ul id="upper-roman">
    <li>"大写罗马文字"列表类型示例</li>
    <li>"大写罗马文字"列表类型示例</li>
</ul>
<ul id="lower-alpha">
    <li>"小写英文字母"列表类型示例</li>
    <li>"小写英文字母"列表类型示例</li>
</ul>
<ul id="upper-alpha">
    <li>"大写英文字母"列表类型示例</li>
    <li>"大写英文字母"列表类型示例</li>
</ul>
</body>
```

图 6-10　结构代码(1)

```
<style type="text/css">
h3 {
    font-family:"微软雅黑";
    color:#F00;
}
ul {
    border:1px #F60 solid;
    width:220px;
    float:left;
    margin-right:10px;
}
ul#circle {
    list-style-type:circle;
}/*圆圈模式*/
ul#disc {
    list-style-type:disc;
}/*正方形模式*/
ul#square {
    list-style-type:square;
}/*正方形模式*/
ul#decimal {
    list-style-type:decimal;
}/*数字模式*/
ul#lower-roman {
    list-style-type:lower-roman;
}/*小写罗马文字模式*/
ul#upper-roman {
    list-style-type:upper-roman;
}/*大写罗马文字模式*/
ul#none {
    list-style-type:none;
}/*无模式*/
ul#lower-alpha {
    list-style-type:lower-alpha;
}/*小写字母模式*/
ul#upper-alpha {
    list-style-type:upper-alpha;
}/*大写字母模式*/
</style>
```

图 6-11　CSS 规则(1)

③ 保存当前网页文件,通过浏览器即可看到预览效果,如图 6-12 所示。

本例中所涉及的样式类型有限,这是因为目前有些浏览器并不支持诸如 decimal-leading-zero(0 开头的数字标记)、lower-greek(小写希腊字母)、lower-latin(小写拉丁字母)和 upper-latin(大写拉丁字母)等属性值。

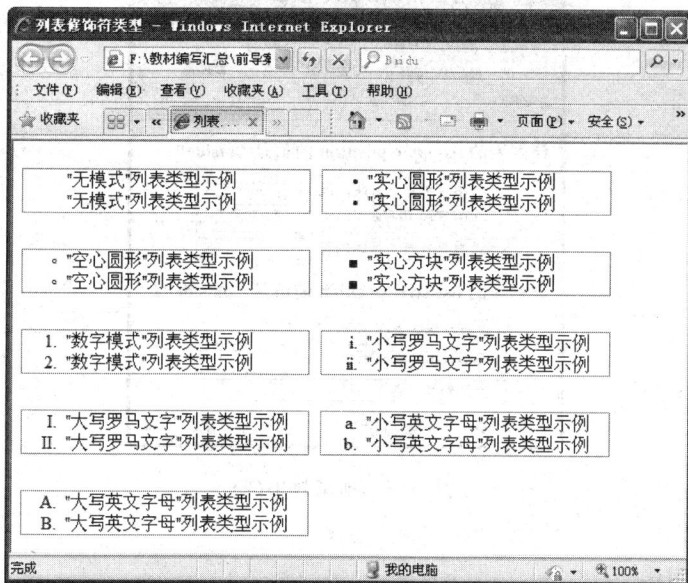

图 6-12　预览效果(1)

另外,在不同浏览器中部分类型的修饰符列表所呈现的效果也不相同,所以建议读者在使用此类修饰符时尽量使用大众化的类型,避免出现效果不同的现象。

2. 列表项位置

list-style-position 属性用于设置在何处放置列表项标记,其属性值只有两个关键词 outside(外部)和 inside(内部)。使用 outside 属性值后,列表项标记被放置在文本以外,环绕文本且不根据标记对齐;使用 inside 属性值后,列表项标记放置在文本以内,像是插入在列表项内容最前面的行内元素一样。

【演练 6-5】 列表项位置。

① 启动 Dreamweaver CS5,创建空白 XHTML 文档,在页面中输入多组无序列表,如图 6-13 所示。

② 将鼠标定位在"代码"视图,在本页面 head 区域创建相关 CSS 规则,如图 6-14 所示。

③ 保存当前网页文件,通过浏览器即可看到预览效果,如图 6-15 所示。

```
<body>
<h3>该列表的 list-style-position 的值是 "inside": </h3>
<ul class="inside">
  <li>这里是列表的具体内容</li>
  <li>这里是列表的具体内容</li>
  <li>这里是列表的具体内容</li>
</ul>
<h3>该列表的 list-style-position 的值是 "outside": </h3>
<ul class="outside">
  <li>这里是列表的具体内容</li>
  <li>这里是列表的具体内容</li>
  <li>这里是列表的具体内容</li>
</ul>
</body>
```

图 6-13　结构代码(2)

```
<style type="text/css">
ul {
      width:300px;
}
ul.inside {
      list-style-position: inside;
}   /*将列表修饰定义在列表之内*/
ul.outside {
      list-style-position: outside;
}   /*将列表修饰定义在列表之外*/
li {
      border:1px #F00 solid;
      margin-bottom:5px;
}
</style>
```

图 6-14　CSS 规则(2)

113

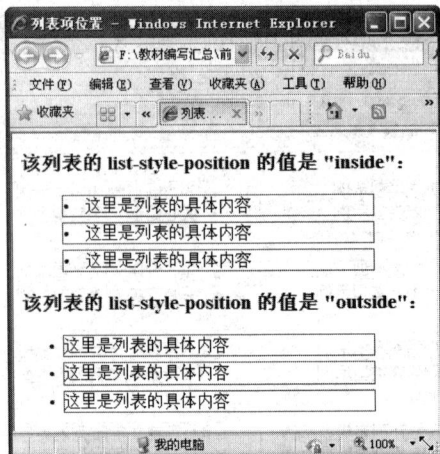

图 6-15　预览效果(2)

3. 列表项图像

在 CSS 中"list-style-image"属性的作用是,使用图像来替换列表项标记,从而起到美化效果。但当 list-style-image 属性的属性值为 none 或者设置的图片路径出错时,list-style-type 属性会替代 list-style-image 属性对列表产生作用。

虽然 list-style-image 属性能够实现列表图像的效果,但是在实际应用中由于 list-style-image 对位置的控制并不如 background 灵活,因此使用 background 属性处理列表图片的方式多于使用 list-style-image 的方式。

【演练 6-6】　列表项图像。

① 启动 Dreamweaver CS5,创建空白 XHTML 文档,在页面中输入多组无序列表,如图 6-16 所示。

```html
<body>
<div id="box_1">
  <h3>list-style-image属性实现列表项图像</h3>
  <ul>
    <li class="a"><a href="#">这里能够正常显示列表图片</a></li>
    <li class="b"><a href="#">这里由于应用了错误的图片URL,导致图片不能正确显示</a></li>
    <li class="c"><a href="#">这里将列表图片属性设置为none,所以没有图片显示</a></li>
  </ul>
</div>
<div id="box_2">
  <h3>background属性实现列表项图像</h3>
  <ul>
    <li><a href="#">background属性实现列表项图像</a></li>
    <li><a href="#">background属性实现列表项图像</a></li>
    <li><a href="#">background属性实现列表项图像</a></li>
  </ul>
</div>
</body>
```

图 6-16　结构代码(3)

② 将鼠标定位在"代码"视图,在本页面 head 区域创建相关 CSS 规则,如图 6-17 所示。

③ 保存当前网页文件,通过浏览器即可看到预览效果,如图 6-18 所示。

通过本例的演练,读者应该体会到使用 list-style-image 属性不能够精确控制图像的位置给实际工作带来很多麻烦,而使用 background 属性既方便,又容易控制各种元素,希望读者能够熟练掌握。

114

```
<style type="text/css">
body {
    font:14px/1.5;
}
#box_1 {
    width:450px;
    height:150px;
    border:1px #F30 solid;
    margin:10px;
    padding:5px;
}
#box_2 {
    width:450px;
    height:150px;
    border:1px #F30 solid;
    margin:10px;
    padding:5px;
}
.a {
    list-style-image:url(images/001.gif);
}/*载入列表项图像*/
.b {
    list-style-image:url(images/error.gif);
}/*设置错误图像地址，模拟图像无法显示的情况*/
.c {
    list-style-image:none;
}/*设置图像为none，模拟没有图像加载时的情况*/
#box_2 ul {
    list-style:none;
}
#box_2 ul li {
    background:url(images/001.gif) no-repeat
left center;/*设置图像水平居左，垂直居中对齐*/
}/*设置*/
#box_2 ul li a {
    padding-left:24px;
}/*设置内容文字左缩进24像素的距离，该距离应大于或
等于列表项图像的宽度*/
</style>
```

图 6-17　CSS 规则（3）

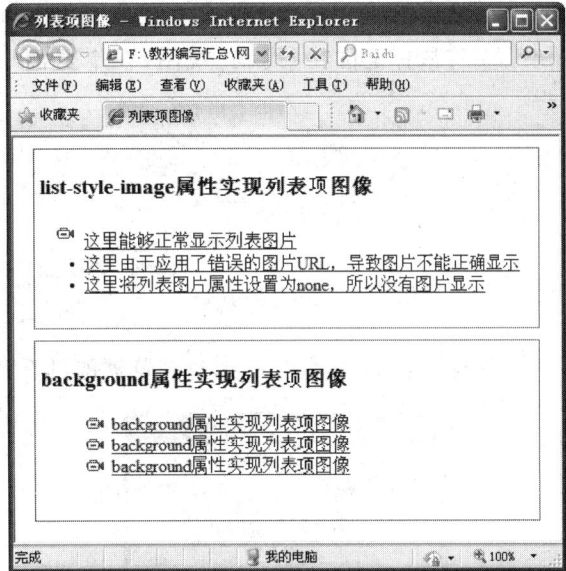

图 6-18　预览效果（3）

6.2　CSS 知识积累

　　之前的章节已经对 CSS 的基本知识进行详细的讲解，本节主要向读者介绍伪类和伪元素，以及 CSS 相关特性方面的知识。

6.2.1　伪类与伪元素

1. 伪类

　　伪类（Pseudo-Class）之所以名字中有"伪"字，是因为它所指定的对象在文档中并不存在，它指定的是一个或者与其相关的选择符状态。它的形式是"selector:pseudo class {property：value;}"，即使用英文状态的冒号将选择符和伪类进行分隔。

　　伪类可以让用户在使用页面的过程中增加更多的互交效果，应用最为广泛的就是超链接 a 元素的伪类，其表现形式如图 6-19 所示。

　　这里":link"指的是未访问的链接状态；":visited"指的是已访问的链接状态；":active"指的是被激活的链接状态；

```
a:link {
    color:blue;
}
a:visited {
    color:purple;
}
a:active {
    color:red;
}
a:hover {
    text-decoration:none;
    color:blue;
    background-color:yellow;
}
```

图 6-19　伪类

115

":hover"指的是鼠标悬停到链接上的状态。

【演练 6-7】 伪类。

① 启动 Dreamweaver CS5,创建空白 XHTML 文档,在页面中输入一组表单,如图 6-20 所示。

② 将鼠标定位在"代码"视图,在本页面 head 区域创建相关 CSS 规则,如图 6-21 所示。

```
<body>
<form action="" method="post">
  <p>用户名:
    <input type="text" name="textfield" id="textfield" />
  </p>
</form>
</body>
```

图 6-20　页面结构(4)

```
<style type="text/css">
input:hover {
    background-color:#6CF;   /*定义背景颜色*/
    border:1px solid #000;   /*定义边框粗细、类型及其颜色*/
}
</style>
```

图 6-21　CSS 规则(4)

③ 保存当前网页文件,通过浏览器即可看到预览效果,如图 6-22 和图 6-23 所示。

图 6-22　鼠标未悬停在文本框时的效果　　　图 6-23　鼠标悬停在文本框时的效果

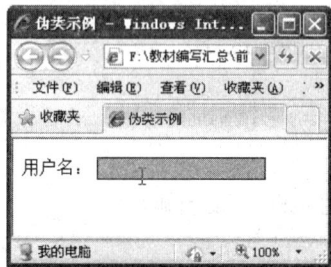

本例中,预先对 input 元素的鼠标悬停状态进行样式定义,每当访问者将鼠标悬停在文本输入框上面时背景变为其他颜色,边框线也有变化,而当文本框失去焦点时其外观又恢复到默认状态。

2. 伪元素

同伪类一样,伪元素创造了一个虚假的元素,并把该元素插入到目标元素内容之前或者之后。伪元素的具体内容及其作用详见表 6-3。

表 6-3　伪元素

伪元素	作　　用
:first-letter	将特殊的样式添加到文本的首字母
:first-line	将特殊的样式添加到文本的首行
:before	在某元素之前插入某些内容(依据对象树的逻辑结构)
:after	在某元素之后插入某些内容(依据对象树的逻辑结构)

【演练 6-8】 伪元素。

① 启动 Dreamweaver CS5,创建空白 XHTML 文档,并输入相关内容,如图 6-24 所示。

```
<body>
<h2>伪元素</h2>
<p>伪元素创造了一...</p>
</body>
```

图 6-24　页面结构(5)

116

②将鼠标定位在"代码"视图，在本页面 head 区域创建相关 CSS 规则，如图 6-25 所示。

③保存当前网页文件，通过浏览器即可看到预览效果，如图 6-26 所示。

```
<style type="text/css">
p:before {
    content:"注意，这里在段落前面增加了内容！";
    color:#F00;
    font-size:24px;
    font-family:"微软雅黑";
}
p:after {
    content:"注意，这里在段落后面增加了内容！";
    color:#F00;
    font-size:24px;
    font-family:"方正彩云简体";
}
</style>
```

图 6-25　CSS 规则(5)

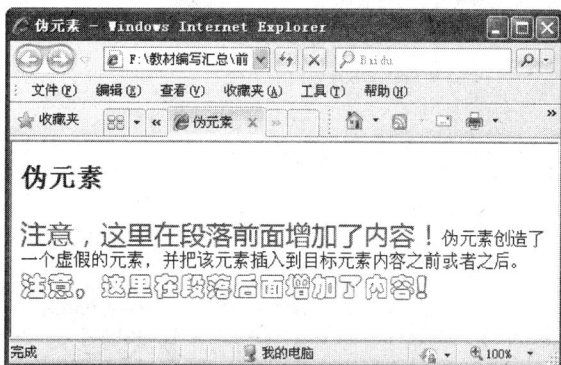

图 6-26　伪元素预览效果

本例中，为段落 p 元素进行了伪元素的指派，从预览图中可以看出段落文字的前后均增加不同字体类型的文字，这就是伪元素的作用。需要说明的是，要充分发挥伪类与伪元素的应用能力还需浏览器的支持，这些应用伪元素的对象只有在 IE 8 及其以上版本中才能被支持。

6.2.2　CSS 的继承特性与特殊性

CSS 的继承特性指的是被包裹在内部的标签拥有外部标签的样式性质。继承特性最典型的应用通常发挥在整个网页的样式初始化阶段，对于更为细致的样式设置需要在个别元素中进行。这项特性可以给网页设计者提供更理想的发挥空间，但同时继承也有很多规则，本节就向读者介绍 CSS 的继承特性。

1. CSS 的继承特性

CSS 的主要特征就是继承(Inheritance)，它依赖于祖先—子孙关系，这种特性允许样式不仅应用于某个特定的元素，同时也应用于其后代，而后代所定义的新样式，却不会影响父代样式。

【演练 6-9】　CSS 的继承特性。

①启动 Dreamweaver CS5，创建空白 XHTML 文档，并创建具有层次结构的内容，如图 6-27 所示。

②将鼠标定位在"代码"视图，在本页面 head 区域仅针对 body 元素编写 CSS 规则"body {color：#06F;}"。保存当前网页文件，通过浏览器即可看到页面所有文字颜色为蓝色。此时的效果说明，无论页面结构多么复杂，子孙元素总是继承父元素的某些属性。

③紧接着单独为相关元素进行样式定义，具体 CSS 规则如图 6-28 所示。保存当前文档，通过浏览器可以看到预览效果，如图 6-29 所示。

117

```
<body>
<h2>学习css有什么用处</h2>
<p>CSS是一组格式设置规则，用于控制<span>Web</span>页面的外观。</p>
<ul>
  <li>使用CSS布局的优点
    <ul>
      <li>表现和内容相分离</li>
      <li>提高页面的<span>浏览速度</span></li>
      <li>易于维护和改版</li>
    </ul>
  </li>
  <li>CSS的各个版本</li>
</ul>
</body>
```

图 6-27　页面结构(6)

```
<style type="text/css">
body {
    color: #06F;
}
p {
    color:#F00;
    text-decoration:underline;
}   /*定义文字颜色为红色，并增加下划线*/
p span {
    font-size:30px;
    color: #C3F;
}   /*为p元素中的span子元素定义样式*/
ul li span {
    color:#F00;
}/*为li元素中的span子元素定义样式*/
</style>
```

图 6-28　CSS 规则(6)

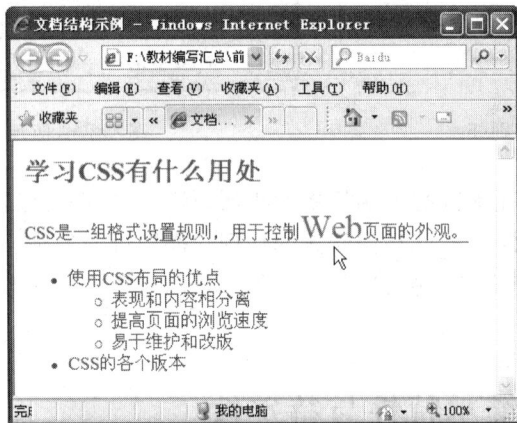

图 6-29　预览效果(4)

本例中，由于单独为 p 元素，以及 p 元素中的 span 子元素定义样式，所以 span 元素除了具有独特的"字体增大"和"改变颜色"属性以外，还继承了 p 元素中设置的下画线样式，再次体现 CSS 的继承特性。

总的来说，CSS 的继承特性一直贯穿于整个 CSS 设计的始终，利用这种巧妙的继承关系，可以大大缩短代码的编写量，但是继承还存在一定的局限性，比如边框、边界和填充属性是不能继承的。

2. CSS 的特殊性

当多个规则应用到同一个元素时，权重越大的样式越会被优先采用。为了解释这个问题，这里以示例形式进行讲解。

【演练 6-10】　CSS 的特殊性。

① 启动 Dreamweaver CS5，创建空白 XHTML 文档，并创建段落文字。

② 将鼠标定位在"代码"视图，在本页面 head 区域创建相关 CSS 规则，如图 6-30 所示。保存当前

```
<style type="text/css">
body {
    color:green;
}
p {
    color:blue;
}
.dx {
    color:red;
}
</style>
</head>

<body>
<p class="dx">猜猜这里的文字是什么颜色？</p>
</body>
```

图 6-30　文档结构及 CSS 规则

网页文件,通过浏览器即可看到页面文字颜色应该为红色。

本例中,虽然多条 CSS 规则共同作用于 p 元素上,但由于规则的特殊性不一样的缘故,便呈现出最终效果。

样式表中的特殊性描述了不同规则的相对权重,它的基本规则是:通配符具有特殊性值为 0;一个简单的选择符(例如 h1)具有特殊性值为 1;类选择符具有特殊性值为 10;ID 选择符具有特殊性值为 100;内联样式(例如 style＝"")具有特殊性值为 1000。而本例中,类选择符具有最高的特殊性,因此它的权重最大,故呈现出红色外观的字体。

6.3　列表在导航中的运用

列表在网页制作中的应用范围非常广泛,本节主要向读者介绍最为常见的列表应用。通过本节的学习,读者基本上能够完成常规页面的搭建。

6.3.1　使用列表实现纵向导航

在默认状态下,列表元素 ul 中的列表项是以纵向排列方式进行显示的,这就为实现纵向导航提供了良好的骨架结构。图 6-31 所示的是常见的纵向导航,其本质就是使用无序列表完成的,而其中的美化图像则是通过"background"属性载入到列表中的。这里以示例的形式,向读者介绍纵向导航如何实现。

图 6-31　纵向导航

【演练 6-11】　使用列表实现纵向导航。

① 启动 Dreamweaver CS5,创建空白 XHTML 文档,将光标置于页面视图中,在"插入"面板的"常用"选项卡中单击"插入 Div 标签"按钮,弹出"插入 Div 标签"对话框,在"插入"下拉菜单中选择"在插入点"选项,在"ID"下拉列表框中输入 box,最后单击"确定"按钮,即可在页面中插入一个名为 box 的 div 容器。

② 在 box 容器中,插入一个无序列表并添加相应的列表内容,如图 6-32 所示。此时,通过浏览器解析后的效果如图 6-33 所示。

```
<body>
<div id="box">
    <ul>
        <li class="ico_1"><a href="#">电视电影</a></li>
        <li class="ico_2"><a href="#">今日团购</a></li>
        <li class="ico_3"><a href="#">网上购物</a></li>
        <li class="ico_4"><a href="#">音乐小说</a></li>
        <li class="ico_5"><a href="#">搞笑动漫</a></li>
        <li class="ico_6"><a href="#">实用查询</a></li>
        <li class="ico_7"><a href="#">我的导航</a></li>
    </ul>
</div>
</body>
```

图 6-32　页面结构(7)　　　　图 6-33　预览效果(5)

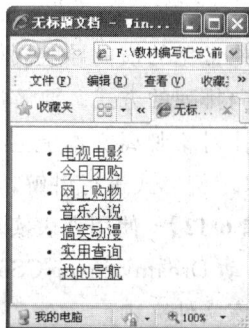

119

③ 接下来开始利用 CSS 样式对该导航进行美化,具体的样式代码如图 6-34 所示。附加样式后,通过浏览器解析可以得到纵向列表导航效果,如图 6-35 所示。

```css
<style type="text/css">
ul, li {
    margin:0;
    padding:0;
}
a {
    text-decoration:none;
    font:14px;
    font-family:"微软雅黑";
}
a:hover {text-decoration:underline;}
#box {
    width:120px;
    padding:5px 10px 5px 10px;
    border:1px #aaccee solid;
    background: #f3faff;
}
#box ul {list-style:none;}
#box ul li {
    border-bottom:1px;
    border-bottom-style: dashed;
    border-bottom-color:#aaccee;
}
#box ul li a {
    display:block;
    height:28px;
    width:100px;
    line-height:28px;
    padding-left:22px;
}
.ico_1 {background:url(images/002.gif) no-repeat left center;}
.ico_2 {background:url(images/003.gif) no-repeat left center;}
.ico_3 {background:url(images/004.gif) no-repeat left center;}
.ico_4 {background:url(images/005.gif) no-repeat left center;}
.ico_5 {background:url(images/006.gif) no-repeat left center;}
.ico_6 {background:url(images/007.gif) no-repeat left center;}
.ico_7 {background:url(images/008.gif) no-repeat left center;}
</style>
```

图 6-34　CSS 规则(7)　　　　　　　　图 6-35　预览效果(6)

在本例中,由于导航不需要列表修饰符,所以将列表的样式设置为"none";为了让导航文字前面显示不同的图标,这里分别定义".ico_1"～".ico_7"不同的类,并使用"background"属性载入图像;＜a＞标签属于内联元素,不具备高和宽的属性,只有将其转化为块元素后才具有高和宽的属性,因此这里使用"display:block;"规则将其转化为块元素,并使文字内容向右移动 22 像素的距离,为载入的图像留出空间。

总的来说,这种纵向列表模式的导航处理起来相对简单,也很容易理解,毕竟列表本身就是纵向排列的,只需对列表最基本的外在表现进行处理就可以满足需要。

6.3.2　使用列表实现横向导航

网页中常见的横向导航同样是采用无序列表作为骨架而创建的,它与纵向列表不同的仅是横向排列的方式。要解决列表项横向排列的问题,这里引入"float(浮动)"属性,该属性能够让对象脱离文本流悬浮在其他元素上面。为了更好地演示横向导航的实现过程,这里以示例形式进行讲解,至于 float 属性更为深入的知识将在后续章节进行介绍。

【演练 6-12】　使用列表实现横向导航。

① 启动 Dreamweaver CS5,创建新站点,并在其中建立存放图像的文件夹,将所用素材复制到该文件夹中。

② 新建 XHTML 文档,创建多层嵌套的 div 容器,并在其中使用无序列表盛放一组

导航,如图 6-36 所示。在未添加任何 CSS 规则的情况下,预览效果如图 6-37 所示。

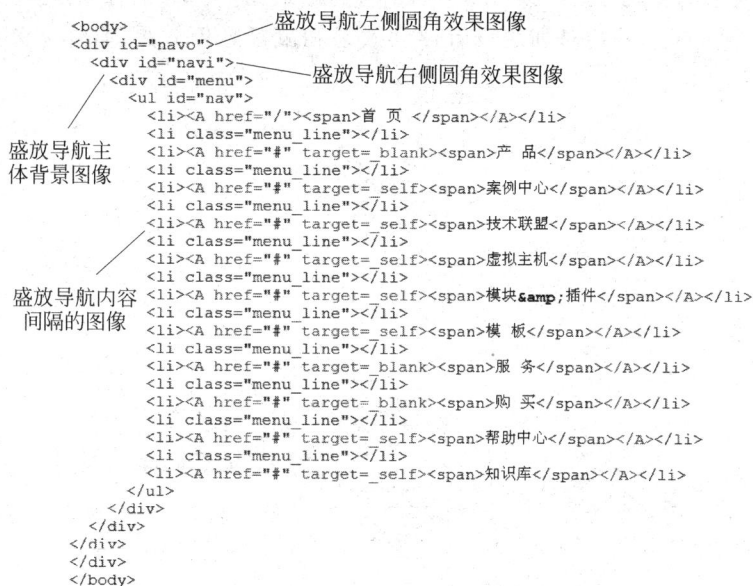

盛放导航左侧圆角效果图像

盛放导航右侧圆角效果图像

盛放导航主
体背景图像

盛放导航内容
间隔的图像

```
<body>
<div id="navo">
  <div id="navi">
    <div id="menu">
      <ul id="nav">
        <li><A href="/"><span>首 页 </span></A></li>
        <li class="menu_line"></li>
        <li><A href="#" target=_blank><span>产品</span></A></li>
        <li class="menu_line"></li>
        <li><A href="#" target=_self><span>案例中心</span></A></li>
        <li class="menu_line"></li>
        <li><A href="#" target=_self><span>技术联盟</span></A></li>
        <li class="menu_line"></li>
        <li><A href="#" target=_self><span>虚拟主机</span></A></li>
        <li class="menu_line"></li>
        <li><A href="#" target=_self><span>模块&amp;插件</span></A></li>
        <li class="menu_line"></li>
        <li><A href="#" target=_self><span>模 板</span></A></li>
        <li class="menu_line"></li>
        <li><A href="#" target=_blank><span>服 务</span></A></li>
        <li class="menu_line"></li>
        <li><A href="#" target=_blank><span>购 买</span></A></li>
        <li class="menu_line"></li>
        <li><A href="#" target=_self><span>帮助中心</span></A></li>
        <li class="menu_line"></li>
        <li><A href="#" target=_self><span>知识库</span></A></li>
      </ul>
    </div>
  </div>
</div>
</body>
```

图 6-36　横向导航的结构

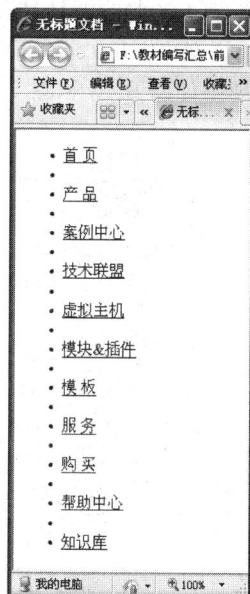

图 6-37　预览效果(7)

③ 为导航编写盛放背景图像的相关规则,如图 6-38 所示。预览后效果如图 6-39
所示。

```
body {
    font-size:14px;
    background:#e6eae4;
}
#navo {
    width: 956px;
    padding-left: 4px;
    height: 45px;
    background:url(images/nav_left.gif)
no-repeat 0 0;
}/*载入导航左侧圆角效果图像*/
#navi {
    background:url(images/nav_right.gif)
no-repeat right top;
    padding-right: 4px;
}/*载入导航右侧圆角效果图像*/
#menu {
    height: 45px;
    padding-left:20px;
    background:
url(images/menu_background.jpg) repeat-x;
}/*载入导航主体图像,并设置水平方向平铺*/
```

图 6-38　CSS 规则(8)

图 6-39　预览效果(8)

121

此环节,通过在依次嵌套的 navo 容器、navi 容器和 menu 容器中载入不同的图像,从而实现了导航两端具有圆角效果的外观,这种处理方法在工作中经常遇到,希望读者仔细体会。

④ 为了让列表横向排列,这里需要对列表设置浮动效果和鼠标悬停效果,具体 CSS规则如图 6-40 和图 6-41 所示。

```
#menu ul {
    line-height:150%;
    list-style:none;
    margin:0 0 0 15px;
    padding:0;
}
#nav li {
    float:left;
    height:35px;
}
#nav li a {
    display:block;
    height:45px;
    padding-left:5px;
    text-decoration:none;
    color:#FFF;
    text-decoration:none;
    line-height:45px;
    margin:0 10px 0 10px;
}
#nav .menu_line {
    background:url(images/nav_line.gif)
no-repeat 0 0;
    width: 3px;
    margin-top: 8px;
    margin-right: 3px;
    margin-left: 3px;
}/*载入菜单中间隔断效果图像*/
```

图 6-40　设置列表外观

```
#nav li a:hover {
    background:url(images/menu_on_left.gif)
no-repeat left top;
    color:#333;
}/*当悬停在超链接时,左侧圆角图像载入*/
#nav li a:hover span {
    background:url(images/menu_on_right.gif)
no-repeat right 0;
    color:#333;
    float: left;
}/*当悬停在超链接时,右侧圆角图像载入*/
```

图 6-41　设置鼠标悬停时效果

⑤ 保存当前文件,通过浏览器预览可看到最终效果,如图 6-42 所示。

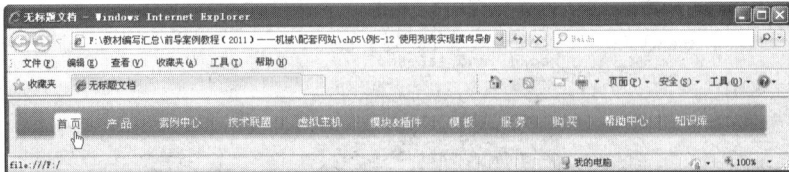

图 6-42　最终预览效果

6.4　商用案例——"博客页面"的设计与实现

博客网站在日常生活中经常遇到,本节就以博客页面的设计与实现为例,巩固本章的相关知识。希望读者在模仿训练时,着重体会无序列表在导航方面的运用,以及页面主体区域背景图像跟随内容多少自适应高度的实现方法。

6.4.1　页面规划

图 6-43 所示的是该页面的最终效果,从页面整个布局来看,页面分为顶部导航区域、头部 banner 区域和主体区域,而主体区域仔细划分又可划分为左侧主体内容区域,以及右侧快速访问区域。

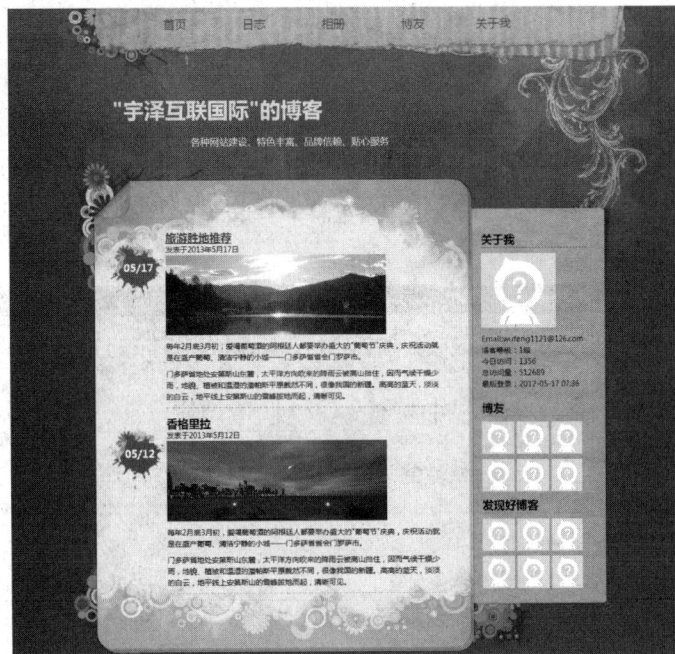

图 6-43　"博客页面"效果图

　　对于页面顶部的导航来说,这里拟采用无序列表进行制作,为了美化效果还将增加鼠标悬停效果。

　　对于主体区域而言,这里拟创建三个依次嵌套的容器,分别放置顶部、中部和底部三种不同的背景图像,再通过 CSS 的设置最终实现主体内容区域背景图像跟随内容多少高度自适应的效果。通过深思熟虑的设计,页面布局示意图如图 6-44 所示。

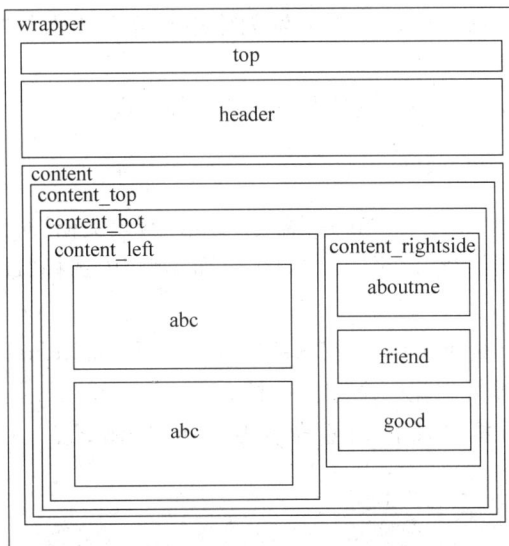

图 6-44　布局示意图

123

6.4.2 定义站点

1. 创建站点

① 启动 Dreamweaver CS5,执行"站点"→"新建站点"命令,显示"站点设置对象"对话框,如图 6-45 所示。

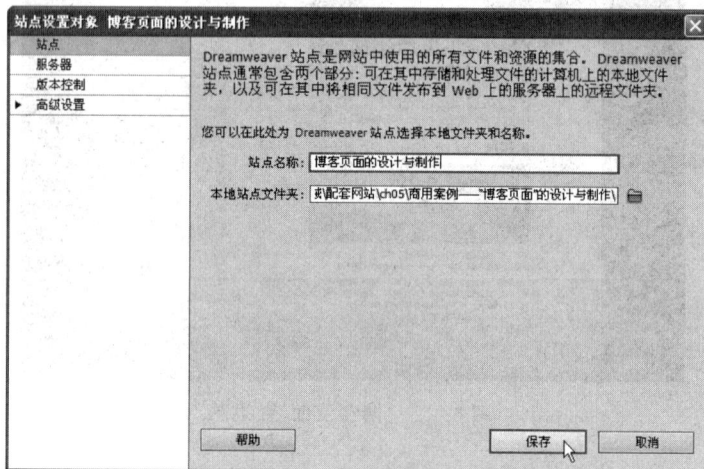

图 6-45 "站点设置对象"对话框

② 在此对话框左侧列表中选择"站点"选项,并在右侧"站点名称"文本框中输入"中秋促销",然后单击 ■ 图标按钮,为本地站点文件夹选择存储路径。最后,单击"保存"按钮,完成本地站点的创建。

③ 在"文件"面板中站点根目录下分别创建用于放置图像的"images"文件夹和放置 CSS 文件的"style"文件夹。

④ 将所需图像素材拷贝到站点的"images"文件夹内。

2. 创建空白文档

① 执行菜单栏中的"文件"→"新建"命令,显示"新建文档"对话框。

② 选择对话框左侧的"空白页"类别,从"页面类型"中选择"HTML"类型,然后在"布局"列中选择"无"类型。

③ 在"文档类型"下拉菜单中选择"XHTML 1.0 Transitional"选项,如图 6-46 所示。最后单击"创建"按钮,即可创建一个空白文档。

④ 将该网页保存在根目录下,并重命名为"index.html"。

3. 创建 CSS 文档

① 执行菜单栏的"文件"→"新建"命令,显示"新建文档"对话框。

② 选择对话框左侧的"空白页"类别,从"页面类型"列中选择"CSS"类型,然后单击

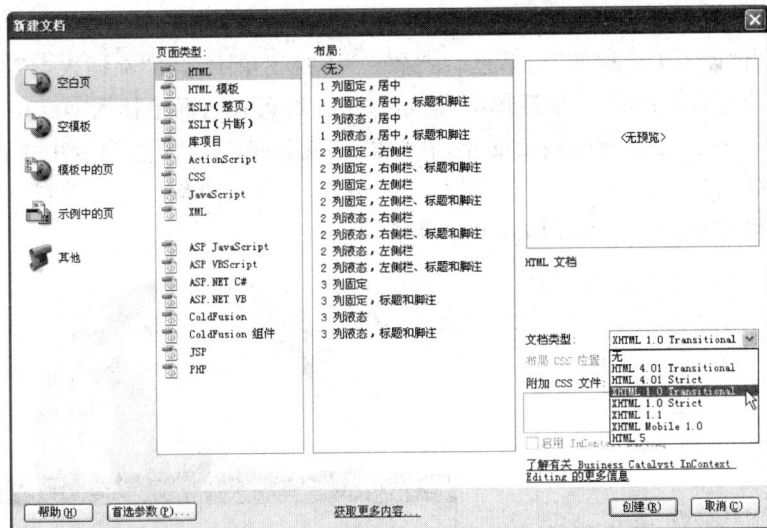

图 6-46　设置文档类型

"创建"按钮，即可创建一个 CSS 空白文档。

③ 将此外部 CSS 文档保存在 style 文件夹下，并重命名为"div.css"。

4．将 CSS 文档链接至页面

① 打开 index.html 文档，在 Dreamweaver CS5 中执行"窗口"→"CSS 样式"命令，打开"CSS 样式"面板，单击面板底部的 图标按钮，此时弹出"链接外部样式表"对话框。

② 在此对话框中，单击"浏览"按钮，将外部样式文件"div.css"链接到"index.html"页面中，如图 6-47 所示。

③ 此时，软件界面显示两个文件已经链接，如图 6-48 所示。用户单击某个文件，可以在这两个文档之间相互切换。

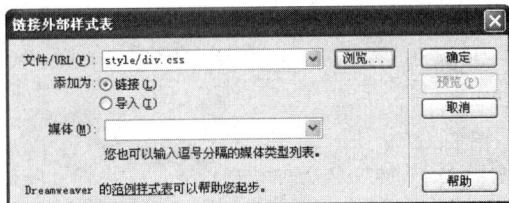

图 6-47　链接 CSS 文档

图 6-48　成功链接

6.4.3　页面的具体实现

1．页面初始化和导航的实现

① 待准备工作结束后，切换到"div.css"文档，为整个页面进行初始化定义，如图 6-49 所示。

125

② 切换到"index.html"文档中,在"插入"面板的"常用"选项卡中单击"插入 Div 标签"按钮,弹出"插入 Div 标签"对话框,在"插入"下拉菜单中选择"在插入点"选项,在"ID"下拉列表框中输入 wrapper,最后单击"确定"按钮,即可在页面中插入 wrapper 容器。

③ 删除 wrapper 容器内多余文字,在"插入"面板的"常用"选项卡中单击"插入 Div 标签"按钮,弹出"插入 Div 标签"对话框,按照图 6-50 所示的参数进行设置,最后单击"确定"按钮,即可在 wrapper 内部插入 top 容器。

```
body, div, dl, dt, dd, ul, ol, li,
h1, h2, h3, h4, h5, h6, p {
    margin:0;
    padding:0;
}
a, a:link, a:visited {
    color: #8d1b0f;
}
p {
    margin-top:10px;
    margin-bottom:10px;
}
img {border: none;}
.cleaner {clear: both;}
.float_l {float: left;}
.float_r {float: right;}
.fl_img {
    float: left;
    margin: 3px 30px 15px 0;
}
.fr_img {
    float: right;
    margin: 3px 0 15px 30px;
}
```

图 6-49　页面初始化规则

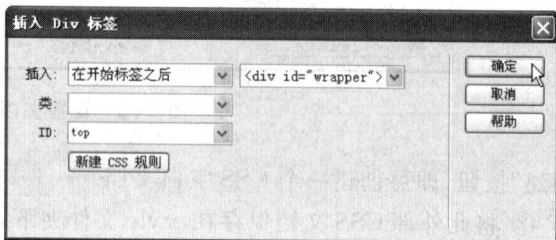

图 6-50　插入 top 容器

④ 切换到"div.css"文档,为 body 元素、wrapper 容器和 top 容器创建 CSS 规则,如图 6-51 所示。保存当前网页文档,通过浏览器预览后的效果如图 6-52 所示。

```
body {
    margin: 0px;
    padding: 0px;
    color: #000;
    font-family:"微软雅黑", "宋体", Verdana,
sans-serif;
    font-size: 14px;
    line-height:1.5em;
    background:#821764
url(../images/templatemo_body.jpg);
}
#wrapper {
    width:1400px;
    margin:0 auto;
}
#top {
    background:
url(../images/templatemo_menu.jpg) no-repeat
center top;
    height:100px;
}
```

图 6-51　相关 CSS 规则

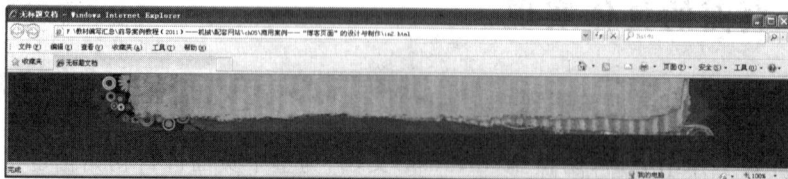

图 6-52　预览效果(9)

⑤ 在 top 容器中插入一组无序列表用于制作导航,页面结构如图 6-53 所示。然后,在"div.css"文档中创建相关 CSS 规则,如图 6-54 所示。

```
<body>
<div id="wrapper">
  <div id="top">
    <ul>
      <li><a href="#">首页</a></li>
      <li><a href="#">日志</a></li>
      <li><a href="#">相册</a></li>
      <li><a href="#">博友</a></li>
      <li><a href="#">关于我</a></li>
    </ul>
  </div>
</div>
</body>
```

图 6-53 页面结构(8)

```
#top ul {
    list-style:none;
    width:800px;
    margin:0 auto;
}
#top ul li {
}
#top ul li a {
    display:block;
    width:141px;
    height:47px;
    float:left;
    font-size:22px;
    text-align:center;
    padding-top:20px;
    margin-right:10px;
    text-decoration:none;

}
#top ul li a:hover {
    background:
url(../images/templatemo_menu_hover.png)
no-repeat center center;
    color: #FFF;
}
```

图 6-54 CSS 规则(9)

⑥ 保存当前网页文档,通过浏览器预览后的效果如图 6-55 所示。

在本环节中,使用无序列表作为骨架盛放导航的文字内容,将超链接 a 元素块状化使其具有宽高属性,又使 a 元素向左浮动,从而实现横向排列的外观。最后,为 a 元素设置伪类效果,最终实现鼠标悬停时有美化效果。

图 6-55 顶部导航预览效果

⑦ 切换到"index.html"文档中,在"插入"面板的"常用"选项卡中单击"插入 Div 标签"按钮,弹出"插入 Div 标签"对话框,按照图 6-56 所示的参数进行设置,最后单击"确定"按钮,即可在 top 容器后面插入 header 容器。

⑧ 删除 header 容器内部多余文字,在其中创建 header_content 容器,以及相关文字内容,具体结构如图 6-57 所示。

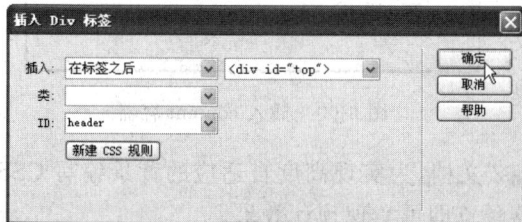

图 6-56 插入 header 容器

```
<body>
<div id="wrapper">
  <div id="top">
    <ul> <l...
  </div>
  <div id="header">
    <div id="header_content">
      <h2>"字泽互联国际"的博客</h2>
      <p>各种网站建设、特色丰富、品牌信赖、贴心服务</p>
    </div>
  </div>
</div>
</body>
```

图 6-57 页面结构(9)

⑨ 切换到"div.css"文档,为 header 容器及其相关容器编写 CSS 规则,如图 6-58 所示。保存当前网页文档,通过浏览器预览后的效果如图 6-59 所示。

```
#header {
    background:
url(../images/templatemo_header.jpg)
no-repeat center top;
    height:300px;
}
#header_content {
    padding-top:80px;
    margin-left:250px;
}
#header_content h2 {
    font-size:40px;
    color: #FF0;
}
#header_content p {
    color:#FFF;
    font-size:18px;
    margin-left:150px;
    margin-top:40px;
}
```

图 6-58 CSS 规则(10)

图 6-59 预览效果(10)

2. 主体区域的实现

① 切换到"index.html"文档中,参照图 6-60 所示的参数,在 header 容器后面插入 content 容器。按照类似的方式,在 content 容器内部依次创建 content_top 容器和 content_bot 容器。

这里采用三层嵌套的容器的目的是:拟通过 CSS 规则分别向三层容器中载入不同的图像,使其具有跟随内容多少自动适应高度的效果,示意图如图 6-61 所示。

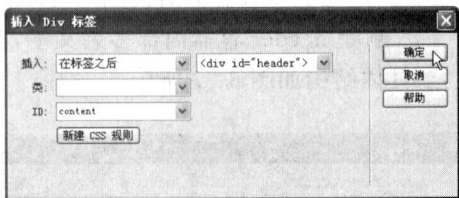

图 6-60 插入 content 容器

② 在了解了实现原理后,切换到"div.css"文档,为实现高度自适应的背景编写 CSS 规则,如图 6-62 所示,保存文件并通过浏览器预览即可实现预计效果。

③ 根据页面整体布局图可知,主体区域分为左侧主要内容区域和右侧导航区域,这

128

```
<body>
<div id="wrapper">
  <div i...
  <div id="header">
    <div id...
  </div>
  <div id="content">
    <div id="content_top">
      <div id="content_bot"></div>
    </div>
  </div>
</div>
</body>
```

templatemo_main.jpg

templatemo_content.jpg

templatemo_main_bottom.jpg

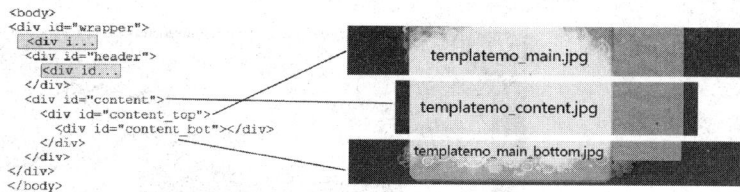

图 6-61　示意图(1)

里在 content_bot 容器内部依次创建并列关系的 content_left 容器和 content_rightside 容器,具体结构如图 6-63 所示。

```
#content {
  background: url(../images/templatemo_content.jpg)
repeat-y center top;
}
#content_top {
  background:url(../images/templatemo_main.jpg)
no-repeat;
}
#content_bot {
  background:url(../images/templatemo_main_bottom.jpg)
no-repeat left bottom;
  padding:20px 200px 100px 350px;
  width:850px;
}
```

图 6-62　CSS 规则(11)

```
<div id="content">
  <div id="content_top">
    <div id="content_bot">
      <div id="content_left" class="float_l"></div>
      <div id="content_rightside" class="float_l" ></div>
    </div>
  </div>
</div>
```

图 6-63　页面结构(10)

④ 由于 content_left 容器和 content_rightside 容器在结构中具有浮动效果,所以这两个容器才能并列放置。但正因为浮动效果,又使得该容器脱离文档流不受父级容器控制,这里修改父级容器的结构为后续结构的实现做准备。具体修改的内容如图 6-64 所示。

```
<div id="content" class="float_l">
  <div id="content_top" class="float_l">      增加父级容器的浮动属性
    <div id="content_bot" class="float_l">
      <div id="content_left" class="float_l"></div>
      <div id="content_rightside" class="float_l" ></div>
    </div>
  </div>
</div>
```

图 6-64　修改后的结构

⑤ 在 content_left 容器内部插入用于盛放文字和图像的多个容器,具体结构如图 6-65 所示。切换到"div.css"文档,编写对应的 CSS 规则,如图 6-66 所示。

```
                                              文章标题
    abc容器用于盛放文章所有元素              作者信息
                                              文章配图
<div id="content_left" class="float_l">
  <div id="abc" class="inbox"  >
    <h2><a href="#">旅游胜地推荐</a></h2>
    <div id="author">发表于2013年5月17日</div>
    <img src="images/templatemo_image_01.jpg" width="420" height="150" />
    <p>每年2月底3月...</p>                    段落文本
    <p>门多萨省地处安...</p>                   文章序号
    <div id="num">05/17</div>
  </div>
</div>
```

图 6-65　页面结构(11)

⑥ 复制 abc 容器内所有内容,将其粘贴在 abc 容器后面,即可创建结构相同的页面内容。保存当前文件后,通过浏览器预览即可看到效果,如图 6-67 所示。至此,主体区域中

129

```
#content_left {
    width:530px;
    margin-right:70px;
}
#content_rightside {
    width:200px;
}
.inbox {
    margin-bottom:20px;
    border-bottom:1px #999 dashed;
}
#abc {
    position:relative;
}
#num {
    width:96px;
    height;
    background:
url(../images/templatemo_date.png)
no-repeat;
    position:absolute;
    top:10px;
    left:-110px;
    font-size:20px;
    font-weight:bolder;
    color:#FFF;
    padding:45px 0 0 30px;
}
```

图 6-66　CSS 规则（12）

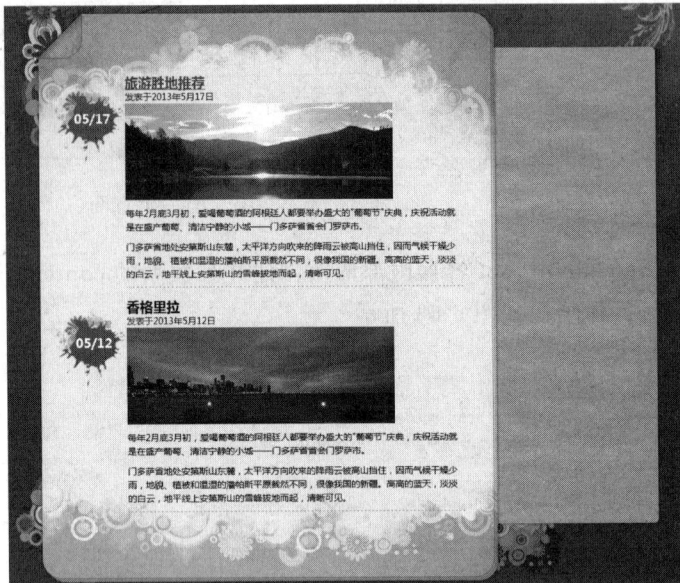

图 6-67　预览效果（11）

左侧内容区域已经制作完成。

　　⑦ 在主体区域中右侧内容区域 content_rightside 容器内部，根据需要使用相关容器作为骨架盛放文字内容，如图 6-68 所示。

```
<div id="content_rightside" class="float_l" >
  <div id="aboutme" class="siderbox">
    <h2>关于我</h2>
    <img src="images/ava.png" width="140" height="140" />
    <p>Email:wufeng1121@126.com<br />
      博客等级：1级<br />
      今日访问：1356<br />
      总访问量：512689<br />
      最后登录：2012-05-17  07:36<br />
    </p>
  </div>
</div>
```

图 6-68　页面结构（12）

　　⑧ 切换到"div.css"文档，编写对应的 CSS 规则，如图 6-69 所示。通过浏览器预览后的效果如图 6-70 所示。

```
.siderbox {
    margin-bottom:20px;
}
.siderbox h2 {
    border-bottom:1px #804000 dashed;
    line-height:30px;
    margin-bottom:10px;
}
```

图 6-69　CSS 规则（13）

图 6-70　预览效果（12）

130

⑨ 在 aboutme 容器后面,依次插入并列关系的 friend 容器和 good 容器,并应用 siderbox 类规则,然后在新建的容器内部插入如图 6-71 所示的结构。切换到"div.css"文档,编写对应的 CSS 规则,如图 6-72 所示。保存页面文档,通过浏览器预览即可看到最终的页面效果。至此,"博客页面"的全部设计制作过程已经介绍完成,读者可以根据自己的喜好,修改部分图像和 CSS 规则,使其呈现更加漂亮的外观。

```
<div id="content_rightside" class="float_l" >
    <div id="aboutme" class="siderbox">
        <h2>关于...
    </div>
    <div id="friend" class="siderbox">                  多幅图像链接
        <h2>博友</h2>
        <div class="boyou"><a href="#"><img sr...</a></div>
    </div>
    <div id="good" class="siderbox">
        <h2>发现好博客</h2>
        <div class="boyou"><a href="#"><img sr...</a></div>
    </div>
</div>
```

```
.boyou a {
    display:block;
    float:left;
    margin:0 5px 10px 0;
}
```

图 6-71　页面结构(13)　　　　　　　　　　图 6-72　CSS 规则(14)

6.5　实　　　训

1. 实训要求

参考本例提供的源文件,仔细分析页面布局,使用"DIV＋CSS"的模式制作网页。制作过程中,着重使用无序列表作为网页骨架实现局部的布局。

2. 过程指导

① 首先,打开源文件,观察该网页通过浏览器预览后的效果。然后,根据自己的理解尝试规划页面布局。最后,查看源文件的页面结构布局,与自己的布局思路加以对比,学习其中的布局思想。

② 启动 Dreamweaver CS5,并创建站点。在站点内创建"images"文件夹和"style"文件夹。分别创建空白网页文档和外部 CSS 文档,然后将两者链接起来。

③ 根据需要设计规划页面整个布局,示意图如图 6-73 所示。

④ 参照布局示意图,依次创建 header 容器、logo 容器、page 容器和 footer 容器。

⑤ 根据示意图中各容器之间的关系,参照源文件中的结构细化各容器内部的结构。在此过程中,根据需要创建对应的 CSS 规则。

⑥ 保存所有文件,在浏览器中预览并修改,最终效果可参照图 6-74。

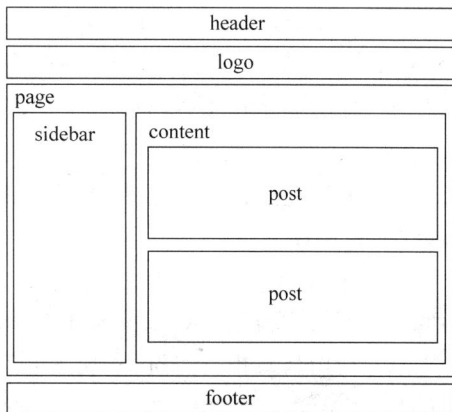

图 6-73　示意图(2)

图 6-74　最终效果

6.6　习　　题

1. 列表的类型有哪些？简述各类型间的相同点和不同点。

2. 举例说明,在常见的网页中哪些部分是使用列表作为骨架创建的。

3. 什么是伪类？什么是伪元素？

4. 请描述伪类在超链接中应用时实现的效果。

5. 什么是 CSS 的继承特性？什么是 CSS 的特殊性？

6. 横向导航在实现过程中,其核心内容是什么？

7. 利用无序列表的知识,实现如图 6-75 所示的列表外观。

8. 仔细分析图 6-76 所示的页面,使用无序列表实现顶部导航效果,以及整个页面。

9. 利用列表相关知识,实现图 6-77 所示的纵向导航。

图 6-75　习题 7 对应图

132

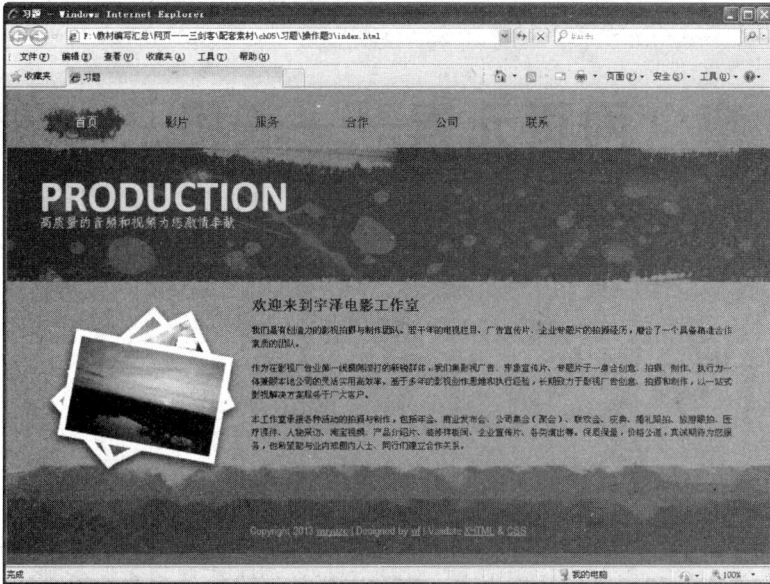

图 6-76　习题 8 对应图　　　　　　　　图 6-77　习题 9 对应图

10. 使用本章知识,制作如图 6-78 所示的页面,要求制作过程中认真体会列表在页面布局中的应用。

图 6-78　习题 10 对应图

第7章 网页元素——表格

□ 掌握创建和编辑表格的基本方法。

□ 掌握与表格相关的 CSS 属性。

□ 掌握浮动和清除浮动的方法。

□ 能够灵活运用相对和绝对定位解决实际问题。

虽然表格布局页面的时代已经结束，但并不代表表格就一无是处。目前，表格已经回归到应有的组织数据、方便查询和浏览的功能上来。本章主要从表格的创建和编辑，以及与表格相关 CSS 内容出发，详细介绍表格在储存数据的同时是如何被美化的。

7.1 表   格

表格由一行或多行组成，而每行又由一个或多个单元格组成，用于显示数字和其他内容。表格中的单元格是行与列交叉的部分，它是组成表格的最小单位。单元格可以拆分，也可以被合并。

7.1.1 创建表格

在 Dreamweaver CS5 中有多种方法能够创建表格，下面以示例形式介绍如何创建表格。

【演练 7-1】 创建表格。

① 启动 Dreamweaver CS5，创建空白 XHTML 文档，将光标定位在要插入表格的位置，然后执行软件菜单栏中的"插入"→"表格"命令，或者在"插入"面板"常用"类别中，单击表格按钮，如图 7-1 所示，这时打开如图 7-2 所示的对话框。

在"表格"对话框中，各参数的含义如下。

• 行数：指的是表格中行的数目。

• 列数：指的是表格中列的数目。

• 表格宽度：以像素为单位或按占浏览器窗口宽度的百分比指定表格的宽度。

• 边框粗细：以像素为单位，设置表格边框的宽度。若设置为 0，则在浏览时不显示表格边框。

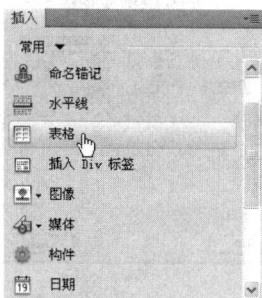

图 7-1　使用"插入"面板中按钮创建表格

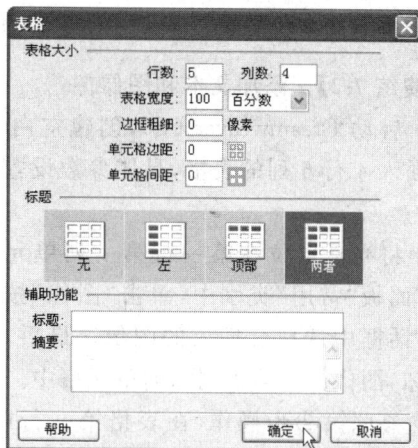

图 7-2　"表格"对话框

- 单元格间距：相邻的表格单元格之间的像素数。
- 单元格边距：确定单元格边框与单元格内容之间的像素数。
- 无：对表格不启用列或行标题。
- 左：将表格的第一列作为标题列。
- 顶部：将表格的第一行作为标题行。
- 两者：能使用户在表格中输入列标题和行标题。
- 标题：显示在表格外的表格标题。
- 摘要：表格的说明信息。

② 在图 7-2 中，将行数设置为"3"，列设置为"3"，表格宽度设置为"100％"，边框粗细设置为"1"像素，单元格边框设置为"2"，单元格间距设置为"2"，在标题区域选择"顶部"，单击"确定"按钮，即可插入 3 行 3 列的表格，如图 7-3 所示。

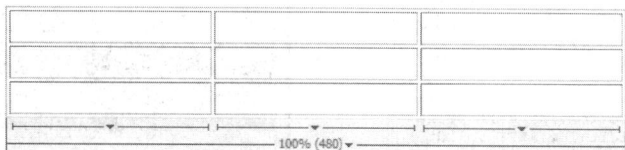

图 7-3　创建表格

需要注意的是，由于 Dreamweaver 具有自动记忆功能，当再次打开"表格"对话框时，对话框内部的参数是上一次设置留下的参数设置。

7.1.2　添加表格内容

创建好表格后，就可以向表格中添加内容了。在 Dreamweaver 中可以向表格中添加文本、图像，以及嵌套另一表格。

1. 添加文本和图像

【演练 7-2】 添加文本和图像。

① 启动 Dreamweaver CS5,创建空白 XHTML 文档,插入 4 行 6 列的表格,具体参数设置如图 7-4 所示。

② 将光标定位在第一行第一列单元格中,在 "插入"面板"常用"类别中,单击"图像"按钮,在弹 出的对话框中选择要插入的图像。最后,单击"确 定"按钮,图像即可插入到当前单元格中。

③ 参照第②步操作,在表格第一行中插入多 个图像,如图 7-5 所示。

图 7-4 插入表格(1)

④ 将光标定位在表格的第二行第一列,直接输入文字,或将其他文本内容复制粘贴 到当前单元格中即可插入文字内容,如图 7-6 所示。

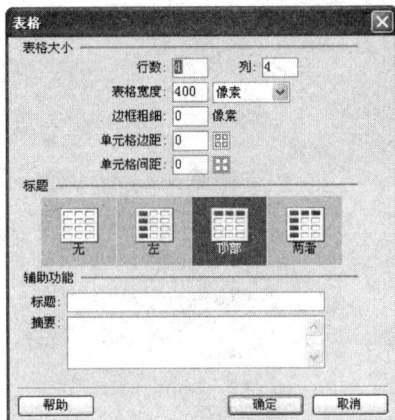

图 7-5 插入多幅图像

图 7-6 插入文字

⑤ 通过预览可以看出,页面文字效果并不理想,这里将鼠标定位在"代码"视图中,在 本页面 head 区域创建相关 CSS 规则,如图 7-7 所示。

⑥ 保存当前页面文档,再次通过浏览器预览即可看到满意效果,如图 7-8 所示。

```
<style type="text/css">
table {
    font:14px "微软雅黑";
    color: #FFF;
    background:#218fe8;
    text-align:center;
}
td {
    border-bottom:1px #FFF solid;
    border-left:1px #FFF solid;
}
</style>
```

图 7-7 CSS 规则(1)

图 7-8 最终效果(1)

在制作过程中,当插入图像时表格的宽度会自动变化,而且插入文字时默认状态为 "左对齐",如果想要精确控制表格内的宽度、高度,以及文字的位置就需要使用 CSS,更多 知识将在后续案例中体现,请读者细心体会。

2. 嵌套表格

【演练 7-3】 嵌套表格。

① 创建空白 XHTML 文档,插入 4 行 3 列的表格。

② 将光标定位在需要嵌套表格的单元格内,执行"插入"→"表格"命令,打开"表格"对话框,参数设置如图 7-9 所示。

③ 设置好参数后,单击"确定"按钮,即可在表格内部嵌套一个表格,如图 7-10 所示。

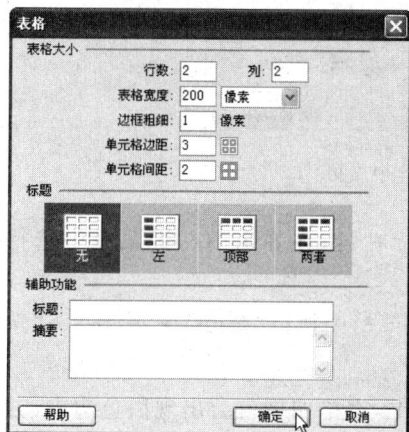

图 7-9　嵌套表格参数

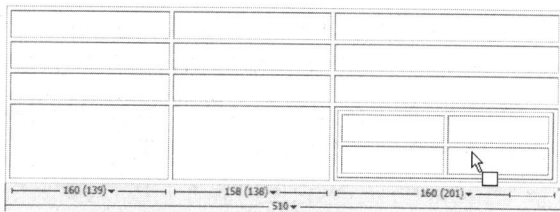

图 7-10　嵌套表格

7.1.3　表格基本操作

要对表格进行编辑,就要选择表格待编辑的区域。用户可以一次选择整个表、行或列,也可以选择一个或多个单独的单元格。

1. 选择表格与单元格

(1)选择整个表格

有多种方法可以选择整个表格,具体操作如下。

方法一:将鼠标移动到表格的上下边框,或表格的四个顶角,当鼠标变成表格网格图标 时,单击即可选择整个表格,如图 7-11 所示。

方法二:将光标定位在表格内任意位置,然后在"文档"窗口左下角的标签选择器中选择<table>标签,即可选择整个表格,如图 7-12 所示。

图 7-11　单击上边框选择整个表格

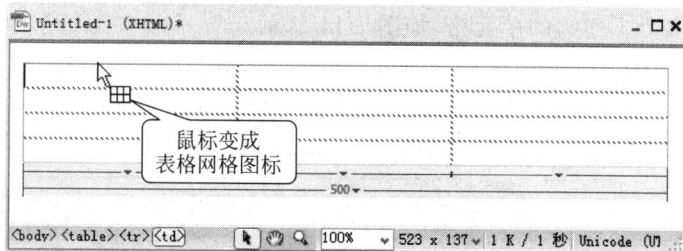

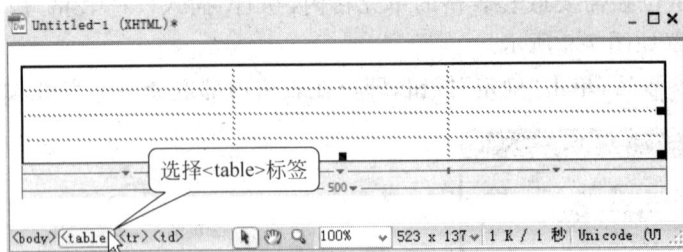

图 7-12 使用标签选择器选择整个表格

方法三：将光标定位在表格内任意位置，单击鼠标右键，在弹出的右键菜单中选择"表格"→"选择表格"命令选项，即可选择整个表格。

方法四：将光标定位在表格内任意位置，在软件菜单栏中执行"修改"→"表格"→"选择表格"命令选项，即可选择整个表格。

上述四种方法，无论使用哪种方法，只要表格被选中，表格四周就会出现黑色边框，并且显示表格控制柄。当鼠标移动到控制柄上时，鼠标会变成双向箭头，此时拖动鼠标即可调整表格大小。

（2）选择单元格

要选择表格中的单元格，可以通过以下几种方法。

方法一：将光标定位在表格内，根据需要拖动鼠标，即可选中一个或多个连续的单元格，如图 7-13 所示。

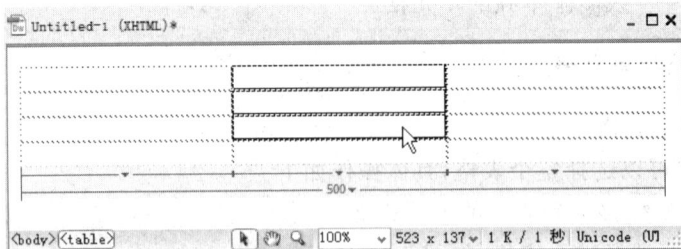

图 7-13 拖动鼠标选择单元格

方法二：按下 Ctrl 键不放单击目标单元格，即可选中一个单元格。如果连续单击多次，则可以选中多个不连续的单元格，如图 7-14 所示。

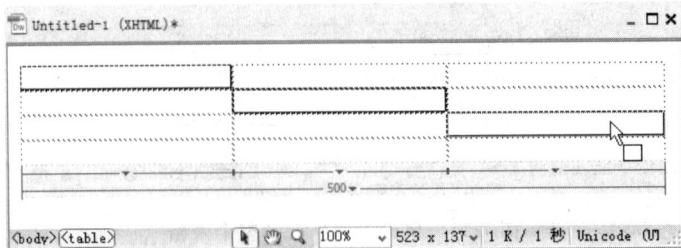

图 7-14 选择多个不连续的单元格

138

　　方法三：将光标定位在表格内任意位置，按 Shift 键的同时单击其他单元格，可以选择矩形区域内的所有单元格，如图 7-15 所示。

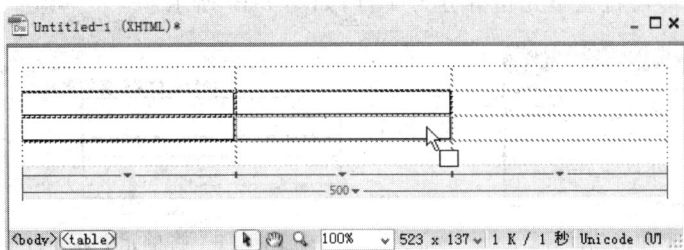

图 7-15　选择矩形区域内的所有单元格

2. 拆分、合并表格

　　拆分指的是将一个单元格拆分为多个单元格；合并指的是将多个单元格合并为一个单元格。在实际工作中，这些基本操作经常遇到，下面以示例的形式介绍如何拆分、合并表格。

　　【演练 7-4】　拆分、合并表格。

　　① 创建空白 XHTML 文档，插入 2 行 2 列的表格，具体表格参数如图 7-16 所示。

　　② 选择表格的第一行单元格，执行"修改"→"表格"→"拆分表格"命令，或者在"属性"面板中单击 按钮，再或者单击鼠标右键，在右键菜单中选择"表格"→"合并表格"选项，即可将多个单元格合并为一个单元格。

　　需要特别注意的是，合并单元格时所选中的单元格必须是连续的，并且选定的区域必须是矩形。

　　③ 在合并后的单元格内输入相关文字，此时效果如图 7-17 所示。

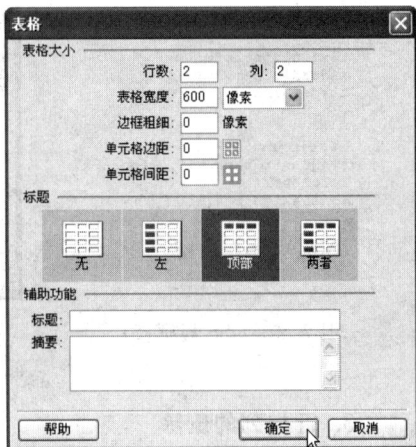

图 7-16　插入表格（2）

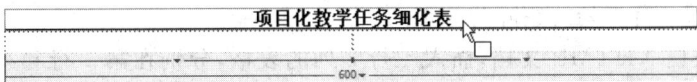

图 7-17　合并单元格

　　④ 按 Ctrl 键单击第二行第一列单元格，此时该单元格处于被选中状态。然后在软件菜单栏中执行"修改"→"表格"→"拆分表格"命令，或者在"属性"面板中单击 图标按钮，再或者单击鼠标右键，在右键菜单中执行"表格"→"拆分表格"命令。

　　⑤ 此时弹出如图 7-18 所示的对话框。在"把单元格拆分"选项后选择要拆分为行还是列，然后在"行数（列数）"文本框中输入具体拆分的行数（列数）。这里选择"列"单选按钮，"列数"设置为"2"，最后单击"确定"按钮，即可完成单元格拆分。

139

⑥ 选择拆分后的单元格，即第二行中间的单元格，执行"修改"→"表格"→"拆分表格"命令，在弹出的"拆分单元格"对话框中选择"行"单选按钮，"行数"设置为"5"，最后单击"确定"按钮，即可将该单元格拆分为 4 行，如图 7-19 所示。

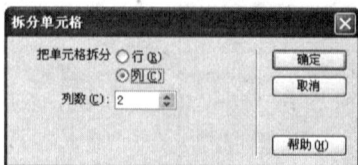

图 7-18　"拆分单元格"对话框

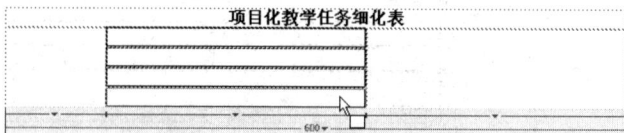

图 7-19　将单元格拆分为 5 行

⑦ 在拆分后的单元格内插入相关图像和文字。为了进一步美化表格效果，这里在页面 head 区域创建相关 CSS 规则，如图 7-20 所示。保存当前网页，通过浏览器预览可以看到效果，如图 7-21 所示。

```
<style type="text/css">
table {
    font:16px/1.5 "微软雅黑";
    border:2px solid #CCC;
    border-collapse:collapse;
}
th, td {
    text-align:left;
    padding:.5em;
    border:1px solid #FFF;
}
th {
    background:#328aa4
url(images/tr_back.gif) repeat-x;
    color:#fff;
    text-align:center;
}
td {
    background:#e5f1f4;
}
</style>
```

图 7-20　CSS 规则（2）

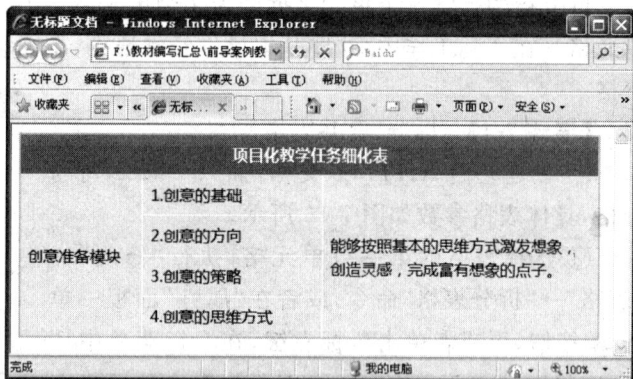

图 7-21　预览效果（1）

3. 行与列的删除

在对表格进行编辑时，经常遇到之前创建的表格行或列不能满足实际需求，需要添加或删除行与列的情况，下面使用多种方法介绍此类操作。

【演练 7-5】　行与列的删除与添加。

① 创建空白 XHTML 文档，插入 4 行 2 列的表格，分别在第一行和第三行插入 2 幅图像，在第二行和第四行插入相关文字，此时效果如图 7-22 所示。

② 若需要删除行或列时，可以使用以下两种方法。

方法一：选择完整的一行或列，然后在软件菜单栏中执行"编辑"→"清除"命令，或者直接按 Delete 键即可删除完整的一行或列。

方法二：将鼠标定位在要删除的行或列中的一个单元格，然后在软件菜单栏中执行"修改"→"表格"→"删除行"命令，或执行"修改"→"表格"→"删除列"命令。

③ 若要添加行或列时，可以使用以下三种方法。

方法一：将光标定位在要添加行（列）单元格的内部，在软件菜单栏中执行"插入"→

图 7-22　插入 4 行 2 列的表格　　　　图 7-23　插入行

"表格对象"命令,在其子菜单中根据需要选择其中某个选项,即可添加行或列。

　　方法二:将光标定位在要添加行(列)单元格的内部,单击鼠标右键,在右键菜单中选择"表格"→"插入行(列)"选项。在此情况下,默认的是将行(列)插入到光标所在单元格的上(左)面,如图 7-23 所示。

　　方法三:如果在右键菜单中选择"插入行或列"选项,则打开如图 7-24 所示的对话框。在此对话框中,可以在"插入"选项后面选择要插入的是行还是列,在"列数(行数)"后面,可以设置列(行)数,在"位置"选项后面可以设置插入列(行)的位置。最后,单击"确定"按钮,即可插入行或列。

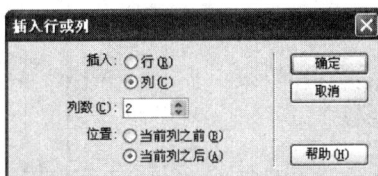

图 7-24　"插入行或列"对话框

7.1.4　表格和单元格的属性设置

　　表格的属性设置可以通过软件的"属性"面板来完成,属性设置包括两部分,一是对整个表格的设置;二是对单元格的属性设置。

1. 表格的属性

当表格被选中时,"属性"面板会显示出有关表格的各种属性,如图 7-25 所示。

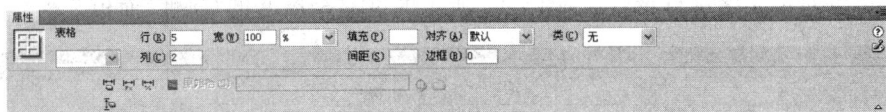

图 7-25　表格的属性

在表格的"属性"面板中,各项含义如下。
- 表格:用于设置表格的名称。
- 行与列:用于设置表格中行和列的数量。

- 宽：用于设置表格的宽度，以像素为单位或表示为占浏览器窗口宽度的百分比。通常不需要设置表格的高度。
- 填充：用于设置单元格内容和单元格边框之间的距离，它以像素为单位。
- 间距：用于设置相邻单元格之间的距离，它以像素为单位。
- 对齐：用于设置表格相对于同一段落中的其他元素(如文本或图像)的显示位置。包括"左对齐"、"右对齐"、"居中对齐"和"默认"4种选项。
- 边框：用于设置表格边框的宽度，以像素为单位。
- 类：用于将CSS规则应用在当前表格对象上。
- 按钮：清除列宽，从表格中删除所有明确指定的列宽。
- 按钮：清除行高，从表格中删除所有明确指定的行高。
- 按钮：将表格宽度转换成像素。
- 按钮：将表格宽度转换成百分比。

通过"属性"面板的设置，这里插入了一个宽度为300像素，2行2列，填充为20像素，间距为30像素，无边框的表格，如图7-26所示。

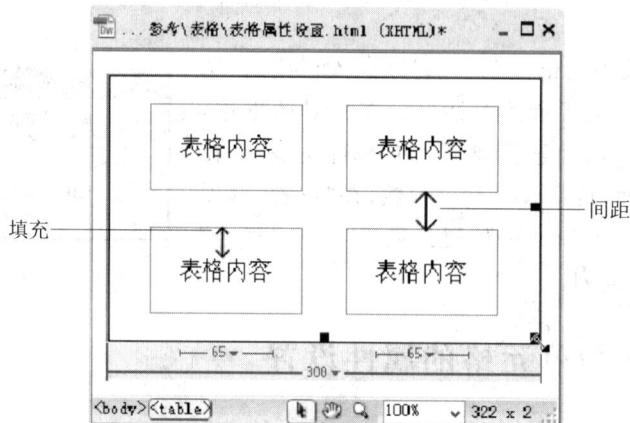

图7-26　设置表格属性

2. 单元格的属性

在"属性"面板打开的情况下，按Ctrl键，单击一个或多个单元格。此时，在"属性"面板中就可以对单元格进行设置了，图7-27所示的是完全展开的"属性"面板。

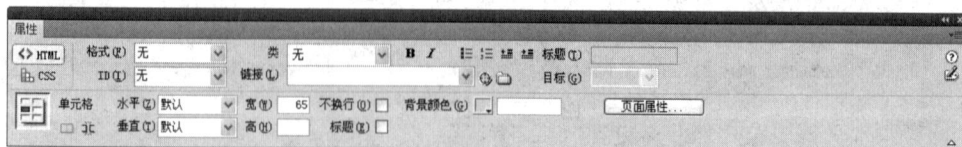

图7-27　单元格"属性"面板

在此"属性"面板中包含两部分内容。上半部分用于设置单元格内部文本的相关属性，下半部分用于对单元格进行设置，其中各参数的含义如下。

- 水平：用于设置单元格内容的水平对齐方式，包含默认、左对齐、右对齐和居中对齐 4 种选项。
- 垂直：用于设置单元格内容的垂直对齐方式，包含默认、顶端、居中、底部和基线 5 种选项。
- 宽和高：以像素为单位或按整个表格宽度或高度的百分比为单位，计算所选单元格的宽度和高度。
- 不换行：选中该复选框，则单元格中的所有文本都在一行上。对于超出宽度的内容，单元格会加宽来容纳所有数据。
- 标题：选中该复选框，则将所选的单元格格式设置为表格标题单元格。默认情况下，表格标题单元格的内容为粗体并且居中。
- 背景颜色：用于设置单元格的背景颜色。
- 页面属性：单击该按钮，可以打开"页面属性"对话框。
- ▣ 按钮：单击该按钮，可将所选的单元格、行或列合并为一个单元格。当选择的单元格形成矩形或直线的块时此按钮才被激活。
- ⚎ 按钮：单击该按钮，可将一个单元格分成两个或更多个单元格。当选择的单元格多于一个时，则此按钮将禁用。

7.2 与表格相关的 CSS 属性及其应用

在 XHTML 中与表格相关的标签有 table、th、tr 和 td 等，而在实际工作中要想在使用表格组织数据的同时，尽量让表格呈现出良好的视觉效果，就要利用 CSS 对表格内的标签加以精确控制。

7.2.1 表格类 CSS 属性

与表格相关的 CSS 属性主要有 border-collapse、border-spacing、caption-side 和 empty-cells，更为详细的解释见表 7-1。

表 7-1 表格中常用的 CSS 属性

属　　性	属性值及其含义		说　　明
border-collapse	separate（默认值）	边框独立	设置表格的行和单元格的边框是否合并在一起
	collapse	边框合并	
border-spacing	length	由浮点数字和单位标识符组成的长度值，不可为负值	当设置表格为边框独立时，行和单元格的边在横向和纵向上的间距。当指定一个 length 值时，这个值将作用于横向和纵向上的间距；当指定了两个 length 值时，第一个作用于横向间距，第二个作用于纵向间距

属　　性	属性值及其含义		说　　明
caption-side	top(默认值)	caption 在表格的上边	设置表格的 caption 对象是在表格的哪一边,它是和 caption 对象一起使用的属性
	right	caption 在表格的右边	
	bottom	caption 在表格的下边	
	left	caption 在表格的左边	
empty-cells	show(默认值)	显示边框	设置表格的单元格无内容时,是否显示该单元格的边框(仅当表格行和列的边框独立时此属性才生效)
	hide	隐藏边框	

这些属性主要作为控制表格的基础属性而出现,如果需要更加漂亮的效果则还需增加背景色、背景图和辅助图像等美化元素。为了更加容易地理解有关表格的 CSS 属性,这里以案例形式进行讲解。

【演练 7-6】 表格类 CSS 属性。

① 创建空白 XHTML 文档,创建 4 组宽度为 300 像素,边框为"0"的 2 行 2 列表格,此时"设计"视图中表格的外观如图 7-28 所示。

② 将鼠标定位在"代码"视图,在本页面的 head 区域创建表格统一的外观规则,如图 7-29 所示。保存当前文档,通过浏览器预览可以看到效果,如图 7-30 所示。

图 7-28　创建 4 组表格

图 7-30　预览效果(2)

```
table {
    font:16px "微软雅黑";
    text-align:center;
    border:1px #333 solid;/*设置表格外轮廓*/
    margin-bottom:20px;/*设置表格间距离*/
}
td {
    border: 1px solid  #06F;
}/*设置单元格外边框*/
```

图 7-29　CSS 规则(3)

③ 为了能够清楚地诠释与表格相关的 CSS 属性,这里定义 4 个类,分别应用在 4 组表格上,具体的 CSS 规则如图 7-31 所示。

④ 保存当前页面文档,通过浏览器预览即可看到效果,如图 7-32 所示。

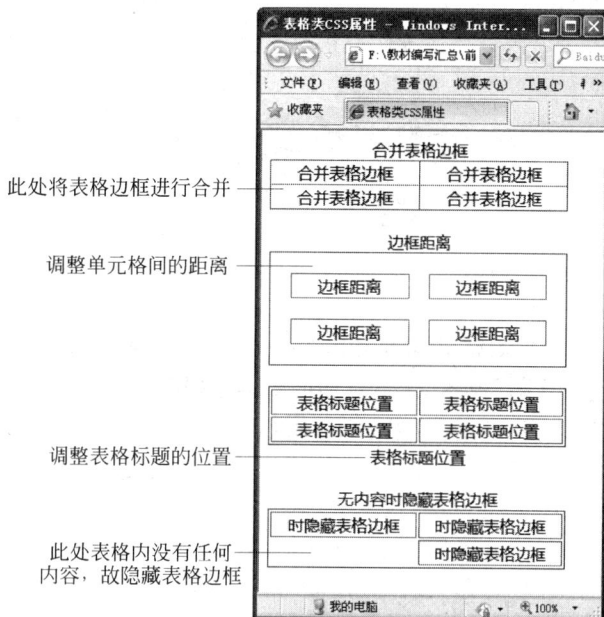

此处将表格边框进行合并

调整单元格间的距离

调整表格标题的位置

此处表格内没有任何内容,故隐藏表格边框

```
.a {
    border-collapse:collapse;
}/*合并表格间距离*/
.b {
    border-spacing:20px;
}/*设置行和单元格的边在横向和纵向上的间距*/
.c {
    caption-side:bottom;
}/*设置表格标题位置*/
.d {
    border-collapse:separate;
    empty-cells:hide;
}/*设置当单元格内无内容时,隐藏边框*/
```

图 7-31　CSS 规则(4)

图 7-32　预览效果(3)

7.2.2　CSS 表格

CSS 表格属性可以帮助用户极大地改善表格的外观,而在实际工作中表格的结构也十分重要。为了使结构更加合理,这里向读者介绍 thead 元素、tbody 元素和 tfoot 元素,具体结构如图 7-33 所示。

这里的 thead 元素用于组合 XHTML 表格的表头内容,tbody 元素用于对 XHTML 表格中的主体内容进行分组,而 tfoot 元素用于对 XHTML 表格中的表注(页脚)内容进行分组。有了这些元素的帮助,表格的结构才显得清晰,为后续编写 CSS 规则创造了便利条件。

【演练 7-7】　CSS 表格。

① 启动 Dreamweaver CS5,并创建站点。在站点内创建"images"文件夹,并把需要的图像放置其中。

② 创建空白 XHTML 文档,执行软件菜单栏中的"插入"→"表格"命令,插入 9 行 3 列的表格。

③ 分别选择第二行和第六行单元格将其合并,然后输入

```
<table border="1">
  <thead>
    <tr>
      <th>Month</th>
      <th>Savings</th>
    </tr>
  </thead>
  <tbody>
    <tr>
      <td>January</td>
      <td>$100</td>
    </tr>
    <tr>
      <td>February</td>
      <td>$80</td>
    </tr>
  </tbody>
  <tfoot>
    <tr>
      <td>Sum</td>
      <td>$180</td>
    </tr>
  </tfoot>
</table>
```

图 7-33　典型的表格结构

相应的文字内容,此时表格如图 7-34 所示。为了让表格更具结构性,这里在第一行单元格前后增加<thead>标签,剩余的内容增加<tbody>标签,修改后的代码如图 7-35 所示。

分支部门	部门负责人	部门人员数量
计算机与通信学院		
办公室	高佳	4人
分团委	郭立新	3人
教务室	王晓明	2人
土木工程学院		
办公室	张能	3人
分团委	吴天	2人
教务室	刘宇	1人

图 7-34　当前表格

```
<table>
  <thead>
    <tr>
      <th>分支部门</th>
      <th>部门负责人</th>
      <th>部门人员数量</th>
    </tr>
  </thead>
  <tbody>
    <tr> <...
  </tbody>
</table>
```

图 7-35　修改后的结构

④ 表格结构及其内容添加完成后,就可以用 CSS 规则美化表格外观了。将鼠标定位在“代码”视图,在本页面的 head 区域创建表格初始化外观规则,如图 7-36 所示。通过浏览器预览后的效果如图 7-37 所示。

```
body {
    font:16px/1.5 "微软雅黑";
}
table {
    border-collapse: collapse;
    margin-bottom: 3em;
}
tr:hover, td.start:hover, td.end:hover {
    background: #FC0;/*鼠标悬停时的背景颜色*/
}
th, td {
    padding:2px;
}
th {
    font-weight:normal;
    text-align:left;
    background: url(images/tabletree-arrow.gif)
no-repeat 2px 50%;
    padding-left:20px;
}
```

图 7-36　CSS 规则(5)

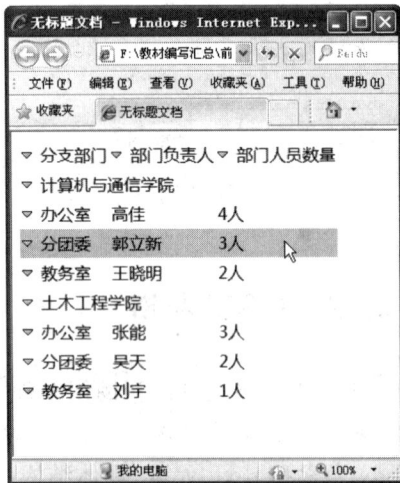

图 7-37　预览效果(4)

⑤ 从预览效果可知,此时的表格外观不能满足实际需要,为了解决这一问题需要进一步修改结构代码,这里为某些 th 元素增加不同的类规则,以便呈现不同的效果,由于修改的代码过长,请读者参考本例附带的源文件。

⑥ 代码修改完成后,再次编写对应的 CSS 规则,如图 7-38 所示。通过浏览器预览后的最终效果如图 7-39 所示。

本例中,树状外观的表格主要是通过 background 属性完成的,为了让相同的 th 元素呈现不同的外观,特意增加了许多类规则并应用其中;鼠标悬停效果,则是为 tr 元素和部分 td 元素增加伪类而实现的。通过本例的模仿训练,读者应该掌握用 CSS 美化表格的基本方法,以及如何针对某一单元格编写相应的规则。

146

```
th.name {
    width:10em;
}
th.location {
    width:8em;
}
th.color {
    width:8em;
}
thead th {
    background: #c6ceda;
    border-color: #fff #fff #888 #fff;
    border-style:  solid;
    border-width: 1px 1px 2px 1px;
    padding-left:0;
    text-align:center;
}
tbody td {
    text-align:center;
}
tbody th.start {
    background:url(images/tabletree-dots.gif)
18px 54% no-repeat;
    padding-left:30px;
}
tbody th.end {
    background:url(images/tabletree-dots2.gif)
 18px 54% no-repeat;
    padding-left:30px;
}
```

图 7-38　CSS 规则（6）

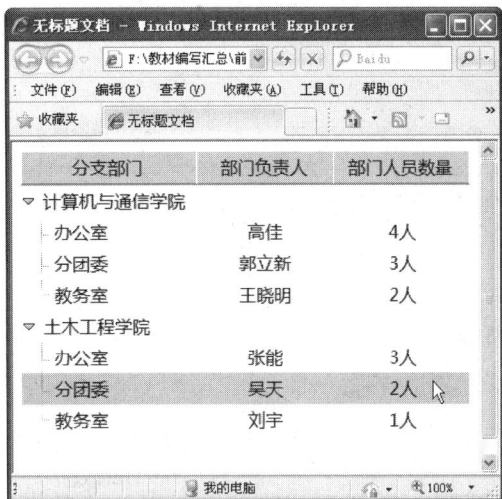

图 7-39　预览效果（5）

7.3　CSS 知识积累

之前章节已经对 CSS 的基础知识进行了铺垫，本节主要向读者介绍 CSS 中浮动和定位两大重要知识。

7.3.1　浮动

在 CSS 中“float”属性能够使应用该属性的元素脱离当前文本流向左或向右漂浮，直到它的外边缘碰到边框或另一个浮动框为止。

float 属性有四个可用的值：“left”和“right”属性值分别浮动元素到各自的方向，“none（默认的）”属性值使元素不具有浮动效果，“inherit”属性值将会从父级元素获取 float 值。

1. 向左（右）浮动

当某个元素具有向左（右）浮动的属性，那么该元素便脱离当前文档流向左（右）移动，直到碰到左（右）边缘。

【演练 7-8】　向左（右）浮动。

① 启动 Dreamweaver CS5，创建空白 XHTML 文档，将光标置于“代码”视图中，创建一组嵌套的 div 容器，并在其中插入图像，具体结构代码如图 7-40 所示。

```
<body>
<div id="content">
  <div id="box_apple" class="box"></div>
  <div id="box_windows" class="box"></div>
  <div id="box_rss" class="box"></div>
</div>
</body>
```

图 7-40　页面结构（1）

147

② 将鼠标定位在"代码"视图,在本页面 head 区域创建相关 CSS 规则,如图 7-41 所示。

③ 保存当前网页文件,通过浏览器即可看到预览效果,如图 7-42 所示。

```
<style type="text/css">
body {
        font-size:22px;
}
#content {
    width:450px;
    border:2px #F60 dotted;
    float:left;
}
.box {
    width:114px;
    height:120px;
    margin:10px;
    border:1px #CCC solid;
}
#box_apple {
    background:url(images/apple.png) no-repeat;
}
#box_windows {
    background:url(images/windows.png) no-repeat;
}
#box_rss {
    background:url(images/rss.png) no-repeat;
}
</style>
```

图 7-41　CSS 规则(7)

图 7-42　预览效果(6)

④ 为名为"box_apple"的 div 容器增加"float:right;"属性,这时"box_apple"便脱离文档流向右移动,直到它的右边缘碰到"content"容器的右边框为止,如图 7-43 所示。

⑤ 为名为"box_windows"的 div 容器增加"float:left;"属性,这时"box_windows"便脱离文档流向左移动,直到它的左边缘碰到"content"容器的左边框为止,如图 7-44 所示。需要特别注意的是,由于"box_windows"不再处于文档流中,所以它不占据空间,实际上覆盖了"box_rss",致使"box_rss"从视图中消失。

图 7-43　box_apple 向右浮动

图 7-44　box_windows 向左浮动

148

⑥ 删除之前为"box_apple"和"box_windows"增加的浮动属性。统一为"box_apple"、"box_windows"和"box_rss"增加"float:left;"属性。

这时"box_apple"向左浮动直到碰到左边框时静止,另外两个元素也向左浮动,直到碰到前一个浮动框也静止,如图 7-45 所示,最终将纵向排列的 div 容器,变成了横向排列。

细心的读者可以发现,由于"box_apple"、"box_windows"和"box_rss"均拥有向左浮动的属性,集体脱离了文档流,致使包含这 3 个容器的父级容器"content"内部没有任何内容,所以"content"被简化为一条线位于页面顶部。解决这种情况的方法是将"content"容器同样赋予"float:left;"属性,预览效果如图 7-46 所示。

图 7-45　容器集体向左浮动　　　　　　图 7-46　预览效果(7)

2. 清除浮动

清除浮动主要利用的是 clear 属性中的 both(左右两侧均不允许浮动元素)、left(左侧不允许浮动元素)和 right(右侧不允许浮动元素)3 个属性值清除由浮动产生的效果。下面以具体示例说明清除浮动的效果。

【演练 7-9】　清除浮动。

① 使用"演练 7-8"的页面内容继续制作,在"box_rss"的后面再增加一个块级元素"box_wf",此时页面结构如图 7-47 所示。

② 在页面的 head 区域,增加"box_wf"的 CSS 规则,如图 7-48 所示。

```
<body>
<div id="content">
  <div id="box_apple" class="box"></div>
  <div id="box_windows" class="box"></div>      #box_wf{
  <div id="box_rss" class="box"></div>              width:430px;
  <div id="box_wf"></div>                           height:50px;
</div>                                                background:#FC0;
</body>                                             }
```

图 7-47　当前结构(1)　　　　　　图 7-48　对应的 CSS 规则

③ 保存当前网页文件,通过浏览器即可看到预览效果,如图 7-49 所示。这里由于 box_wf 并没有设置浮动,虽然独占一行,但整体却跑到了页面顶部,并且被之前的元素所覆盖,出现了非常严重的页面错位现象。

149

④ 要解决这种问题，就必须清除左右浮动才能让新增的块级元素处于正确的位置。因此必须在 box_wf 的 CSS 样式规则中添加“clear：both；”规则。应用该规则后，“box_wf”容器之前的浮动全部被清除，通过预览即可看到效果，如图 7-50 所示。

图 7-49　未清除浮动时的效果

图 7-50　清除浮动后的效果

7.3.2　定位

定位（position）属性能够帮助设计者对页面中的各种元素定义应该出现的位置，可以选择以下 4 种不同类型的定位模式。

- static：position 属性的默认值，无特殊定位。
- relative：相对定位，元素虽然偏移某个距离，但仍然占据原来的空间。
- absolute：绝对定位，元素在文档中的位置会被删除，定位后元素生成一个块级元素。
- fixed：固定定位，元素框的表现类似于将 position 设置为 absolute，元素被固定在屏幕的某个位置，不随滚动条滚动。

在实际工作中，position 属性中的“static（静态定位）”属性值和“fixed（固定定位）”属性值比较简单，这里不再单独举例讲解。

1. 相对定位与绝对定位

相对定位指的是通过设置水平或垂直位置的值，让这个元素“相对于”它原始的起点进行移动。需要特别注意的是，即便是将某元素进行相对定位，并赋予新的位置值，元素仍然占据原来的空间位置，移动后会覆盖其他元素。

绝对定位与相对定位有明显不同，相对定位的参照物是该元素原始位置，而绝对定位的参照物是最近的已定位祖先元素，如果文档中没有已定位的祖先元素，那么它的位置相对于浏览器的左上角。

【演练 7-10】　相对定位与绝对定位。

① 启动 Dreamweaver CS5，创建空白 XHTML 文档，在页面中创建多个相互嵌套的 div 容器，并输入对应的文字，具体结构如图 7-51 所示。

```
<div id="top">top</div>
<div id="content">此容器设置为相...</div>
<div id="footer">footer</div>
</body>
```

图 7-51　页面结构（2）

② 将鼠标定位在"代码"视图,在本页面 head 区域创建相关 CSS 规则,如图 7-52 所示。保存当前文档,通过浏览器可以预览效果,如图 7-53 所示。

```
<style type="text/css">
body {
    font-size:26px;
}
#top {
    width:300px;
    line-height:30px;
    background:#6CF;
    padding-left:5px;
}
#content {
    width:300px;
    height:200px;
    background: #FF0;
    padding-left:5px;
    border:1px #000 dashed;
}
#footer {
    width:300px;
    line-height:30px;
    background:#6CF;
    padding-left:5px;
}
</style>
```

图 7-52   CSS 规则(8)

图 7-53   未定位时的外观

③ 这里将"content"容器设置为相对定位,则该容器相对于原始的起点进行定位,即相对于图 7-53 中"box"容器初始位置进行定位。修改 #content 规则,如图 7-54 所示,通过浏览器解析后的效果如图 7-55 所示。

```
#content {
    width:300px;
    height:200px;
    background: #FF0;
    padding-left:5px;
    border:1px #000 dashed;
    position:relative;/*设置相对定位*/
    top:100px;/*距离顶部100像素*/
    left:100px;/*距离左侧100像素*/
}
```

图 7-54   修改后的 CSS 规则

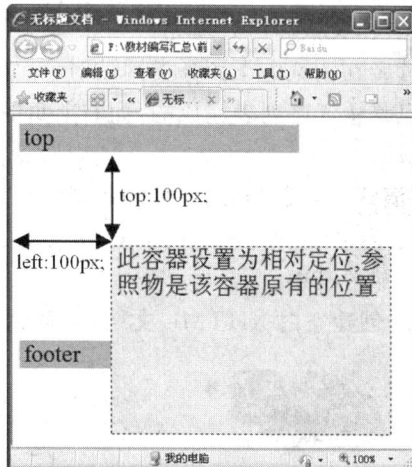

图 7-55   content 容器相对定位后的效果

从图 7-55 中可以看出,"content"容器向下和向右"相对于"初始位置各移动了 100 像素的距离,原来的位置不但没有让"footer"容器占据,反而还将其遮盖了一部分。

④ 将 top 容器设置为绝对定位,则该容器进行定位的参考对象是浏览器的左上角,新增的 CSS 规则如图 7-56 所示。通过浏览器解析后的效果,如图 7-57 所示。

```
#top{
    position:absolute;/*设置绝对定位*/
    top:50px;/*距离顶部50像素*/
    left:200px;/*距离左侧200像素*/
}
```

图 7-56　设置 top 容器绝对定位　　　　图 7-57　top 容器绝对定位后的效果

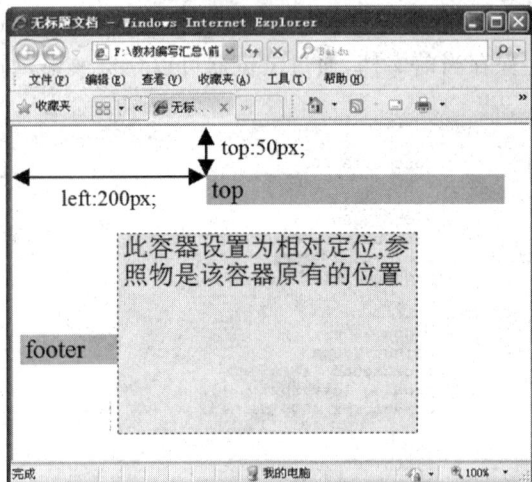

仔细观察设置绝对定位前后的效果可以发现,当 top 容器移动位置后,其他元素位置也发生了相应的变化。由此,可以清楚地理解使用绝对定位元素的位置与文档流无关,且不占据空间,文档中的其他元素布局就像绝对定位的元素不存在一样。

2. 相对定位与绝对定位的混合使用

单纯的相对定位和绝对定位的参照物都是孤立的,要想让某一容器相对于另一容器进行定位,又该如何处理呢?

读者在浏览电子商务类网站时,一定熟悉类似图 7-58 所示的布局,这里与商品相关的信息是用无序列表完成的,而右上角的"打折信息"则是通过相对定位与绝对定位的知识完成的。

【演练 7-11】 相对定位与绝对定位的混合使用。

① 启动 Dreamweaver CS5,并创建站点。在站点内创建"images"文件夹,并把需要的图像放置其中。

② 创建空白 XHTML 文档,在页面中插入如图 7-59 所示的结构代码。

```
<body>
<div id="box">
  <ul>
    <li><img src="images/pro_01.jpg" width="170" height="170" />
      <h3><a href="#">合体直筒牛仔裤M173</a></h3>
      <div class="newview"></div>
    </li>
  </ul>
</div>
</body>
```

图 7-58　页面中某区域布局　　　　图 7-59　结构代码

③ 将鼠标定位到"代码"视图中,在页面顶部 head 区域编写与结构相对应的 CSS 规则,如图 7-60 所示。保存当前网页文件,通过浏览器预览可看到效果,如图 7-61 所示。

④ 从预览图中可以看出,此时左下角的"新品图像"并未出现在合理的位置,为了解

152

```
* {
    margin:0;
    padding:0
}
#box {
    border:1px #999 solid;
    width:170px;
    height:200px;
    margin:50px 0 0 50px;
}
ul {
    list-style:none;
}
ul li {
    width:170px;
}
ul li h3 {
    width:100%;
    text-align:center;
    padding:4px 0 0 0;
    margin-top:5px;
}
ul li h3 a {
    font-weight:normal;
    color: #666;
    text-decoration:none;
    font-size:12px;
}
.newview {
    background: url(images/icon-new.gif)
no-repeat left top;
    height:23px;
    width:33px;
}
```

图 7-60　CSS 规则(9)　　　　　　　　　图 7-61　预览效果(8)

决这个问题,这里使用相对与绝对定位进行解决。仔细观察当前文档结构,"新品图像"所在的容器的父一级元素为 li 元素,所以在 CSS 规则中分别对 li 元素以及"新品图像"所在的容器分别增加相对定位和绝对定位,具体的规则如图 7-62 所示。

⑤ 保存文档后,通过浏览器预览可以看到最终效果,如图 7-63 所示。

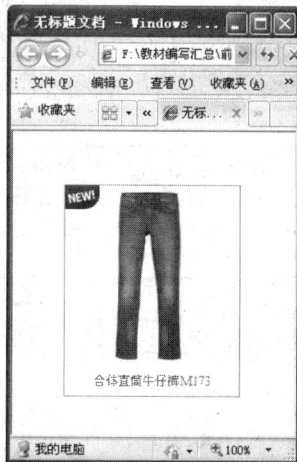

```
ul li {
    width:170px;
    position:relative;/*设置相对定位*/
}
.newview {
    background: url(images/icon-new.gif)
no-repeat left top;
    height:23px;
    width:33px;
    position:absolute;/*设置绝对定位*/
    top:0;
    left:0;
}
```

图 7-62　修改部分规则　　　　　　　　图 7-63　最终效果(2)

通过本例的练习可知,要想实现某一容器相对于另一容器进行定位,则必须通过相对定位和绝对定位的同时应用来解决。具体地说,如果有三个 x、y 和 z 容器,他们之间的关系是 x 容器包含 y 容器,y 容器包含 z 容器,那么若要 z 容器相对于 y 容器进行定位,则 y

容器设置为相对定位,z 容器设置为绝对定位;若要 z 容器相对于 x 容器进行定位,则 x 容器设置为相对定位,z 容器设置为绝对定位。

7.4 商用案例——"中秋节电影" 活动页面的设计与实现

目前,许多大型网站都定期策划某些专题活动,为了配合活动的宣传通常会制作界面效果较为华丽的网站加以配合。本节就以活动页面为例,使用本章所介绍的 CSS 浮动和定位知识向读者讲述该类页面的设计与实现。

7.4.1 页面规划

图 7-64 所示的是该页面的最终效果,从页面整个布局来看,页面中虽然包含大量美化的图像和图文信息等内容,但结构较为单一。总的来说,可以将整个页面划分为头部区域和主体区域,而主体区域又可以划分为四个横向的图文信息区域。

通过上述对页面简单的分析,结合之前所学习的知识,可以将页面作如下规划:首先,使用 wrapper 容器将页面所有元素进行包裹,方便对整体内容加以控制;其次,将整个页面自上到下划分为 5 个区域,第 1 个区域用于放置 flash 动画,后面 4 个区域分别放置图文信息列表;再次,在实现图文信息列表时拟使用相对定位和绝对定位的知识,使其精确地出现在某个区域内部;最后,通过深思熟虑的设计,可以画出页面布局示意图,如图 7-65 所示。

图 7-64 "中秋节电影"活动页面最终效果图

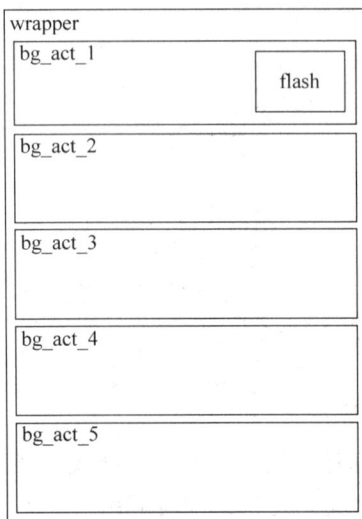

图 7-65 示意图(1)

7.4.2　页面的具体实现

1. 页面制作前的准备工作

① 启动 Dreamweaver CS5 创建站点，并在站点内分别创建用于放置图像的"images"文件夹和放置 CSS 文件的"style"文件夹，并将所需图像素材拷贝到站点的"images"文件夹内。

② 分别创建空白 XHTML 文档和 CSS 文档，将网页文档保存在根目录下，并重命名为"index.html"，将 CSS 文档保存在 style 文件夹下，并重命名为"div.css"。

③ 将创建完成的网页文档和 CSS 文档链接起来。

2. 搭建页面结构

① 待准备工作结束后，切换到"index.html"文档中，在"插入"面板的"常用"选项卡中单击"插入 Div 标签"按钮，弹出"插入 Div 标签"对话框，在"插入"下拉菜单中选择"在插入点"选项，在"ID"下拉列表框中输入 wrapper，最后单击"确定"按钮，即可在页面中插入 wrapper 容器。

② 切换到"div.css"文档，为整个页面进行初始化定义，如图 7-66 所示。

③ 切换回"index.html"文档中，删除 wrapper 容器内多余文字，在"插入"面板的"常用"选项卡中单击"插入 Div 标签"按钮，按照如图 7-67 所示的参数设置在 wrapper 容器内部插入 bg_act_1 容器。

```
* {
    margin:0;
    padding:0;
    list-style:none;
    border:0;
}
body {
    background:#00344c;
    color: #FFF;
}
#wrapper {
    width:1398px;
    margin:0 auto;
    color:#FFF;
}
```

图 7-66　初始化规则

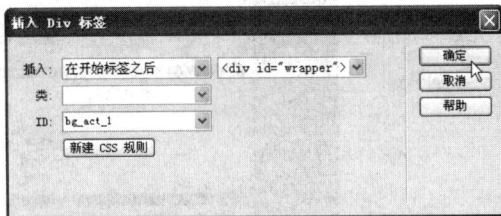

图 7-67　插入 bg_act_1 容器

④ 将鼠标定位在"设计"视图中，在"插入"面板的"常用"选项卡中单击"插入 Div 标签"按钮，按照如图 7-68 所示的参数设置在 bg_act_1 容器后面插入 bg_act_2 容器。

⑤ 参照步骤④的方法依次创建并列关系的多个容器，具体的页面结构如图 7-69 所示。

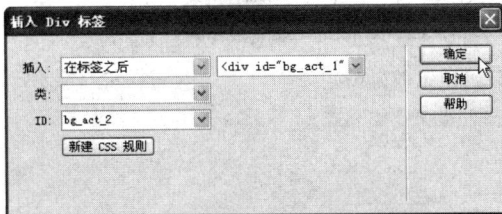

图 7-68　插入 bg_act_2 容器

```
<body>
<div id="wrapper">
  <div id="bg_act_1"></div>
  <div id="bg_act_2"></div>
  <div id="bg_act_3"></div>
  <div id="bg_act_4"></div>
  <div id="bg_act_5"></div>
</div>
</body>
```

图 7-69　页面结构(3)

155

⑥ 切换到"div.css"文档,分别为 bg_act_1 容器至 bg_act_5 容器编写相应的 CSS 规则,具体内容如图 7-70 所示。

⑦ 保存当前网页文档,通过浏览器预览可以看到效果如图 7-71 所示。

```
#bg_act_1 {
    background: url(../images2/bg_01.jpg) no-repeat center top;
    height:402px;
}
#bg_act_2 {
    background: url(../images2/bg_02.jpg) no-repeat center top;
    height:550px;
}
#bg_act_3 {
    background: url(../images2/bg_03.jpg) no-repeat center top;
    height:340px;
}
#bg_act_4 {
    background: url(../images2/bg_04.jpg) no-repeat center top;
    height:340px;
}
#bg_act_5 {
    background: url(../images2/bg_05.jpg) no-repeat center top;
    height:450px;
}
```

图 7-70 CSS 规则(10)

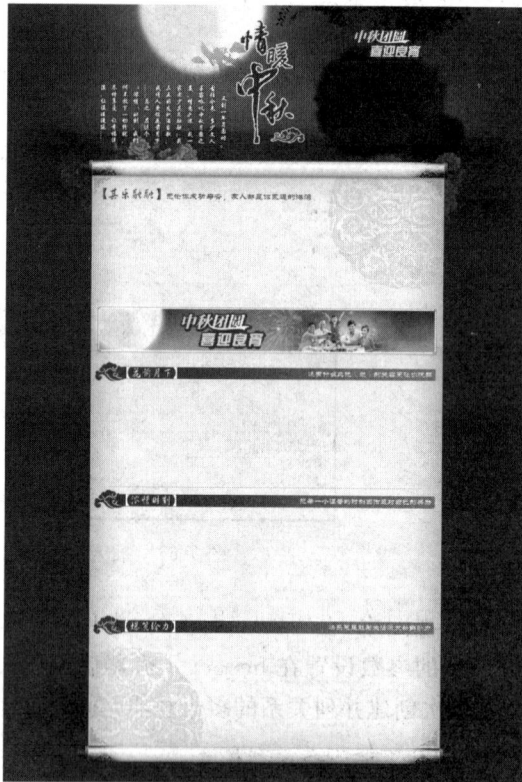

图 7-71 预览效果(9)

3. 细化页面

① 切换回"index.html"文档中,将鼠标定位在"设计"视图中,在"插入"面板的"常

用"选项卡中单击"插入 Div 标签"按钮,按照如图 7-72 所示的参数设置在 bg_act_1 容器内部插入 flash 容器。

② 删除 flash 容器内多余文字,在该容器内部插入预先准备好的 flash 视频宣传片,并将该视频的宽度设置为 290 像素,高度设置为 215 像素,其他参数如图 7-73 所示。

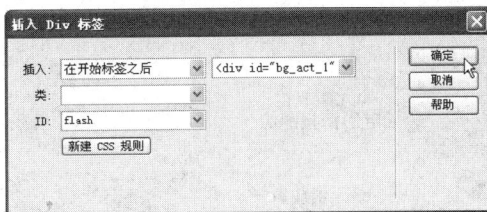

图 7-72　创建 flash 容器

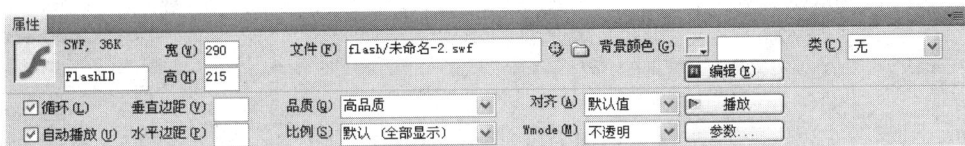

图 7-73　flash 参数设置

③ 保存当前文档,通过预览可以发现,虽然 flash 视频可以正常播放,但位置并未出现在页面的右上角的固定区域。为了让 flash 视频精确定位,这里采用相对定位和绝对定位混合使用的方式处理。仔细观察当前结构可知,flash 容器的父一级容器为 bg_act_1,要想进行定位,则 flash 所在容器应该设置为绝对定位,容器 bg_act_1 应该设置为相对定位,具体新增和修改的 CSS 规则如图 7-74 所示。

④ 通过预览可以看到效果,如图 7-75 所示。

```
#bg_act_1 {
    background:
url(../images2/bg_01.jpg) no-repeat
center top;
    height:402px;
    position:relative;/*相对定位*/
}
#flash {
    position:absolute;/*绝对定位*/
    top:151px;
    left:862px;
}
```

图 7-74　CSS 规则(11)

图 7-75　预览效果(10)

⑤ 将鼠标定位在"代码"视图中,在 bg_act_2 容器内部使用无序列表作为骨架,创建一组图文信息列表,具体的结构如图 7-76 所示。

⑥ 切换到"div.css"文档,编写相应的 CSS 规则,具体内容如图 7-77 所示,预览效果如图 7-78 所示。

⑦ 从预览效果可以看出,图文信息列表并未显示在背景图像的中央位置,为了解决这个问题,同样需要使用相对定位和绝对定位混合使用的方式来处理。切换到"div.css"文档中,创建名为"#abc"的新规则,修改 bg_act_2 容器的部分规则,具体内容如图 7-79所示。通过预览后的效果如图 7-80 所示。

```html
<div id="bg_act_2">
  <ul id="abc" class="ul-style">
    <li><a href="#"><img src="images2/01.jpg" width="146" height="204" /></a>
      <h3><a href="#">我们这一家</a></h3>
      <P>古天乐演黑老大</P>
    </li>
    <li><a href="#"><img src="images2/02.jpg" width="146" height="204" /></a>
      <h3><a href="#">家，N次方</a></h3>
      <P>成人版家有儿女</P>
    </li>
    <li><a href="#"><img src="images2/03.jpg" width="146" height="204" /></a>
      <h3><a href="#">儿子</a></h3>
      <P>最特别的父子情</P>
    </li>
    <li><a href="#"><img src="images2/04.jpg" width="146" height="204" /></a>
      <h3><a href="#">成家立业</a></h3>
      <P>朱雨辰颠覆形象</P>
    </li>
    <li><a href="#"><img src="images2/05.jpg" width="146" height="204" /></a>
      <h3><a href="#">大胆家族</a></h3>
      <P>大家族演荒唐戏</P>
    </li>
  </ul>
</div>
```

li元素放置
电影海报图像

h3元素放置
电影名称

p元素放置
解释文字

图 7-76　当前结构(2)

```css
.ul-style li {
    float:left;
    margin:0px 20px 15px 0px;
    width:150px;
}
.ul-style li h3 {
    width:100%;
    overflow:hidden;
    text-align:center;
    padding:4px 0 0;
    white-space:nowrap;/*文本不会换行，文本会在在
同一行上继续，直到遇到 <br> 标签为止。*/
    text-overflow:ellipsis;/*css3.0规则，当对象内
文本溢出时显示省略标记（...）*/
    margin-top:5px;
}
.ul-style li h3 a {
    font-weight:normal;
    color:#F00;
    text-decoration:none;
    font-size:14px;
}
.ul-style li p {
    width:100%;
    text-align:center;
    color: #666;
    margin-top:5px;
    font-size:13px;
}
```

图 7-77　CSS 规则(12)

图 7-78　预览效果(11)

```
#abc {
    position:absolute;/*绝对定位*/
    top:150px;
    left:290px;
    width: 873px;
}
#bg_act_2 {
    background: url(../images2/bg_02.jpg)
no-repeat center top;
    height:550px;
    position:relative;/*相对定位*/
}
```

图 7-79　CSS规则(13)　　　　　　　　图 7-80　预览效果(12)

⑧ 按照类似的制作方法在 bg_act_3 容器至 bg_act_5 容器内部使用无序列表作为骨架创建一组图文信息列表,具体结构如图 7-81 所示。

⑨ 切换到"div.css"文档,分别为"＃bg_act_3"、"＃bg_act_4"和"＃bg_act_5"规则增加"position:relative;"规则,针对无序列表新增如图 7-82 所示的 CSS 规则。

```
<div id="bg_act_2">
    <ul id="abc" class="ul-style">
        <li><a...
    </ul>
</div>
<div id="bg_act_3">
    <ul id="abcd" class="ul-style">
        <li><a...
    </ul>
</div>
<div id="bg_act_4">
    <ul id="abcde" class="ul-style">
        <li><a...
    </ul>
</div>
<div id="bg_act_5">
    <ul id="abcdef" class="ul-style">
        <li><a...
    </ul>
</div>
```

```
#abcd {
    position:absolute;
    top:75px;
    left:290px;
    width: 873px;
}
#abcde {
    position:absolute;
    top:75px;
    left:290px;
    width: 873px;
}
#abcdef {
    position:absolute;
    top:75px;
    left:290px;
    width: 873px;
}
```

图 7-81　页面结构(4)　　　　　　　　图 7-82　CSS规则(14)

⑩ 保存网页文档,通过浏览器预览可以看到最终效果。

7.5　实　　　训

1. 实训要求

使用本章所学习的浮动和定位的相关知识,仔细分析页面布局,采用"DIV＋CSS"的模式制作"中秋月饼促销活动"专题网站。制作过程中,着重使用无序列表作为网页骨架实现局部的布局。

2. 过程指导

① 首先,打开源文件,观察该网页通过浏览器预览后的效果。然后,根据自己的理解

159

尝试规划页面布局。最后,查看源文件的页面结构布局,与自己的布局思路加以对比,学习其中的布局思想。

② 启动 Dreamweaver CS5,并创建站点。在站点内创建"images"文件夹和"style"文件夹。分别创建空白网页文档和外部 CSS 文档,然后将两者链接起来。

③ 根据需要设计规划页面整个布局,示意图如图 7-83 所示。

④ 参照布局示意图,依次创建 wrapper 容器、header 容器、content 容器和 footer 容器。

⑤ 根据示意图中各容器之间的关系,参照源文件中的结构细化各容器内部的结构。在此过程中,根据需要创建对应的 CSS 规则。

需要特别提醒的是,dinggou 容器相对于 header 容器进行定位,header 容器要设置为相对定位,dinggou 容器要设置为绝对定位。另外,在 content_main 容器中各个产品信息可以看做图文信息列表,利用浮动的属性使其横向排列。

⑥ 制作过程中,边制作边保存边预览,最终效果可参照图 7-84。

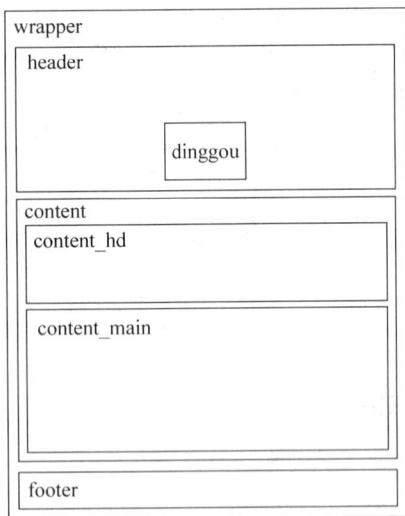

图 7-83 示意图(2)

图 7-84 最终效果(3)

7.6 习　　题

1. 什么是表格? 什么是单元格?
2. 在某一表格内部如何选择多个不连续的单元格?

3. 在表格内插入一行或一列时,插入的行或列位于当前行或列的什么地方?

4. CSS 中 border-collapse 属性主要解决什么问题?

5. CSS 中"float"属性包含哪些属性值,能够起到什么作用?

6. 如何清除浮动?

7. 定位有哪几种类型? 简述这几种类型的相同与不同之处。

8. x 容器是 y 容器的父一级容器,假如 y 容器需要相对于 x 容器进行定位,那么在 CSS 中如何对 x 容器和 y 容器进行设置?

9. 创建 8 行 5 列,宽度为 500 像素,边框为 1,包含表标题和摘要的表格。

10. 利用 CSS 控制表格外观的知识,完成图 7-85 所示的隔行换色 CSS 表格。

隔行换色CSS表格

数据流量	家庭基本型 1 GB per month	家庭升级型 2 GB per month	商务基本型 5 GB per month	商务升级型 8 GB per month
MySQL数据库	1	2	5	10
邮箱个数	5	10	20	30
邮件列表	✔	✔	✔	✔
PHP服务托管	✔	✔	✔	✔
CGI服务托管	✔	✔	✔	✔
DNS管理	✔	✔	✔	✔

图 7-85　习题 10 对应图

11. 使用无序列表、浮动和定位的相关知识制作如图 7-86 所示的页面。

12. 使用相对定位与绝对定位混合使用的相关知识,实现图 7-87 所示的"宇泽通讯手机专卖网"活动页面。

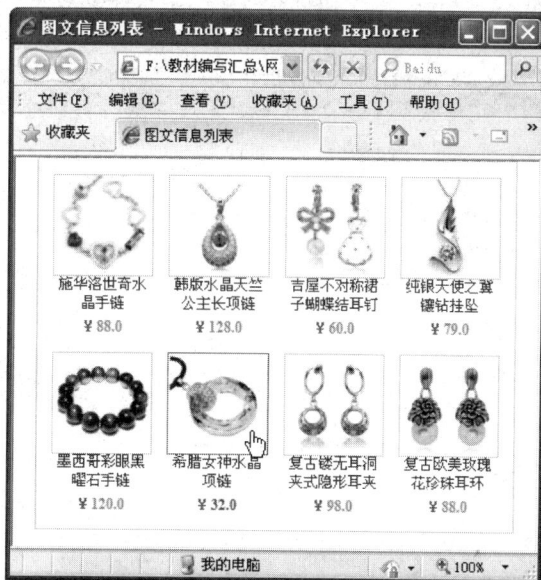

图 7-86　习题 11 对应图

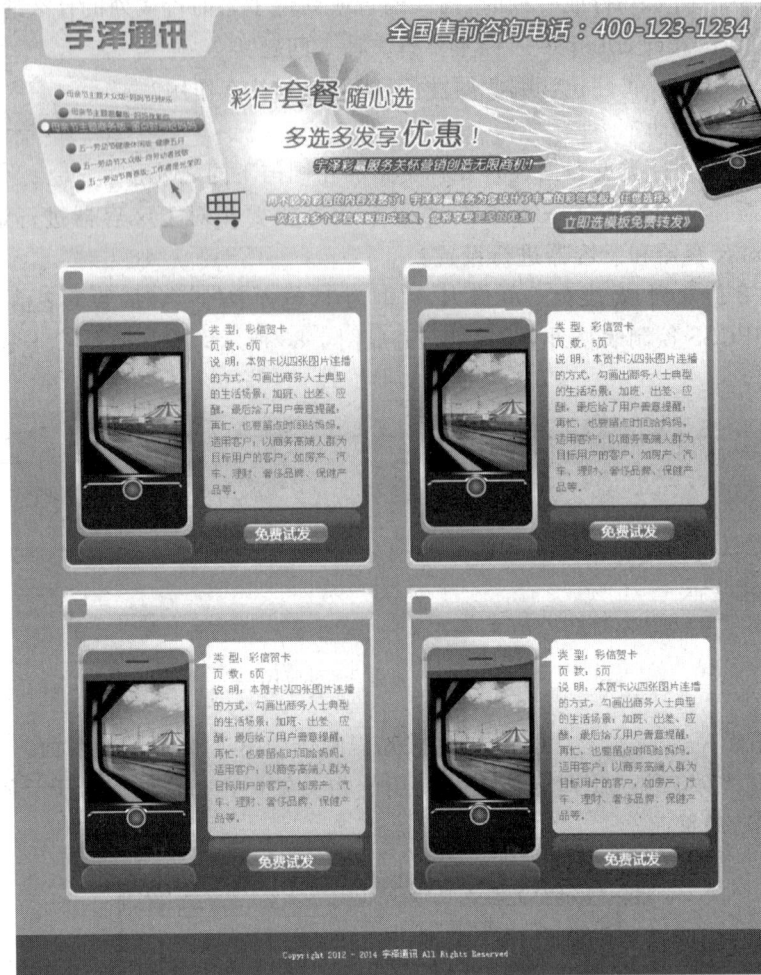

图 7-87　习题 12 对应图

第8章 网页元素——表单与框架

❑ 掌握各种表单对象的创建及使用方法。
❑ 能够借助 CSS 对表单进行美化。
❑ 理解框架与框架集的相关概念。
❑ 能够灵活运用框架知识创建包含框架的页面。

表单是网站管理者与访问者之间进行信息交流的桥梁，利用表单可以收集用户意见，做出科学决策；框架能够帮助设计师将浏览器页面划分为多个独立的区域，每个区域可以显示不同的网页文件。本章主要从表单与框架入手，再配合 CSS 的使用，向读者介绍相关知识。

8.1 表　　单

表单主要负责数据采集的功能，它可以收集用户的信息并将其存储在服务器中，可以说它是浏览者与网站管理者进行沟通的桥梁。

表单中包含文本字段、密码字段、单选按钮、复选框、弹出菜单、可单击的按钮和其他表单对象。当访问者在浏览器中的表单内输入信息并单击"提交"按钮时，这些信息会被发送到服务器，服务器中的服务器端脚本或应用程序会对这些信息进行处理，以此进行响应。

表单的应用在实际生活中也经常遇到，例如登录邮箱时需要输入用户名和密码，网站提供给访问者的留言板，页面宣传时发起的问卷调查，电子银行交易，这些都是利用表单集合数据库技术来实现的具体应用，如图 8-1 所示。

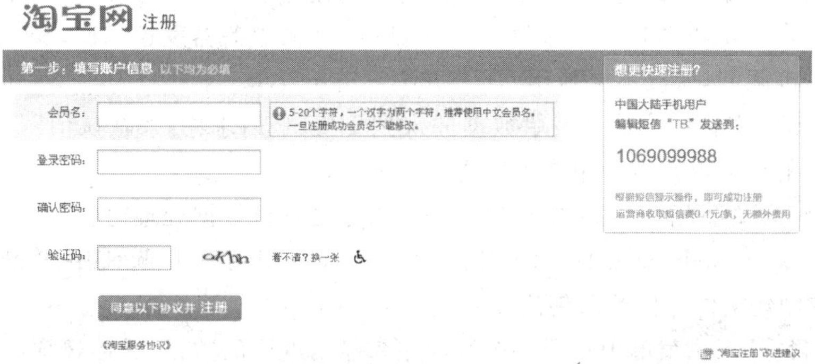

图 8-1　表单应用

在 Dreamweaver CS5 中设计者可以采用可视化的方法创建表单对象,但如果希望完成表单的功能,还必须编写服务器端的脚本程序。

8.1.1 表单域

表单域定义了一个表单的开始和结束。在包含表单的页面中,每个表单都包括表单域和若干个表单对象,所有表单对象都要放在表单域中才会生效。

【演练 8-1】 创建表单域。

① 启动 Dreamweaver CS5,新建空白 XHTML 文档,将光标定位在"设计"视图中。

② 在"插入"面板中选择"表单"类别,然后单击其中的"表单"按钮。此时,在页面的设计视图中会出现红色虚线矩形,这就是表单的轮廓指示线,如图 8-2 所示。

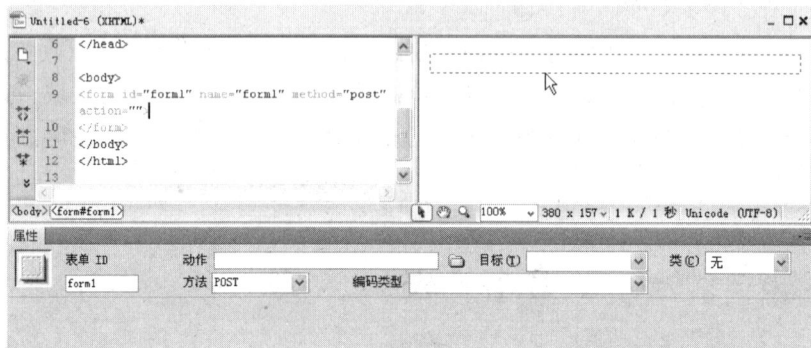

图 8-2　创建表单域

③ 从图 8-2 中的"代码"视图中可以看出,表单域是通过＜form＞标签和＜/form＞标签来实现的,其他表单对象将包含在＜form＞与＜/form＞之间,可以是一个对象,也可以是多个对象。

④ 选择该表单域,在"属性"面板中设置必要的属性。在"表单 ID"文本框中,输入标识该表单的唯一名称。当命名表单后,就可以使用脚本语言引用或控制该表单。

⑤ 在"动作"文本框中,输入路径或者单击文件夹图标指定处理表单数据的页面或脚本。

⑥ 在"方法"下拉菜单中指定表单数据传输到服务器的方法,具体选项如下所示。

- "GET"方法指的是将表单值添加给 URL,并向服务器发送 GET 请求,由于 URL 有长度限制,所以不要使用 GET 方法发送长表单。
- "POST"方法指的是将表单数据嵌入到 HTTP 请求中;"默认值"指的是使用浏览器的默认设置将表单数据发送到服务器。

⑦ 在"编码类型"下拉菜单中选择提交给服务器进行数据处理时所使用的编码类型。"application/x-www-form-urlencode"选项通常与 POST 方法一起使用,"multipart/form-data"选项在创建文件上传域时使用。

⑧ 在"目标"下拉菜单中选择一个选项用来显示返回的数据,具体选项如下所示。

- "_blank"指的是在新窗口中打开目标文档。

164

- "_parent"指的是在显示当前文档的窗口的父窗口中打开目标文档。
- "_self"指的是在当前窗口打开目标文档。
- "_top"指的是在当前窗口的窗体内打开目标文档。

当所有设置完成后,即可完成表单域的创建。

8.1.2 文本字段

表单域创建完成后,就可以为表单添加表单对象了。表单对象主要有文本字段、单选按钮、复选框和弹出菜单等,要插入这些表单对象基本操作方法都是相同的,即在"插入"面板的"表单"类别中选择要插入的表单对象,或者在软件菜单栏中执行"插入"→"表单"命令,选择二级菜单中的某个表单对象即可。

"文本字段"表单对象是最为常见的表单对象之一,常应用于注册、登录框和密码输入框等方面。

【演练 8-2】 插入文本字段。

① 启动 Dreamweaver CS5,新建空白 XHTML 文档,并创建表单域。

② 在"插入"面板的"表单"类别中单击"文本字段"按钮 ,即可插入文本字段表单对象,如图 8-3 所示。

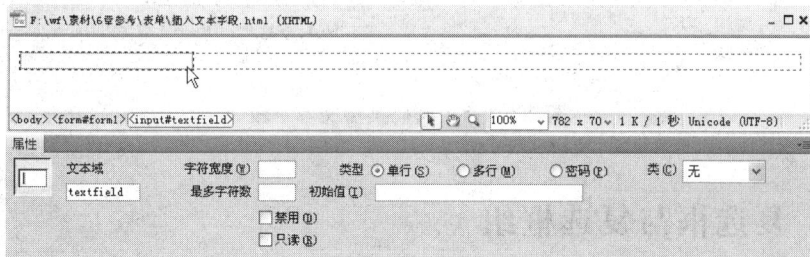

图 8-3 插入单行文本字段

其属性面板中的各参数及功能的含义如下。

- 文本域:该文本框用于为文本字段表单对象设置名字,对应代码视图中 name 属性。命名时名字尽量使用英文,且与要收集信息的内容一致。
- 字符宽度:用于设置文本域中最多可显示的字符数,对应代码视图中 size 属性。
- 最多字符数:用于设置文本域在单行文本域中最多可输入的字符数,对应代码视图中 maxlength 属性。
- 初始值:用于设置在首次加载表单时域中显示的值,对应代码视图中 value 属性。
- 类型:用于设置当前对象应用何种 CSS 规则。
- 禁用:用于设置当前文本域是否被禁用。
- 只读:用于设置当前文本域只能读取,不能修改。

③ 文本域中除了能够输入单行的文本,还能够插入多行文本域来实现文本内容的滚动效果。在文本字段"属性"面板中,单击"多行"单选按钮,此时文本字段和属性面板均发

生变化，如图 8-4 所示。

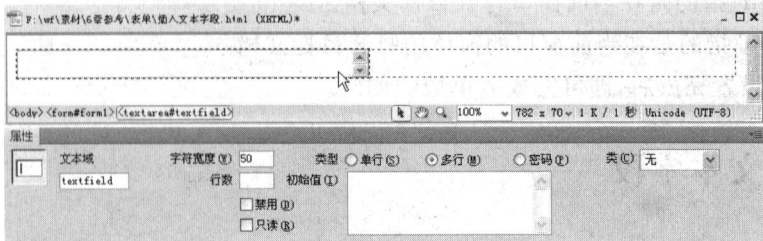

图 8-4　插入多行文本字段

与图 8-3 不同的是，"字符宽度"设置对应代码视图中 cols 属性，"行数"设置对应代码视图中 rows 属性。

④ 在文本字段"属性"面板中，单击"密码"单选按钮，此时文本字段的内容都将以"＊"号的形式显示，如图 8-5 所示。

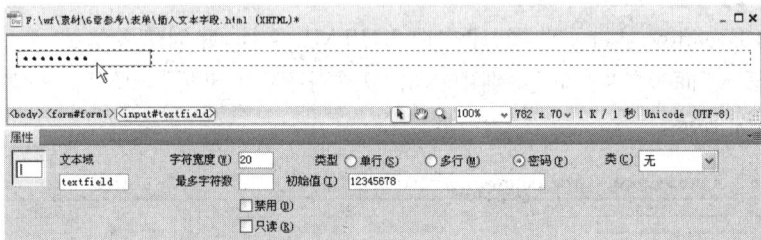

图 8-5　插入密码类型文本字段

8.1.3　复选框与复选框组

复选框提供了一个实现多个选项同时选择的方法，当网页设计者希望用户可以选择一个或多个选项时，就应使用复选框。

【演练 8-3】　复选框与复选框组。

① 启动 Dreamweaver CS5，新建空白 XHTML 文档，并创建表单域。

② 在"插入"面板的"表单"类别中单击"复选框"按钮，即可插入一个复选框，如图 8-6 所示。其属性面板中的各参数及功能的含义如下。

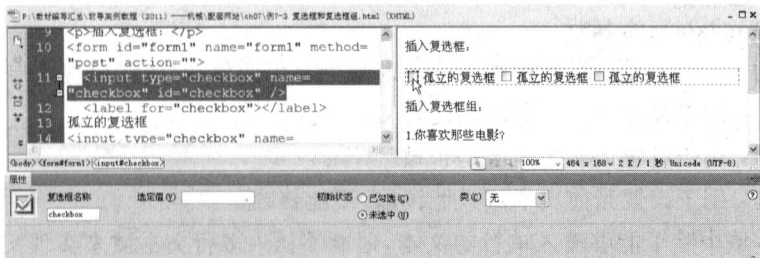

图 8-6　插入单个复选框

- 复选框名称：用于设置复选框的名称，对应代码视图中 name 属性。需要特别注意的是，同一组的复选框应该使用的名称相同。
- 选定值：用于设置复选框被选中时发送给服务器的值，对应代码中的 value 属性。
- 初始状态：用于设置在浏览器中加载表单时，该复选框是否处于选中状态，对应代码视图中 checked 属性。

③ 在实际工作中，往往需要收集某一设问的复选框内容，这时就要使用复选框组来区别不同设问间的答案。在"插入"面板的"表单"类别中单击"复选框组"按钮，打开"复选框组"对话框，如图 8-7 所示。

④ 在"名称"文本框中，输入复选框组的名称。

⑤ 单击加号"＋"按钮向该组添加一个复选框，单击向上或向下箭头对这些复选框重新进行排序。

⑥ 在"标签"和"值"列内，为新复选框输入标签和选定值。

图 8-7　"复选框组"对话框

⑦ 根据需要选择使用"换行符"或"表格"来设置之前创建的复选框的布局。设置完成后，单击"确定"按钮，即可插入一组复选框。

最后需要说明的是，由于插入单选按钮和单选按钮组的方法与插入复选框相同，这里不再赘述，请读者自行练习。

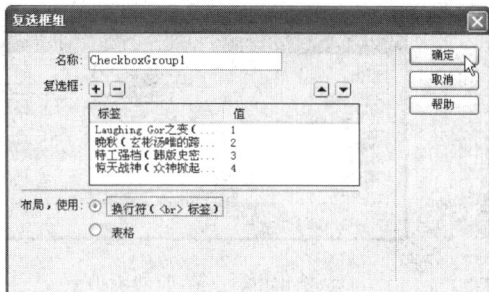

8.1.4　菜单与跳转菜单

表单中的菜单对象能够显示多个选项，以便用户通过滚动条在多个选项中进行选择，而跳转菜单属于下拉菜单的一种。不同的是，当选择菜单中的某个选项时，可以跳转到其他链接页面上，从而实现导航的目的。

【演练 8-4】　菜单与跳转菜单。

① 启动 Dreamweaver，新建空白 XHTML 文档，并创建表单域。将鼠标指针定位在表单域内，在"插入"面板的"表单"类别中单击"选择（列表/菜单）"按钮，插入一个菜单选项。

② 选中刚创建的菜单选项，在其"属性"面板内的"选择"文本框中为该菜单指定一个名称。

③ 根据需要为该菜单选项指定类型，包含"菜单"和"列表"两种。如果希望表单在浏览器中显示时仅有一个选项可见，则需要选择"菜单"选项；如果希望表单在浏览器显示表单时列出一些或所有选项，则需要选择"列表"选项。这里选择"菜单"选项。

④ 单击"列表值"按钮，打开"列表值"对话框，如图 8-8 所示。在该对话框中，单击 ➕ 按钮增加一个项目标签，单击 ➖ 按钮则可以删除一个项目标签。根据需要为每个菜单项

167

设置相应的值。

⑤ 单击"确定"按钮，返回软件主界面。通过浏览器预览后的效果如图 8-9 所示。

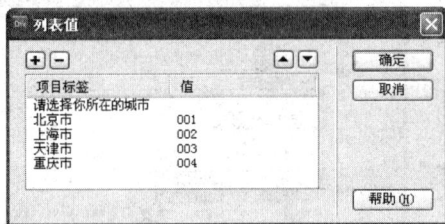

图 8-8　添加列表值

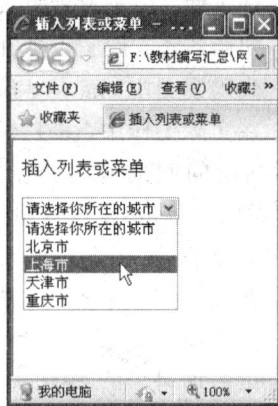

图 8-9　菜单预览后的效果

⑥ 在"属性"面板中，如果将"类型"选择为"列表"，则激活"高度"和"选定范围"属性，这里设置"高度"属性为"4"，并选中"允许多选"复选框，通过浏览器预览后的效果如图 8-10 所示。

⑦ 将鼠标定位在"设计"视图中的表单域内，在"插入"面板的"表单"类别中单击"跳转菜单"按钮，打开"插入跳转菜单"对话框。

⑧ 在该对话框中，单击 ⊞ 按钮增加一个菜单项，在"文本"区域输入跳转菜单项的名称，在"选择时，转到 URL"区域输入跳转的路径，其他设置保持默认值不变，如图 8-11 所示。

图 8-10　列表预览后的效果

图 8-11　"插入跳转菜单"对话框

⑨ 设置完成后，单击"确定"按钮，即可插入一个跳转菜单。在浏览器中预览过程中，当选择跳转菜单中某个选项时，即可跳转到该选项对应的网站链接。

168

8.1.5　借助 CSS 美化表单

在 CSS 中没有特别用于表单的专有属性,使用 CSS 对表单进行控制其实就是对表单域中的元素进行美化。这里以美化提交信息页面为例,向读者介绍 CSS 是如何控制表单的。

【演练 8-5】　借助 CSS 美化表单。

① 启动 Dreamweaver,新建空白 XHTML 文档,将所需的图像存放在站点内"images"文件夹中。

② 根据提交信息页面所需要的表单对象,插入文本框、多行文本框,以及按钮对象,并输入相关的文字,此时页面结构如图 8-12 所示。

```
<div id="container">
  <h1>借助CSS美化表单</h1>
  <form id="form1" action="" method="post" target="_blank">
    <fieldset>
      <p>
        <label for="name">姓名</label>
        <input type="text" name="name" id="name" size="30" />
      </p>
      <p>
        <label for="email">邮箱</label>
        <input type="text" name="email" id="email" size="30" />
      </p>
      <p>
        <label for="web">个人站点</label>
        <input type="text" name="web" id="web" size="30" />
      </p>
    </fieldset>
    <fieldset>
      <p>
        <label for="message">站内消息</label>
        <textarea name="message" id="message" cols="30" rows="10"></textarea>
      </p>
    </fieldset>
    <p class="submit">
      <button type="submit">发送</button>
    </p>
  </form>
</div>
```

图 8-12　当前结构(1)

这里对页面结构加以分析,整个登录框使用名为"container"的 div 容器将所有登录框元素包含在这个容器中,这种做法有利于整体样式的控制。

表单元素通常存在于＜form＞标签内部,通过＜form＞标签中的 action 属性和 method 属性检查最后表单中的数据需要发送到哪个页面并以何种方式发送。

对于细节元素,这里使用＜fieldset＞标签将表单内容的一部分打包,生成一组相关表单的字段,起到表单内部分组的作用。

此外,还添加＜label＞标签,当用户选择该标签所包裹的内容时,浏览器就会自动将焦点转到和标签相关的表单控件上,增加了用户的可用性。

③ 在充分了解提交信息页面的整个框架结构后,就可以有针对性地编写 CSS 样式了。在已经连接成功的 div.css 文档内,进行初始化设置以及大容器样式,如图 8-13 所示。

④ 接着为对页面各元素进行细化,具体 CSS 规则如图 8-14 所示。最后,保存当前文档,通过浏览器预览可以看到最终效果,如图 8-15 所示。

```
body {
    background:#f8f8f8;
    font:13px "微软雅黑";
    color:#333;
    line-height:160%;
    margin:0;
    padding:0;
    text-align:center;
}
h1 {
    font-size:200%;
    font-weight:normal;
}
input {
    font:100% "微软雅黑";
    line-height:160%;
    color:#333;
}
#container {
    margin:0 auto;
    background:#fff;
    width:600px;
    padding:20px 40px;
    text-align:left;
}
#form1 {
    margin:1em 0;
    padding-top:10px;
    background:
url(../images/form1/form_top.
gif) no-repeat 0 0;
}
#form1 fieldset {
    margin:0;
    padding:0;
    border:none;
    float:left;
    display:inline;
    width:260px;
    margin-left:25px;
}
```

图 8-13　CSS 规则(1)

```
#form1 p {
    margin:.5em 0;
}
#form1 label {
    display:block;
}
#form1 input, #form1 textarea
{
    width:252px;
    border:1px solid #ddd;
    background:#fff
url(../images/form1/form_inpu
t.gif) repeat-x;
    padding:3px;
}
#form1 p.submit {
    clear:both;
    background:
url(../images/form1/form_bott
om.gif) no-repeat 0 100%;
    padding:0 25px 20px 25px;
    margin:0;
    text-align:right;
}
#form1 textarea {
    height:125px;
    overflow:auto;
}
#form1 button {
    width:150px;
    height:37px;
    line-height:37px;
    border:none;
    background:
url(../images/form1/form_butt
on.gif) no-repeat 0 0;
    color:#fff;
    cursor:pointer;
    text-align:center;
}
```

图 8-14　CSS 规则(2)

图 8-15　最终效果(1)

8.2　框　　架

　　框架是组织复杂页面的一种方法。使用框架,可以将浏览器显示窗口分割成几个显示不同内容的小窗口,而且在浏览小窗口中的网页时,各个窗口之间没有影响。框架通常

170

的用法是,将一些不需要经常更新的元素放置一个框架内作为单独的网页文档,而其他需要经常更新的元素则放在主框架内。

8.2.1　框架的基本概念

框架由两部分组成,一是框架;二是框架集。框架集是定义框架结构的 XHTML 文档,而单个框架则是框架集中的某个区域。

1. 框架

框架(Frame)是浏览器窗口中的一个区域,包含在框架集中,它是框架集的一部分,每个框架中放置一个网页内容,组合起来就是浏览者看到的框架式网页。

2. 框架集

框架集(Frameset)实际是一个网页文件,用于定义文档中框架的布局和属性,包括框架的数目、框架的大小和位置以及在每个框架中显示的页面的 URL。

3. 框架与框架集的关系

当设计人员准备使用多个框架制作一个网页时,框架集文档就是生成框架本身的文档。框架集本身不包含要在浏览器中显示的内容,只是向浏览器提供应该如何显示一组框架,以及在这些框架中应显示哪些文档的有关信息。例如,某个页面被创建为两个框架,那么它实际包含三个文件:一个框架集文件,两个框架内容文件。

4. 框架的优缺点

在网页布局中不提倡使用框架,原因在于它很难实现不同框架中各元素的精确对齐;下载框架式网页相对耗费时间;大多数搜索引擎无法识别网页中的框架。

如果设计者确定要使用框架,它常被应用于导航,即一个框架包含导航条,一个框架显示主要内容。对于这种方式使用的框架,可以使得网页结构变得清晰;浏览器不需要为每个页面重新加载与导航相关的图形元素。

8.2.2　创建包含框架的文档

1. 创建并保存框架

Dreamweaver 提供了多种创建框架集的方法,无论采用哪一种方法,建议读者在创建框架集或使用框架前,执行菜单栏中的"查看"→"可视化助理"→"框架边框"命令,使得框架边框在文档的设计视图中能够被显示出来。

【演练 8-6】　创建框架。

① 启动 Dreamweaver,在菜单栏中执行"文件"→"新建"命令,打开"新建文档"对

话框。

② 在此对话框中,选择"示例中的页"选项卡,在"示例文件夹"中选择"框架页",在"示例页"中根据需要选择要创建的框架类型,右侧即刻显示框架类型,如图 8-16 所示。单击"确定"按钮即可创建包含框架的页面。

③ 当选择某一框架类型后,打开如图 8-17 所示的对话框。在此对话框中,设计者需要为每个框架设置一个标题,设置完成后单击"确定"按钮,即可完成包含框架页面的创建。

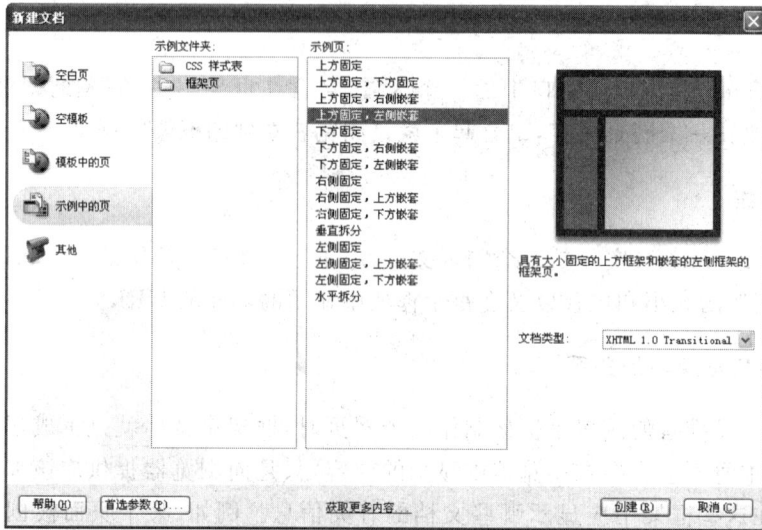

图 8-16 创建框架页

④ 将鼠标指针定位在"设计"视图中,分别在顶部、左侧和主要内容区域内输入相关文字,如图 8-18 所示。

图 8-17 "框架标签辅助功能
        属性"对话框

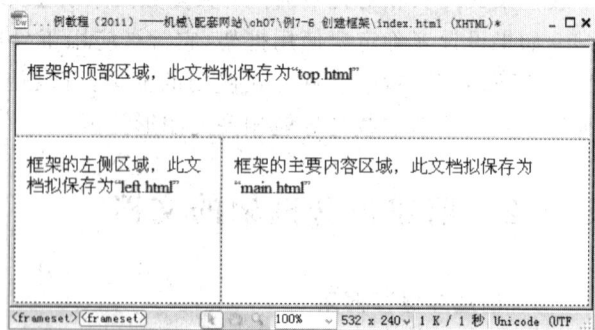

图 8-18 "上方固定,左侧嵌套"类型的框架

⑤ 将鼠标指针定位在顶部框架页面中,按下组合键 Ctrl＋S,在弹出的对话框中将当前文档保存为"top.html"。

⑥ 将鼠标定位在左侧框架页面中,按下组合键 Ctrl+S,在弹出的对话框中将当前文档保存为"left.html"。

⑦ 将鼠标定位在主要内容区域,按下组合键 Ctrl+S,在弹出的对话框中将当前文档保存为"main.html"。

⑧ 借助"框架"面板,选择整个框架集,按下组合键 Ctrl+S,将整个框架集保存为"index.html"。

至此,已经将页面中包含的所有框架和框架集保存完成。就本示例而言,"index.html"文件保存的是框架集信息,"top.html"、"left.html"和"main.html"分别保存的是对应 3 个框架的页面。

2. 选择框架

Dreamweaver 中的"框架"面板为用户提供了框架集内各框架的可视化效果。在软件菜单栏中执行"窗口"→"框架"命令,即可打开"框架"面板,如图 8-19 所示。

在"框架"面板中,环绕每个框架集的边框非常粗;而环绕每个框架的是较细的灰线,并且每个框架由框架名称进行标识。在选定了一个框架后,其边框被虚线环绕;在选定了一个框架集后,该框架集内各框架的所有边框都被虚线环绕,如图 8-20 所示。

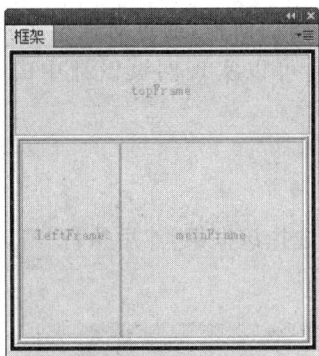

图 8-19　"框架"面板　　　　　　　图 8-20　选中框架

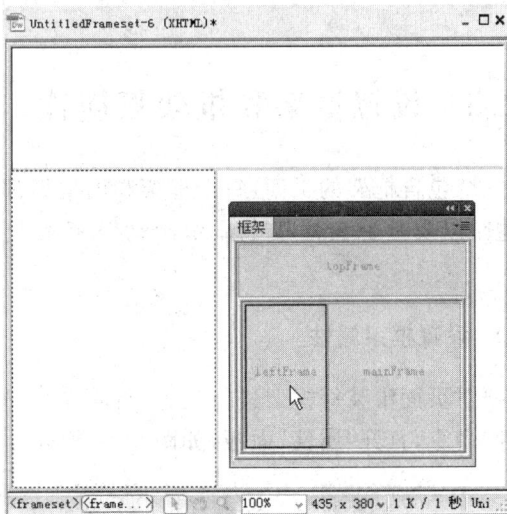

此外,将鼠标移动到框架内部的分割线上,此时鼠标指针变为双向箭头,按下鼠标左键拖动鼠标,即可调整框架集内各框架的大小。

3. 在框架中打开其他网页文档

【演练 8-7】　在框架中打开其他网页文档。

① 使用"演练 8-6"继续本例的制作。在 Dreamweaver 中,创建普通 XHTML 文档,在文档内部插入一幅图像,将该文档保存为"pic.html"。

② 将鼠标定位在"设计"视图中主要内容区域,执行软件菜单栏中的"文件"→"在框架中打开"命令。

③ 随后,在弹出的对话框中选择之前制作的"pic.html"文档,单击"确定"按钮,即可将该文档打开在中部框架内,如图 8-21 所示。

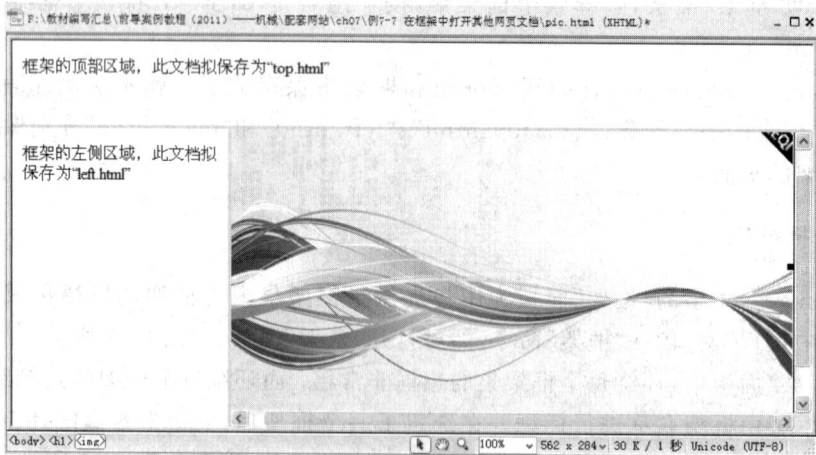

图 8-21　在框架中打开其他页面文档

8.2.3　设置框架和框架集属性

一个包含框架的页面,每个框架和框架集都有各自的属性面板,通过对框架名称、边框、边距以及是否在框架中显示滚动条等多方面的设置,可以实现网页设计中的多种需求。

1. 设置框架属性

要对页面中某一框架进行设置,首先在"框架"面板中选择该框架,然后执行"窗口"→"属性"命令,打开"属性"面板,如图 8-22 所示。

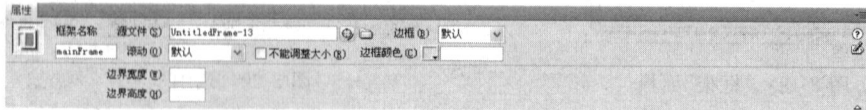

图 8-22　框架的属性面板

框架属性面板的各参数含义如下。

- 框架名称: 用于设置当前框架的名称。由于此名称将被超链接和脚本应用,所以,框架名称必须以字母开头(不能以数字开头),允许使用下画线"_",但不允许使用连字符"-"、句点"."和空格的单词。此外,不要使用 JavaScript 中的保留字(例如 top 或 navigator)作为框架名称。

- 源文件：用于指定在当前框架中显示的源文档。可以直接在后面的文本框中输入文件名或单击文件夹图标,浏览并选择一个文件。
- 滚动：用于设置在框架中是否显示滚动条,包含"是"、"否"、"自动"和"默认"4 个选项。其中"默认"指的是不设置相应属性的值,从而使各个浏览器使用其默认值,但大多数浏览器默认为"自动",这意味着只有在浏览器窗口中没有足够空间来显示当前框架的完整内容时才显示滚动条。
- 不能调整大小：选中该复选框,则浏览者无法通过拖动框架边框在浏览器中调整框架大小。
- 边框：用于设置当前框架是否显示边框,包含"默认"、"是"和"否"3 个选项。为框架选择"边框"选项将覆盖框架集的边框设置。
- 边框颜色：设置所有框架边框的颜色。此颜色应用于和框架接触的所有边框,并且重写框架集的指定边框颜色。
- 边界宽度：以像素为单位设置左边距和右边距的宽度。
- 边界高度：以像素为单位设置上边距和下边距的高度。

2. 框架集属性设置

在文档"设计"视图中单击两个框架之间的边框,或者在"框架"面板中单击围绕在框架集的边框,可以选择一个框架集。此时,"属性"面板中就会显示框架集的相关属性,如图 8-23 所示。

图 8-23　框架集属性面板

框架集属性面板的各参数含义如下。
- 边框：用于设置在浏览器中查看文档时是否应在框架周围显示边框,包含"是"、"否"和"默认"3 个选项。
- 边框宽度：用于设置框架集中所有边框的宽度。
- 边框颜色：用于为边框添加颜色。
- 行列选定范围：用于设置选定框架集的行和列的框架大小。在"行列选定范围"区域右侧单击示例图,然后在"值"文本框中,输入高度或宽度即可。

8.3　商用案例——团购网页面的设计与实现

团购作为一种新兴的电子商务模式,通过消费者自行组团、专业团购网站、商家组织团购等形式,提升用户与商家的议价能力,并极大程度地获得商品让利,引起消费者及业内厂商以及终端市场的关注。

目前,团购的形式主要是网络团购,所以各类团购网站层出不穷。本节就以团购网的设计与实现为例,向读者介绍表单及其 CSS 方面的知识。

8.3.1 页面规划

图 8-24 所示的是该页面的最终效果,从页面整个布局来看,可以将整个页面分为头部、主体和底部三大板块,而主体区域又由左侧主要内容区域和右侧快速链接组成。

图 8-24 "团购网"最终效果

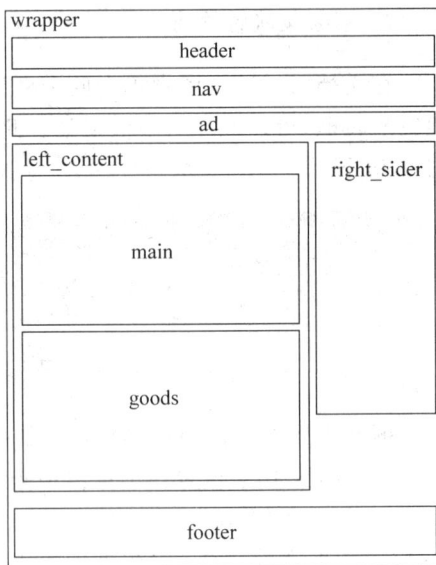

图 8-25 示意图(1)

从细节来看,实现整个页面重点在于主要内容区域中产品"抢购"部分的布局,这里拟使用无序列表和浮动的知识进行实现。至于其他页面布局,在之前的章节中已经进行了学习,实现起来没有太大难处。

通过对页面简单的分析,结合之前所学习的知识,可以将页面作如下规划。

① 使用 wrapper 容器将页面所有元素进行包裹,方便对整体内容加以控制。

② 在页面顶部创建 header 容器,用于放置公司 Logo 和搜索框。

③ 接着使用无序列表制作网页的横向导航。

④ 创建 left_content 容器,用于放置主要内容区域的所有元素。使用无序列表和浮

176

动知识实现"抢购"部分的布局,再利用嵌套标签的组合实现其他页面信息。

⑤ 创建 right_sider 容器,用于放置右侧快速链接的所有元素,再利用有序列表、h2 元素和 p 元素的组合实现右侧布局。

⑥ 最后创建 footer 容器,放置版权信息。

通过上述深思熟虑的设计,可以画出页面布局示意图,如图 8-25 所示。

8.3.2　页面的具体实现

1. 页面制作前的准备工作

① 启动 Dreamweaver 创建站点,并在站点内分别创建用于放置图像的"images"文件夹和放置 CSS 文件的"style"文件夹,并将所需图像素材拷贝到站点的"images"文件夹内。

② 分别创建空白 XHTML 文档和 CSS 文档,将网页文档保存在根目录下,并重命名为"index. html",将 CSS 文档保存在 style 文件夹下,并重命名为"div. css"。

③ 将创建完成的网页文档和 CSS 文档链接起来。

2. 页面头部区域的实现

① 待准备工作结束后,切换到"index. html"文档中,在"插入"面板的"常用"选项卡中单击"插入 Div 标签"按钮,弹出"插入 Div 标签"对话框,在"插入"下拉菜单中选择"在插入点"选项,在"ID"下拉列表框中输入 wrapper,最后单击"确定"按钮,即可在页面中插入 wrapper 容器。

② 切换到"div. css"文档,为整个页面进行初始化定义,如图 8-26 所示。

```
/* 页面初始化 */
html, body, div, span, applet, object, iframe, h1, h2, h3,
h4, h5, h6, p, blockquote, pre, a, abbr, acronym, address,
big, cite, code, del, dfn, em, font, img, ins, kbd, q, s,
samp, small, strike, strong, sub, sup, tt, var, b, u, i,
center, dl, dt, dd, ol, ul, li, fieldset, form, label,
legend, table, caption, tbody, tfoot, thead, tr, th, td {
    margin: 0;
    padding: 0;
    border: 0;
    outline: 0;
    font-size: 100%;
    background:transparent;
}
a {
    text-decoration:none;
    color:#5f5f5f;
}
a:hover {text-decoration:none;}
table {border-collapse:collapse;}
fieldset, img {border:0;}
ol, ul {list-style:none;}
caption, th {text-align:left;}
h1, h2, h3, h4, h5, h6 {
    font-size:100%;
    font-weight:normal;
}
.clear {clear:both;}
.fl {float:left;}
.fr {float:right;}
/* 页面初始化end */
```

图 8-26　初始化规则

③ 切换回"index. html"文档中,删除 wrapper 容器内多余文字,在"插入"面板的"常用"选项卡中单击"插入 Div 标签"按钮,按照如图 8-27 所示的参数设置在 wrapper 容器内部插入 header 容器。

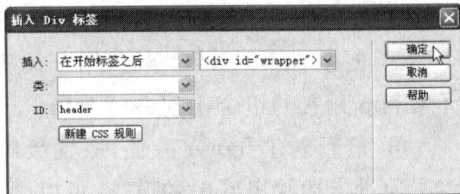

图 8-27　插入 header 容器

④ 在 header 容器内部,依次使用段落元素 p 和标题元素 h1 作为盛放容器,放置相关文字链接和公司 Logo,具体结构如图 8-28 所示。这里为 p 元素增加 ID 的目的是方便控制其内部的文字,为 h1 元素增加向左浮动的属性是为了让 Logo 能够在左侧显示。

```
<div id="wrapper">
  <div id="header">
    <p id="plogin"><a href="#">登录</a>|<a href="#">注册</a></p>
    <h1 class="fl"><img src="images/logo.png" width="239" height="46" /></h1>
  </div>
</div>
```

图 8-28　当前结构(2)

⑤ 切换到"div. css"文档中,编写相应的 CSS 规则,具体内容如图 8-29 所示。切换回"index. html"文档中,在 h1 元素的后面插入名为"header_seach"的 div 容器,并对该容器应用向右浮动的属性,然后在该容器内部创建文本框表单对象和提交按钮表单对象,具体结构如图 8-30 所示。

```
body, button, input, select,
textarea {
    font: 12px/1.5 Arial, Tahoma,
 Verdana, '宋体', sans-serif;
}
#wrapper {
    width:1020px;
    margin:0 auto;
}
#header {
    width:1020px;
    float:left;
}
.logo {
    margin-top:10px;
    width:239px;
}
#plogin {
    height:18px;
    line-height:18px;
    margin-top:4px;
    margin-bottom:10px;
    text-align:right;
}
```

图 8-29　CSS 规则(3)

分别为表单对象增加类规则,其目的在于方便对表单对象美化控制

```
<h1 class="fl"><img src="images/logo.png" width="239" height="46" /></h1>
<div id="header_seach" class="fr">
  <form action="" method="get">
    <input type="text" class="search_txt" value="输入产品名、商圈、商家关键字"/>
    <input name=" " type="submit" class="search_btn" value=" " />
  </form>
</div>
```

图 8-30　页面结构(1)

⑥ 切换到"div. css"文档中,编写相应的 CSS 规则,具体内容如图 8-31 所示。保存当前网页文档,通过浏览器预览可以看到效果,如图 8-32 所示。

⑦ 切换回"index. html"文档中,将鼠标定位在"设计"视图中,在"插入"面板的"常用"选项卡中单击"插入 Div 标签"按钮,按照如图 8-33 所示的参数设置在 header 容器后面插入 nav 容器。

⑧ 在 nav 容器内部使用无序列表作为容器制作网站导航,具体页面结构如图 8-34 所示。

178

```
#header_seach {
    width:400px;
}
#header_seach form {
    background:
url(../images/search_box4.png) no-repeat
scroll 0 0 transparent;
    width:365px;
    height:40px;
    overflow:hidden;
    float:right;
    display:inline;
}
#header_seach .search_txt {
    float:left;
    width:278px;
    height:18px;
    line-height:18px;
    font-size:16px;
    color:#a2a2a2;
    border:0;
    padding:6px 10px;
    margin:6px 0px 0px 3px;
}
#header_seach .search_btn {
    float:left;
    width:60px;
    height:38px;
    border:none;
    cursor: pointer;
    background: none repeat scroll 0 0
transparent;
}
```

图 8-31　CSS 规则(4)

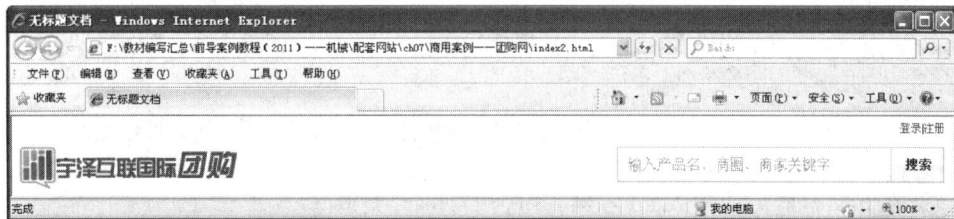

图 8-32　预览效果(1)

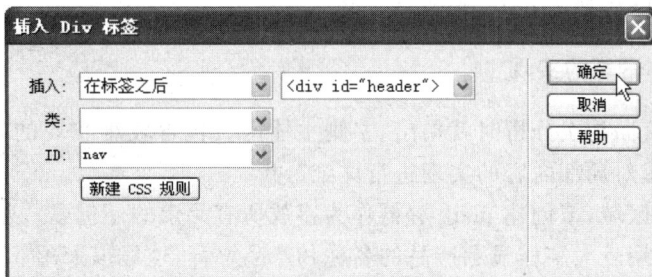

图 8-33　插入 nav 容器

⑨ 切换到"div.css"文档中,编写相应的 CSS 规则,具体内容如图 8-35 所示。保存当前网页文档,通过浏览器预览可以看到效果,如图 8-36 所示。

```
<div id="wrapper">
  <div id="header">
    <p id=...
  </div>
  <div id="nav">
    <ul>
      <li><a href="#">今日团购</a></li>
      <li><a href="#">团购列表</a></li>
      <li><a href="#">团购预告</a></li>
      <li><a href="#">积分商城</a></li>
      <li><a href="#">优惠券</a></li>
    </ul>
  </div>
</div>
```

图 8-34 页面结构(2)

```
#nav {
    background:
url(../images/nav_bg.png)
repeat-x 0 0;
    height:35px;
    width:1020px;
    float:left;
    margin-top:10px;
}
#nav ul li {
    list-style:none;
}
#nav ul li a {
    display:block;
    width:100px;
    height:35px;
    float:left;
    line-height:35px;
    margin-right:10px;
    font-family:"微软雅黑", "宋体",
 Verdana, sans-serif;
    font-size:16px;
    text-align:center;
    color:#FFF;
}
#nav ul li a:hover {
    background:
url(../images/nav_bg.png)
repeat-x 0 -35px;
}
```

图 8-35 CSS 规则(5)

图 8-36 预览效果(2)

⑩ 在 nav 容器后面插入 ad 容器，并应用"clear"类清除之前所应用的浮动效果。在 ad 容器内部插入一幅图像作为拓展广告宣传时的位置。切换到"div.css"文档中，编写 ad 容器的 CSS 规则，如图 8-37 所示。

```
#ad {
    width:1018px;
    height:70px;
    margin:5px 0;
    float:left;
    border:1px #F3F3F3 solid;
}
```

图 8-37 CSS 规则(6)

3. 左侧主体区域的实现

之前，在对页面初次分析时就指出，左侧主体区域包含较难实现的布局，为了后续过程顺利进行，这里对局部内容的实现进行详细分析。

仔细观察该区域，拟创建 main 容器作为盛放所有元素的外包裹；为了凸显团购产品信息通常在顶部用较大字体显示产品的名称和产品解释，这里拟采用 h2 标签和 p 标签解决文字显示问题；对于复杂的"抢购信息区域"，拟创建 dm_fl 容器作为该区域的外包裹，里面进一步可以细化为 dm_buy 容器和 dm_infor 容器。通过这种细致的分析，可以将布局规划与效果图对应起来，如图 8-38 所示。这种处理问题的办法在实际工作中十分有用，希望读者加以借鉴。

① 将鼠标定位在"设计"视图中，在"插入"面板的"常用"选项卡中单击"插入 Div 标签"按钮，按照如图 8-39 所示的参数设置在 ad 容器后面插入 left_content 容器，并应用 fl

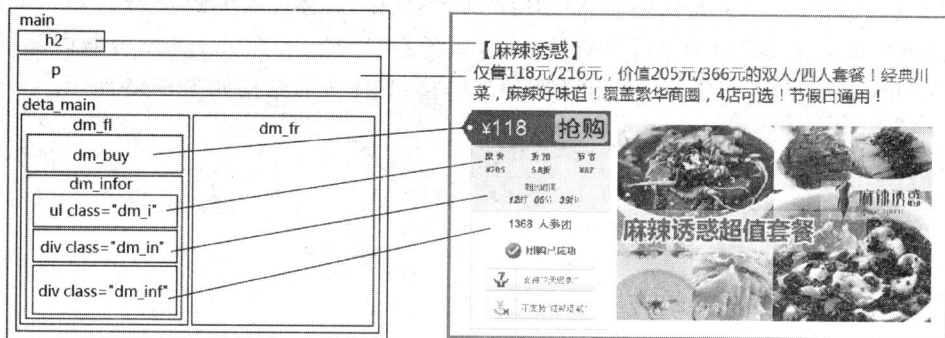

图 8-38　布局示意图与效果图的对应关系

类,使其向左浮动。

② 类似的操作方法,在 left_content 容器内部创建 main 容器,并应用 fl 类,使其向左浮动。在 main 容器内部,使用 h2 元素和 p 元素盛放相关文字内容,为了方便需要为 p 元素应用 dp 类,以便修改字体外观,此时的页面结构如图 8-40 所示。

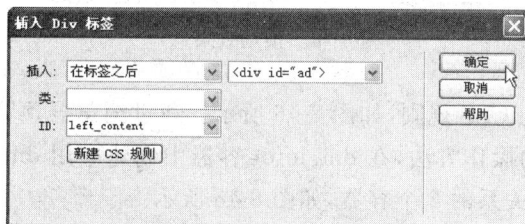

图 8-39　插入 left_content 容器

```
<div id="ad" class="clear"><img sr...</div>
<div id="left_content" class="fl">
    <div id="main" class="fl">
        <H2>【麻辣诱惑】</H2>
        <p class="dp">仅售118元/...</p>
    </div>
</div>
```

图 8-40　页面结构(3)

③ 切换到"div.css"文档中,编写相应的 CSS 规则,具体内容如图 8-41 所示。切换回"index.html"文档中,根据布局示意图的嵌套关系创建一系列容器,如图 8-42 所示。

```
#left_content {
    width:750px;
}
#main {
    width:720px;
    height: auto;
    padding:10px;
    border:4px #fa5d82 solid;
}
#main h2 {
    font-size:28px;
    line-height:36px;
    margin:22px 0 0 22px;
    font-family:'微软雅黑', '黑体','宋体';
    color:#414141;
}
#main .dp {
    font-size:24px;
    margin:0 0 0 22px;
    line-height:30px;
    font-family:'微软雅黑', '黑体','宋体';
    color:#434343;
    padding-right:14px;
}
```

图 8-41　CSS 规则(7)

```
<div id="main" class="fl">
    <H2>【麻辣诱惑】</H2>
    <p class="dp">仅售118元/...</p>
    <div class="deta_main">
        <div class="dm_fl">
            <div class="dm_buy"></div>
            <div class="dm_infor"></div>
        </div>
    </div>
</div>
```

图 8-42　页面结构(4)

④ 切换到"div.css"文档中,编写相应的 CSS 规则,具体内容如图 8-43 所示。保存当前网页文档,通过浏览器预览可以看到效果,如图 8-44 所示。在 dm_buy 容器内部,使用 p、span 和 a 元素创建产品的价格和透明的超链接,具体页面结构如图 8-45 所示。

```
.deta_main {
    margin:10px 0 0 0;
}
.dm_fl {
    float:left;
    width:222px;
    height:320px;
    display:inline;
    margin-left:5px;
}
.dm_buy {
    height:57px;
    background:
url(../images/buy_bg1.jpg) no-repeat;
    overflow:hidden;
    zoom:1;
}
.dm_infor {
    border:1px #dde8ee solid;
    border-top:none;
    width:204px;
    margin-left:15px;
    height:262px;
    background:#f1f6f9;
    overflow:hidden;
}
```

图 8-43　CSS 规则(8)

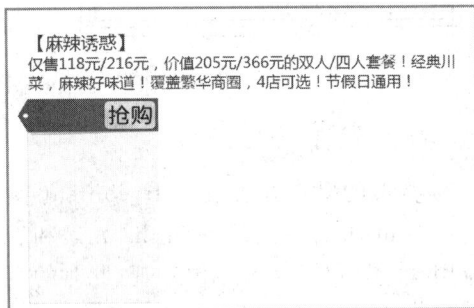

图 8-44　预览效果(3)

⑤ 切换到"div.css"文档中,编写相应的 CSS 规则,如图 8-46 所示。通过浏览器预览可以看到效果,如图 8-47 所示。使用同样的操作方法,在 dm_infor 容器中创建应用 dm_il 类的无序列表,并在其后面依次创建并列关系的 2 个容器,如图 8-48 所示。

```
.dm_buy p {
    float:left;
    display:inline;
    width:110px;
    font-size:32px;
    margin:0 0 0 30px;
    color:#fff;
    line-height:52px;
    font-family:Helvetica, Arial;
    text-shadow: 1px 1px 1px #333;
}
.dm_buy a {
    width:80px;
    height:50px;
    display:block;
    float:right;
}
.unit {
    font-size: 24px;
    vertical-align: middle;
    font-weight: normal;
}
```

```
<div class="deta_main">
  <div class="dm_fl">
    <div class="dm_buy">
      <P><SPAN class="unit">¥</SPAN>118</P>
      <A href="#"></A></div>
    <div class="dm_infor"></div>
  </div>
</div>
```

图 8-45　页面结构(5)

图 8-46　CSS 规则(9)

```
<div class="dm_infor">
  <ul class="dm_i">
    <li><strong>原 价</strong><span>¥205</span></li>
    <li><strong>折 扣</strong><span>5.8折</span></li>
    <li><strong>节 省</strong><span>¥87</span></li>
  </ul>
  <div class="dm_in"> </div>
  <div class="dm_inf"></div>
</div>
```

图 8-47　预览效果(4)

图 8-48　页面结构(6)

182

⑥ 切换到"div.css"文档中,编写相应的 CSS 规则,如图 8-49 所示。这里需要注意的是,通过对无序列表中 li 元素增加竖线背景以及底部细线边框,使得最终呈现效果类似表格外观。

⑦ 在 dm_in 容器内部插入 2 个 div 容器,并在其中根据实际需要使用 span 和 em 等行内元素对文字内容进行分割,以便后期可以针对不同的标签元素编写 CSS 规则,此时的页面结构如图 8-50 所示。

```
.dm_i {
    overflow:hidden;
    zoom:1;
    height:41px;
    border-bottom:1px #e1ebf0 solid;
}
.dm_i li {
    float:left;
    width:68px;
    background: url(../images/shu.jpg)
right 0 no-repeat;
    text-align:center;
}
.dm_i strong, .dm_i span {
    display:block;
}
.dm_i strong {
    height:22px;
    line-height:22px;
    color:#56585c;
}
.dm_i span {
    color:#4a4b4b;
    font-weight:bold;
}
```

图 8-49　CSS 规则(10)

```
<div class="dm_in">
    <div>剩余时间</div>
    <div class="sep"><span><em>12
</em>时<em>06</em>分<em>39</em>秒</span></div>
</div>
```

图 8-50　页面结构(7)

⑧ 切换到"div.css"文档中,编写相应的 CSS 规则,如图 8-51 所示。切换回"index.html"文档中,在 dm_inf 容器中创建一系列容器,其页面结构如图 8-52 所示。

```
.dm_in {
    height:36px;
    text-align:center;
    border-left:1px #fff solid;
    border-bottom:1px #fff solid;
    line-height:18px;
    padding:6px 0;
    color:#56585c;
}
.dm_in em {
    font-weight:bold;
    margin-left:8px;
}
.dm_in .sep {
    font-size:14px;
}
```

图 8-51　CSS 规则(11)

```
<div class="dm_inf">
    <div class="dm_o"><strong>1368</strong>人参团</div>
    <div class="dm_t">
        <div class="gr_s"></div>
        <div class=dm_th>
            <div style="display: block;" class="count_icon1"></div>
            <div style="display: block;" class="count_icon2"></div>
        </div>
    </div>
</div>
```

图 8-52　页面结构(8)

⑨ 切换到"div.css"文档中,编写相应的 CSS 规则,如图 8-53 和图 8-54 所示。通过浏览器预览可以看到效果,如图 8-55 所示。

⑩ 在 dm_fl 容器后面插入 dm_fr 容器,并在其中插入一幅产品的精美图片,其结构如图 8-56 所示。切换到"div.css"文档中,编写相应的 CSS 规则,如图 8-57 所示。最后,通过浏览器预览可以看到该区域的最终效果。

```
.dm_inf {
    height:170px;
    border-top:1px #e1ebf0 solid;
    text-align:center;
    background:#fff;
}
.dm_o {
    margin-top:6px;
    font-weight:bold;
    color:#5c5c5c;
    font-size:16px;
}
.dm_o strong {
    color:#e7390e;
    margin-right:8px;
}
.dm_t {
    overflow:hidden;
}
.dm_t .gr_s {
    width:104px;
    height:24px;
    margin:14px auto;
    background:
url(../images/dm_t.jpg) no-repeat;
}
```

图 8-53　CSS 规则（12）

```
.dm_th {
    padding:0 22px 0 22px;
}
.count_icon1 {
    width:159px;
    height:33px;
    overflow:hidden;
    background:
url(../images/tk_icon.jpg)
no-repeat;
    margin-bottom:8px;
}
.count_icon2 {
    width:159px;
    height:33px;
    overflow:hidden;
    background:
url(../images/tk_icon.jpg) 0 -99px
 no-repeat;
    margin-bottom:8px;
}
```

图 8-54　CSS 规则（13）

图 8-55　预览效果（5）

```
<div class="deta_main">
    <div class="dm_fl">
        <div cl...
    </div>
    <div class="dm_fr">
        <div class="dm_img"><img src=
 "images/001.jpg" width="470" height="285" /></div>
    </div>
</div>
```

图 8-56　页面结构（9）

```
.dm_fr {
    float: left;
    width:470px;
    height:320px;
    display:inline;
    margin-left:10px;
}
.dm_img {
    padding:20px 0 0 0px;
}
```

图 8-57　CSS 代码

　　至此，团购网最重要的布局已经制作完成了，至于页面中其他布局十分简单，之前的章节也有类似的制作方法，这里不再详细叙述，请读者参照源文件完成以后的页面布局。

8.4　实　　训

1. 实训要求

　　利用本章所学习的框架知识，构建简易的、包含框架的多个页面，在制作过程中各框架页面采用"DIV＋CSS"的模式制作，最终实现多个页面可以相互访问。

2. 过程指导

　　① 启动 Dreamweaver CS5，并创建站点。新建"上方固定，左侧嵌套"的框架页。

　　② 分别将框架页根据图 8-58 所示的内容进行保存。

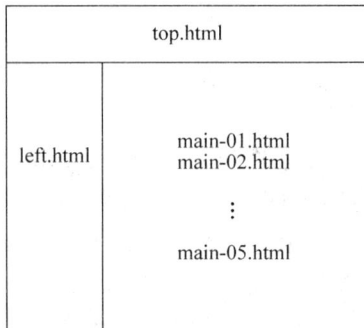

top.html	
left.html	main-01.html main-02.html ⋮ main-05.html

图 8-58　示意图（2）

③ 由于顶部和左侧框架内容基本不变,可以分别在"top. html"和"left. html"页面顶部 head 区域创建内部样式。

④ 根据实际需要,对于"main-01. html"至"main-05. html"多个网页,可以创建内部样式,也可以创建外部样式。

⑤ 制作过程中,边制作边保存边预览,最终效果可参照图 8-59 所示。

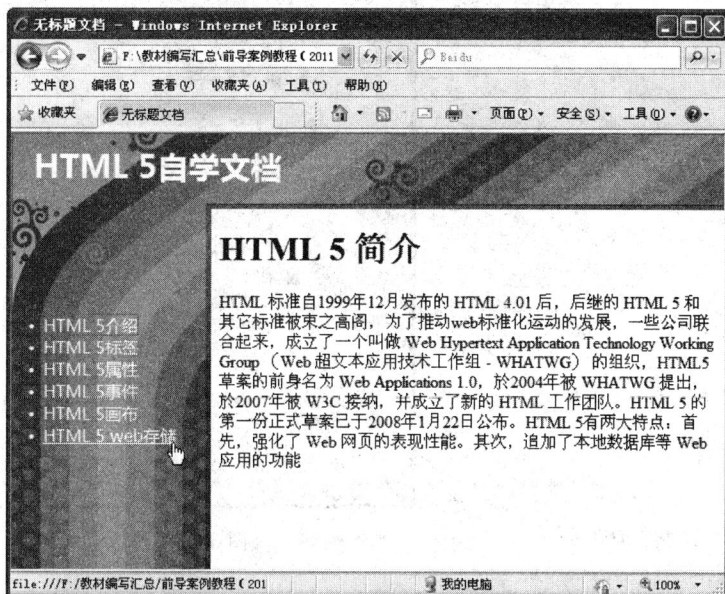

图 8-59　最终效果(2)

8.5　习　　题

1. 什么是表单?列举常见的表单应用形式。

2. 表单域是通过<form>标签和</form>标签来实现的,那么表单对象能否放置在<form>标签和</form>标签以外呢?

3. "_blank"、"_parent"、"_self"和"_top"分别指的是什么?

4. 复选框与复选框组最重要的区别是什么?

5. 什么是框架?什么是框架集?他们之间有何联系?

6. 如何在框架中打开其他网页文档?

7. 使用创建表单的基本方法实现如图 8-60 所示的简单表单页面。

8. 结合 CSS 的知识,在创建表单页面的基础上美化表单,实现如图 8-61 所示的页面。

9. 利用框架的相关知识,创建"上方固定,左侧嵌套"的框架结构,并且按照如图 8-62和图 8-63 所示的内容制作框架网页?

185

电子邮箱：　请输入一个您已拥有的Email地址

微博账号：

http://t.qq.com/

姓名：

密码：

确认密码：

生日：　-　▼年　-　▼月　-　▼日

性别：　⊙男　　○女

所在地：　中国　▼　北京　▼　东城　▼

图 8-60　习题 7 对应图

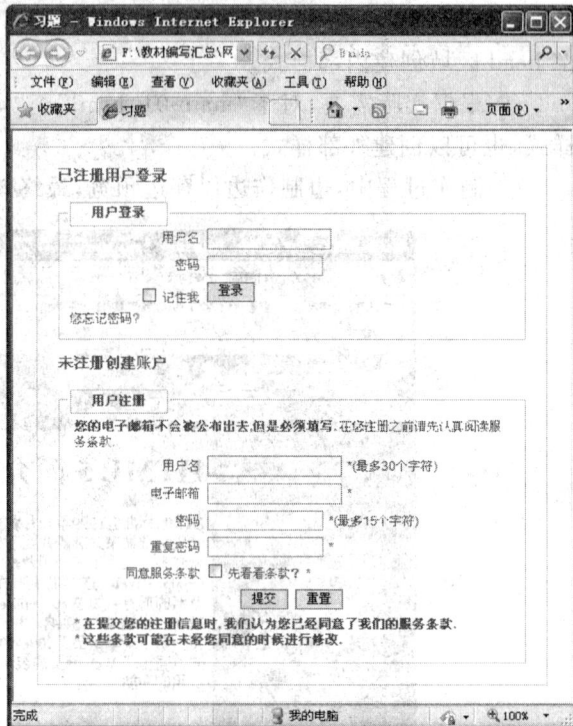

图 8-61　习题 8 对应图

图 8-62　习题 9 对应图(1)

图 8-63　习题 9 对应图（2）

第 9 章 网页元素——模板与行为

❏ 掌握模板的相关概念。

❏ 能够利用模板功能快速创建多个页面。

❏ 理解行为的基本概念,能够为网页添加简单的行为。

模板可以理解为一种模型,使用该模型可以方便地制作出多个布局类似而内容不同的页面;行为是 Dreamweaver 具有的一种功能,用户可以通过该功能实现多种动态效果和互交功能,而不用编写 JavaScript。本章主要从模板和行为两方面入手配合 CSS 的使用,向读者介绍相关知识。

9.1 模 板

在建设大型网站时,通常需要制作很多布局、风格和功能相似的页面。为了提高网站建设的效率,避免重复操作,就要使用 Dreamweaver CS5 中的模板功能。通过模板创建和更新网页,不仅大大提高工作效率,而且也为后期维护网站提供方便。

9.1.1 模板的基本概念

表单域定义了一个表单的开始和结束。在包含表单的页面中,每个表单都包括表单域和若干个表单对象,所有表单对象都要放在表单域中才会生效。

1. 模板

模板是一种特殊类型的文档,用于设计“固定的”页面布局。在创建基于模板创建文档后,创建的文档会继承模板的页面布局。

在模板中有两类区域:“锁定区域”和“可编辑区域”。创建模板的过程就是指定和命名可编辑的区域,当一个文档从某些模板中创建时,可编辑的区域就成为唯一可以被改变的地方。

模板也不是一成不变的,即使在基于某个模板创建文档之后,还可以对该模板进行修改。在更新使用该模板创建的文档时,那些文档中对应的内容也会被自动更新,并与模板的修改相匹配。

2. 创建模板

在 Dreamweaver CS5 中可以将现有的网页创建为模板，然后根据需要再创作，或者创建一个空白模板，在其中输入需要显示的文档内容。模板的本质是文档，其扩展名为".dwt"，存放在根目录 Templates 文件夹内，该文件夹并不是原来就有的，而是在创建模板过程中由软件自动生成的。有两种创建模板的方法，一种是将现有网页另存为模板；另一种是创建一个空白模板。

（1）将现有网页另存为模板

从现有文档中创建模板是实际工作中经常使用的处理方法。

① 在 Dreamweaver CS5 中打开已有网页，然后执行"文件"→"另存为模板"命令。此时打开"另存为模板"对话框。

② 在该对话框中的"站点"下拉菜单中选择站点名称，在"另存为"文本框中输入模板名称。最后单击"保存"按钮即可保存为模板，如图 9-1 所示。更为详细的参数设置在后续演练环节进行讲解。

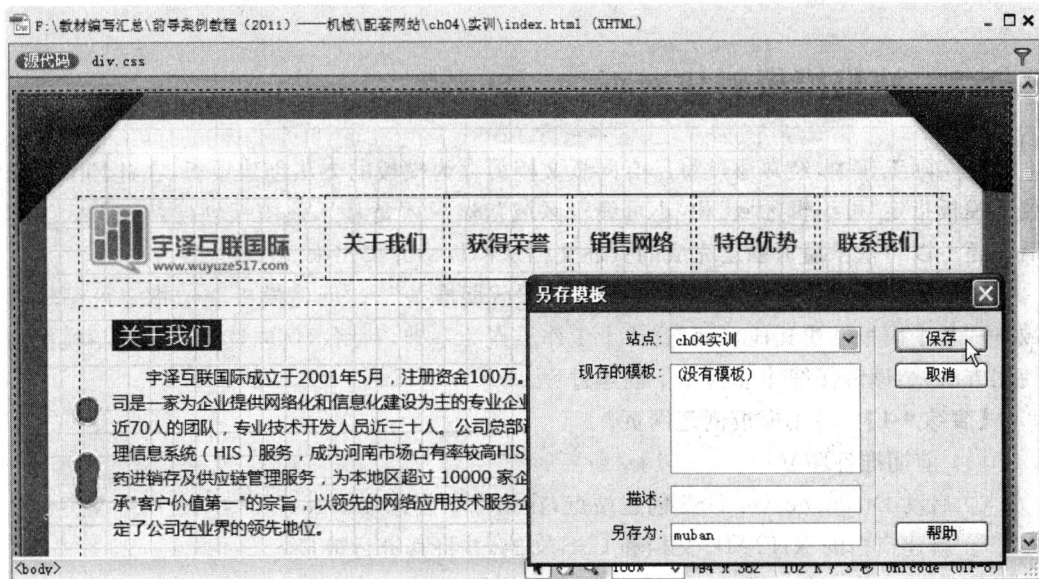

图 9-1　将现有网页另存为模板

（2）创建空白模板

创建空白模板的方法与创建普通页面类似。

① 执行"文件"→"新建"命令，在打开的"新建文档"对话框中选择"空模板"选项。

② 然后根据实际需要从右边"模板类型"中选择需要的模板，最后单击"创建"按钮即可，如图 9-2 所示。

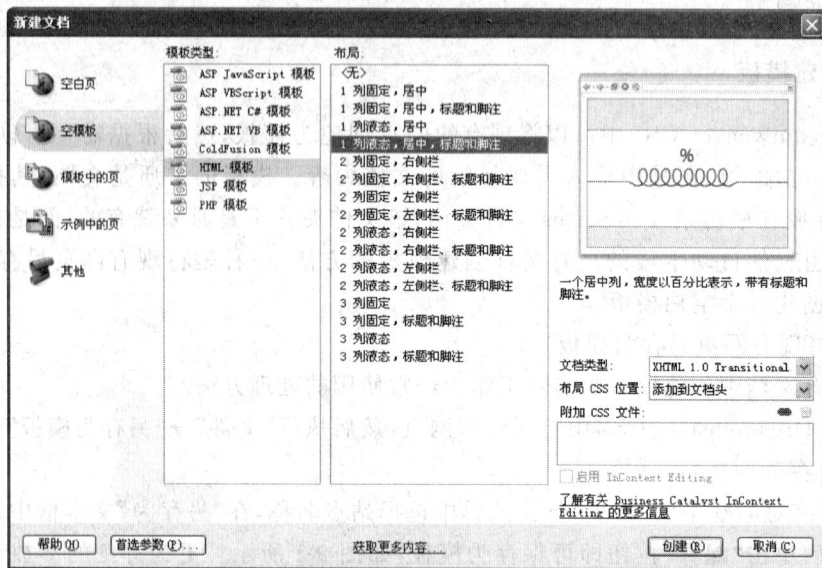

图 9-2　创建空白模板

9.1.2　使用模板创建网页

在实际工作中,经常通过将已有网页文档另存为模板的方法创建模板,在此环节中需要为模板指定"可编辑区域"和"不可编辑区域",然后才是基于该模板创建新文档。当然后期还可以将基于模板创建完成的页面文档从模板中分离出来。

本节从工作流程中提炼出重要环节,以"前期准备"→"创建模板"→"指定可编辑区域"→"基于模板创建其他页面"这 4 个工作重点为基础,利用示例向读者详细介绍模板的使用方法,请读者仔细体会其整个创建过程。

【演练 9-1】　使用模板创建网页。

(1) 前期准备环节

① 启动 Dreamweaver CS5 创建站点,在站点中创建"images"和"style"两个文件夹。

② 新建空白的 XHTML 文档和 CSS 文档,并将其进行链接。

③ 创建一个拟作为模板的页面"page. html"。

(2) 创建模板环节

① 打开"page. html"页面,执行"文件"→"另存为模板"命令,打开"另存模板"对话框。

② 在对话框中的"站点"下拉列表中选择站点"模板示例",在"另存为"文本框中输入模板名称"muban",如图 9-3 所示。单击"保存"按钮,将当前页面"page. html"保存为用于创建其他页面的模板。

此时,系统自动在站点根文件夹下创建一个名为 Templates 的文件夹,并将创建的模板文件(扩展名为.dwt)muban. dwt 保存在该文件夹下,如图 9-4 所示。

190

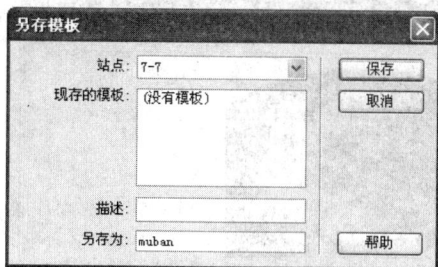

图 9-3　"另存模板"对话框

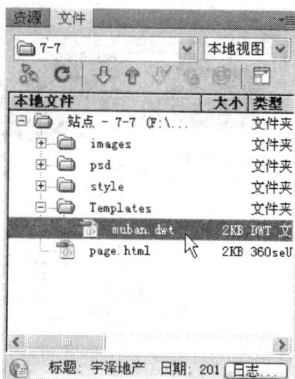

图 9-4　站点中模板的位置

（3）指定可编辑区域环节

创建模板之后，根据实际要求对模板中的内容进行编辑，即指定哪些内容可以编辑，哪些内容不能编辑。

在模板文档中，可编辑的区域是页面中变化的部分，如本示例中侧边栏和内容区域；不可编辑的区域是各页面中相对保持不变的部分，如本示例中的导航和底部的版权信息。在默认情况下，新创建模板的所有区域都处于锁定区域，因此，要使用模板就必须创建模板的可编辑区域，以便在不同页面中输入不同的内容。

在编辑模板时，可以修改可编辑区域，也可修改锁定区域。但当该模板被应用于文档时，则只能修改文档可编辑区域，文档锁定区域是不允许修改的。

① 在模板文档"muban.dwt"中选择左侧边栏名为"left_side"的 div 容器。

② 执行菜单栏中的"插入"→"模板对象"→"可编辑区域"命令，或者按组合键 Ctrl＋Alt＋V，此时打开"新建可编辑区域"对话框，如图 9-5 所示。在

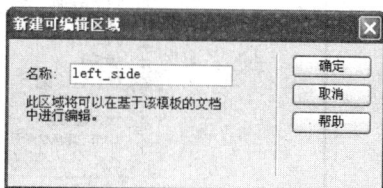

图 9-5　"新建可编辑区域"对话框

该对话框的"名称"文本框中输入可编辑区域的名称"left_side"，单击"确定"按钮，模板中就建立了一个可编辑区域。

③ 同样的处理办法，选择页面主内容区域名为"content_content"的 div 容器，为该区域定义可编辑区域，定义完成后的页面效果如图 9-6 所示。

从图 9-6 中可以看出，可编辑区域在模板中由高亮显示的矩形边框围绕，区域左上角选项卡显示该区域的名称。

（4）基于模板创建新页面

模板制作完成后，接下来就可以将其应用到网页中。通过这种方法，能够快速、高效地制作页面，具体操作如下：

① 执行"文件"→"新建"命令，打开"新建文档"对话框，选择"模板中的页"选项卡，在"站点"列表中选择当前站点下的模板文件"muban"，如图 9-7 所示。单击"创建"按钮，即

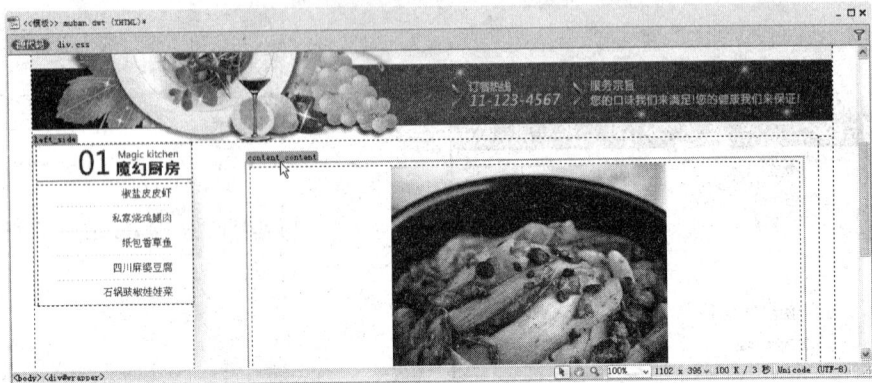

图 9-6　基于模板定义的可编辑区域

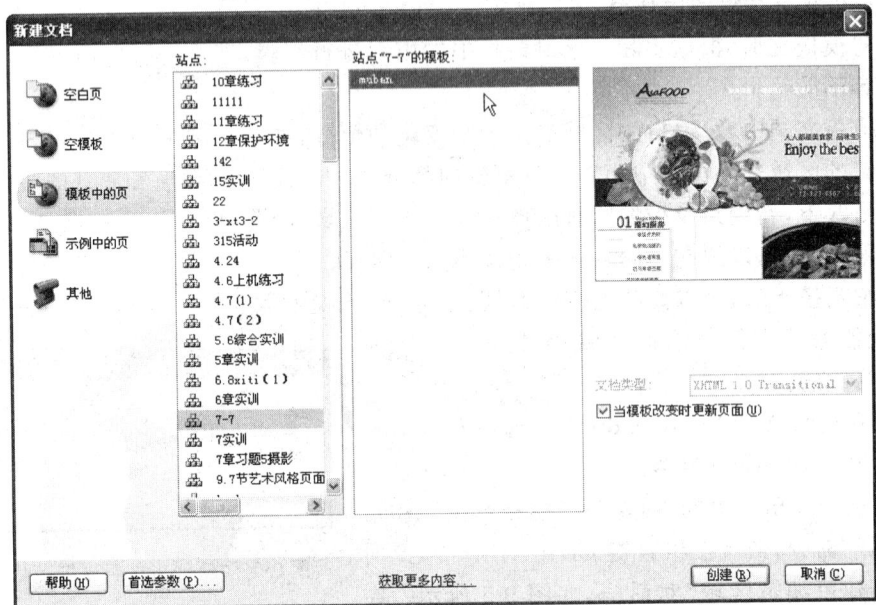

图 9-7　基于模板新建文档

可基于模板创建一个新页面。

　　② 此时，在新建的页面右上角显示"模板：muban"文字标签，这表示当前文档是基于模板"muban"而建立的。

　　③ 将鼠标移动到锁定区域的地方，鼠标光标将变成 ⊘ 形状，表示该区域不可编辑，如图 9-8 所示。而标有"left_side"、"content_content"符号的区域则是可编辑的区域。

　　④ 在当前页面可编辑区域进行修改文字、插入图片等操作即可快速制作布局相似的页面。需要注意的是，不要将模板文件移动到 Templates 文件夹之外或者将任何非模板文件放在 Templates 文件夹中。

图 9-8　基于"muban"模板而创建的文档页面

9.1.3　模板的管理

模板创建完成后,根据实际情况可以随时更改模板样式和内容。更新模板后,Dreamweaver CS5 会对应用模板的所有网页进行更新。

1. 从模板中分离

从模板中分离功能可将当前文档从模板中分离,分离后模板中的文档依然存在,只是原来不可编辑的区域变得可以编辑,这给修改网页内容带来很大的方便。打开一个基于模板创建的文档,执行"修改"→"模板"→"从模板中分离"命令,即可将当前文档从模板中分离。

2. 更新基于模板的文档

修改模板后,Dreamweaver 会提示用户更新基于该模板的文档。可以执行以下操作之一来更新站点。

① 在文档编辑窗口,执行"修改"→"模板"→"更新页面"命令,打开"更新页面"对话框,如图 9-9 所示。根据需要选择更新站点的所有页面,还是只更新特定模板的页面。

② 在"文件"面板的"资源"选项卡中,单击左侧分类中的"模板"按钮,打开"模板"面板。在模板上单击鼠标右键,在弹出的菜单中选择"更新站点",如图 9-10 所示。在打开的"更新页面"对话框内,根据需要进行设置即可。

图 9-9　"更新页面"对话框　　　　　　图 9-10　利用"资源"面板更新站点

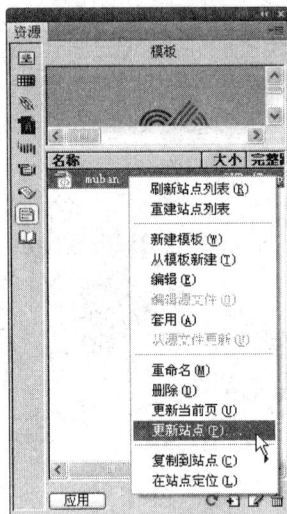

9.2　行　　为

Dreamweaver CS5 中的行为是将 JavaScript 代码放置到文档中,允许访问者通过多种方式更改网页,或者启动某些任务,实现访问者与 Web 页面间的交互。除了内置的行为外,用户可以自己用 JavaScript 编写行为,还可以从 Adobe 公司和其他第三方的开发网站下载。

9.2.1　行为的基本知识

行为是某个事件和由该事件触发的动作的组合。在"行为"面板中,可以先指定一个动作,然后再指定触发该动作的事件,以此将行为添加到页面中。

1. 事件

事件是触发动态效果的原因,它可以被附加到各种页面元素上,也可以被附加到 HTML 标记中。例如,当访问者将鼠标指针移到某个链接上时,浏览器将为该链接生成一个 onMouseOver 事件。不同浏览器支持的事件种类和数量不同,一般较高版本的浏览器能够支持更多的事件。

2. 动作

动作是一段预先编写的 JavaScript 代码,是最终需要完成的动态效果。例如,打开浏览器窗口、弹出窗口、交换图像等都是动作。在将行为附加到某个页面元素之后,每当该

194

元素的某个事件发生时，行为即会调用与这一事件关联的动作(JavaScript 代码)。

在 Dreamweaver CS5 中使用内置行为，系统会自动地向页面添加 JavaScript 代码，对于不太熟悉 JavaScript 的设计人员非常适合。

3. 行为面板

在 Dreamweaver CS5 中，执行"窗口"→"行为"命令，或者按 Shift＋F4 组合键，即可打开行为面板，如图 9-11 所示。行为面板包含以下选项。

- 显示设置事件 ▦：仅显示附加到当前文档中的事件，每个类别的事件都包含在可折叠的列表中，如图 9-12 所示。
- 显示所有事件 ▦：按字母顺序显示属于特定类别的所有事件。
- 添加行为 ＋：显示行为菜单，如图 9-13 所示，其中包含可以附加到当前选定元素的动作。当从该列表中选择一个动作时，将出现一个对话框，用户可以在对话框中指定该动作的参数。如果菜单上的所有动作都处于灰色禁用状态，则表示选定的元素无法生成任何事件。
- 删除事件 －：从行为列表中删除所选的事件和动作。
- 向上箭头 ▲ 和向下箭头 ▼：在行为列表中上下移动特定事件的选定动作。对于不能在列表中上下移动的动作，箭头按钮将处于禁用状态。

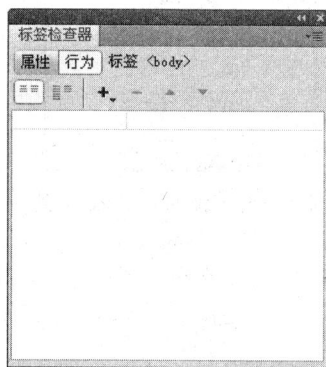

图 9-11　行为面板　　　　图 9-12　显示设置事件　　　　图 9-13　添加行为菜单

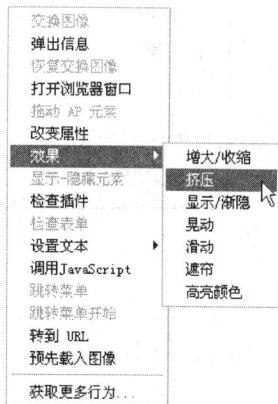

9.2.2　应用行为

Dreamweaver CS5 内置了多种行为，让设计者无须掌握 JavaScript 语言，就能够制作出互动图像、快捷菜单等特殊效果，这使得访问者与网页之间更具有交互性。

1. 应用"打开浏览器窗口"行为

使用该行为可以在一个新的窗口中打开页面，这个窗口的属性由设计者进行设置，如窗口大小、是否有状态栏以及窗口名称等。

【演练 9-2】 打开浏览器窗口行为。

这里制作一个随主页打开而自动打开的广告窗口页面,具体操作如下:

① 首先制作弹出的广告窗口。在 Dreamweaver CS5 中,新建空白页面,插入用于播放广告的 Flash 文件并保存为"ad.html"。

② 再创建一个空白页面,输入相关内容,作为站点主页,保存为 index.html。在该页面中,选择页面标签＜body＞,即选中整个页面主体。然后,单击"行为"面板上的 按钮,在弹出的下拉菜单中,选择"打开浏览器窗口"选项,弹出"打开浏览器窗口"对话框。

③ 在"打开浏览器窗口"对话框中,单击"浏览"按钮,在弹出对话框内选择刚才创建的广告窗口页面 ad.html。根据需要设置窗口宽度和高度,并选中相应的属性,如图 9-14 所示。

需要说明的是,广告窗口一般用来显示一些公告信息,因此在设置广告窗口的参数时不必为该窗口页面设置导航工具栏、菜单条等选项,一般只需设置"需要时使用滚动条"选项即可。

④ 设置完成后,单击"确定"按钮,此时在"行为"面板中会自动添加一个加载页面的 onLoad 事件,如图 9-15 所示。

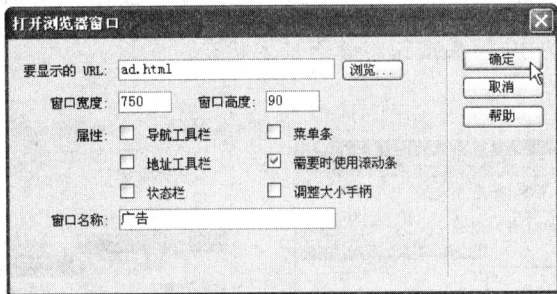

图 9-14 设置广告窗口相应的参数　　　　图 9-15 添加的 onLoad 事件

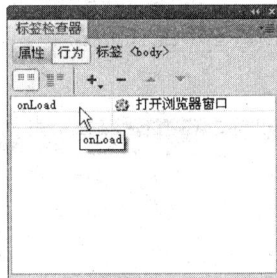

⑤ 保存当前文档,使用浏览器预览。当打开主页时,广告页面会在另一浏览器窗口随着主页的打开而打开,如图 9-16 所示。

图 9-16 打开浏览器窗口行为预览效果

2. 应用"弹出信息"行为

"弹出消息"行为用于弹出一个包含指定消息的 JavaScript 警告。因为 JavaScript 警告对话框只有一个"确定"按钮,所以使用这个行为只能提供用户信息,但不能为用户提供选择操作。弹出信息一般有两种形式,一种是打开网页后自动弹出信息对话框,另一种是通过单击某个对象弹出对话框。

【演练 9-3】 弹出信息行为。

① 若要给网页添加"弹出消息"行为,则应选中整个页面;若要给某个对象添加"弹出消息"行为,则应选中这个对象。这里选中页面内的图片对象,为图像添加行为。

② 选中图像后,单击"行为"面板上的 按钮,在弹出的下拉菜单中,选择"弹出消息"选项,此时弹出如图 9-17 所示的对话框。

③ 在此对话框中,输入弹出信息的文本内容,这时在"行为"面板中会自动添加一个 onClick 事件。此外,根据实际需要还可以在事件选择下拉列表中选择其他事件,如图 9-18 所示。

图 9-17 "弹出消息"对话框

图 9-18 添加 onClick 事件

④ 执行"文件"→"保存"命令,保存当前页面,按 F12 键预览网页。当单击页面中的图像时,即会弹出对话框,如图 9-19 所示。

图 9-19 应用弹出信息行为效果

3. 应用"交换图像"行为

"交换图像"行为通过更改<img>标签的 src 属性将一个图像和另一个图像进行交换。使用此行为可创建鼠标经过按钮的效果以及其他图像效果。插入鼠标经过图像会自

197

动将一个"交换图像"行为添加到页面中。

【演练 9-4】 交换图像行为。

① 新建空白页面,并向页面中添加一幅图像。

② 选中该图像,然后执行"窗口"→"行为"命令,打开"行为"面板。在"行为"面板中,单击"添加行为"按钮 ✚,在弹出菜单中选择"交换图像"选项,打开"交换图像"对话框。

③ 在此对话框中,"图像"文本框内显示的是当前页面中所有的图像,单击"浏览"按钮选择图像源,如图 9-20 所示。

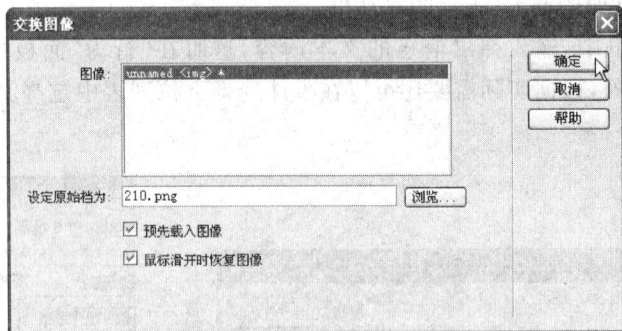

图 9-20 "交换图像"对话框

④ 选中"预先载入图像"复选框,可以在加载页面时对新图像进行缓存,防止图像由于下载原因导致显示延迟。选中"鼠标滑开时恢复图像"复选框,可以使其恢复到以前的图像源。设置完成后,单击"确定"按钮。

⑤ 保存当前页面,在浏览器中预览,将鼠标滑入图像区域时即可看到变化效果,如图 9-21 和图 9-22 所示。

图 9-21 交换图像(1)

图 9-22 交换图像(2)

4. 应用"改变属性"行为

"改变属性"行为可更改对象某个属性的值,例如改变 div 容器的背景颜色、表格的背景颜色或图像等。一般使用行为改变属性的种类取决于附加动作的对象和浏览器的类型,如果要使用行为来改变元素的属性,最好对 HTML 和 JavaScript 有较深入的了解。这里以利用"改变属性"行为向表格添加背景颜色为例,讲述添加该行为的方法。

【演练 9-5】 改变属性行为。

① 新建空白页面,在其中插入 5 行 2 列的表格,并将"间距"设置为 1,"边框"设置为 1。

② 根据需要向表格中输入文字内容。选择表格的第一行,在"属性"面板中,将此行的 ID 设置为"tr_01",如图 9-23 所示。同样的操作,将表格其他行的 ID 依次设置为"tr_02"、"tr_03"、"tr_04"、"tr_05"。

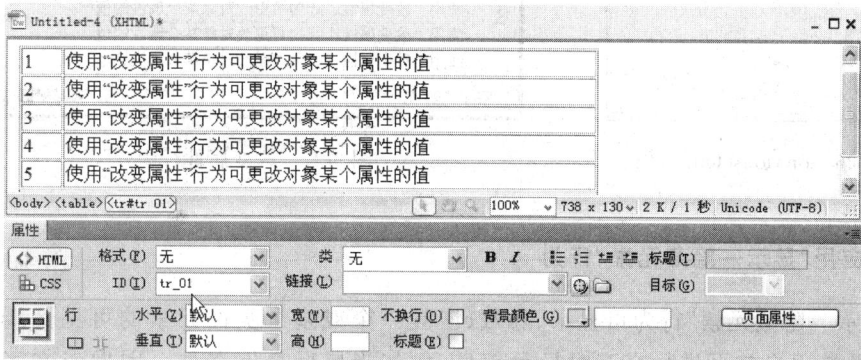

图 9-23 设置表格行的 ID

③ 选择表格的第一行,单击"行为"面板上的 按钮,在弹出下拉菜单中,选择"改变属性"选项,弹出"改变属性"对话框。

④ 在此对话框的"元素类型"下拉菜单中选择"TR"选项,在"元素 ID"下拉菜单中选择"tr_01"选项,在"属性"下拉菜单中选择"backgroundColor"选项,在"新的值"文本框中输入"#FFCC33",如图 9-24 所示。单击"确定"按钮,在"行为"面板中会自动添加一个 onFocus 事件。最后在事件选择下拉列表中修改 onFocus 事件为 onMouseOver 事件,如图 9-25 所示。

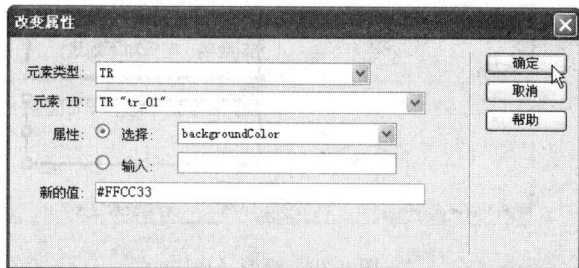

图 9-24 "改变属性"对话框

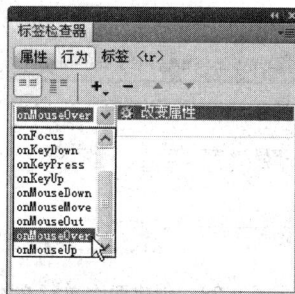

图 9-25 onMouseOver 事件

⑤ 重复步骤④的操作,将背景颜色改为"#FFFFFF",添加一个 onMouseOut 事件,如图 9-26 所示。

⑥ 重复步骤③至步骤⑤的操作,将其他行进行相同的设置。执行"文件"→"保存"命令,保存当前页面,按 F12 键预览网页。当鼠标划过表格的每一行时,均有橘黄色背景出现,当鼠标移开表格时,表格背景又恢复为白色,如图 9-27 所示。

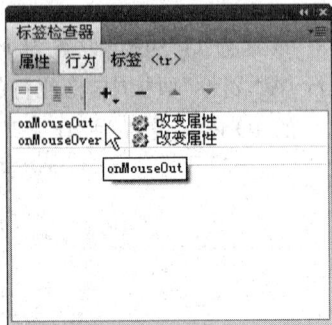

图 9-26　onMouseOut 事件

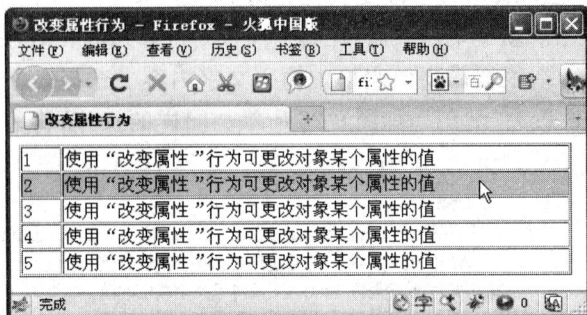

图 9-27　改变属性行为效果

5. 应用"显示—隐藏元素"行为

"显示—隐藏元素"行为可显示、隐藏、恢复一个或多个页面元素的可见性属性。此行为用于在用户与页进行交互时显示信息,例如当鼠标悬停在某个图像或文字链接上时,就会显示出一句或一段话,作为提示用户的信息,能够起到很好的引导作用。这里以利用"显示—隐藏元素"行为向表单中添加用户辅助信息为例,讲述添加该行为的方法。

【演练 9-6】 显示—隐藏元素行为。

① 新建空白网页,在其中插入两个单行文本域,如图 9-28 所示。这两个文本输入框的名称分别设置为 userName 和 password。

② 在"插入"面板"布局"类别中,单击"绘制 AP Div"按钮，在页面中绘制一个容器,用于放置提示信息,如图 9-29 所示。

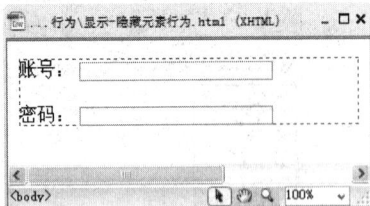

图 9-28　创建两个单行文本域

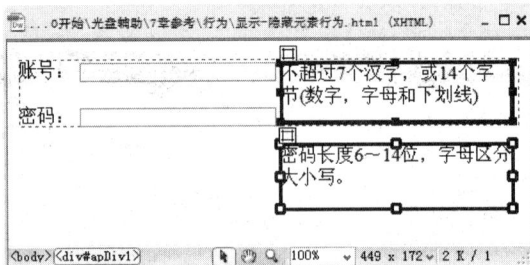

图 9-29　绘制 AP Div

③ 切换到当前页面的代码视图中,在页面中编写 CSS 样式,用于美化 AP Div 容器,具体内容如图 9-30 所示。将此规则应用在之前绘制的 AP Div 容器上,并进行位置的调整,效果如图 9-31 所示。

200

```
.apdiv{
    background:#FF6;
    color:#F00;
    border:1px solid #F00;
    font-size:12px;
    padding:2px;
}
```

图 9-30　创建 apdiv 类 CSS 规则

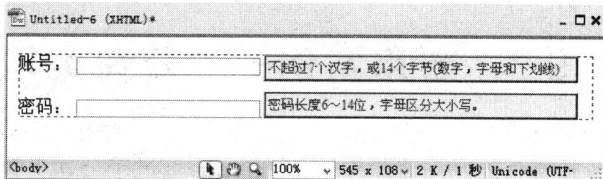

图 9-31　美化 AP Div 容器

④ 选择名为 userName 的单行文本域,单击"行为"面板上的 + 按钮,在弹出的下拉菜单中,选择"显示—隐藏元素"选项,弹出"显示—隐藏元素"对话框。

⑤ 在该对话框的"元素"列表中选择要显示或隐藏的元素,这里选择 apDiv1 元素,单击"显示"按钮,然后单击"确定"按钮,如图 9-32 所示。这时在"行为"面板中会自动添加一个 onFocus 事件(事件在对象获得焦点时发生)。

⑥ 再次选择名为 userName 的单行文本域,重复步骤④。在打开的"显示—隐藏元素"对话框中,选择 apDiv1 元素,并单击"隐藏"按钮,最后单击"确定"按钮,即可再次添加一个行为。在事件选择下拉列表中选择 onBlur 事件(事件会在对象失去焦点时发生),这时"行为"面板中已包含两个行为,如图 9-33 所示。

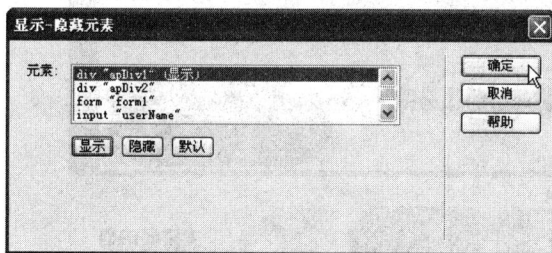

图 9-32　"显示—隐藏元素"对话框

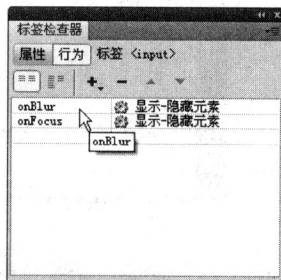

图 9-33　添加 onBlur 事件

⑦ 在页面中选择 apDiv1 元素,并将其"可见性"属性设置为 hidden,如图 9-34 所示。

⑧ 仿照步骤④至步骤⑦的方法,为 password 单行文本域添加行为。最后,在浏览器中预览,当"账号"文本框获得焦点时,后方显示提示信息;当"密码"文本框获得焦点时,后方显示提示信息,如图 9-35 所示。

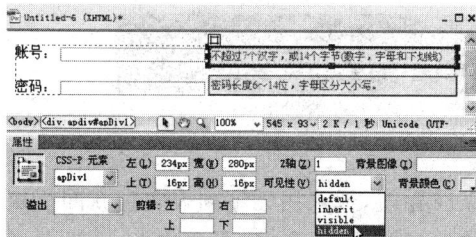

图 9-34　设置 apDiv1 的可见性属性

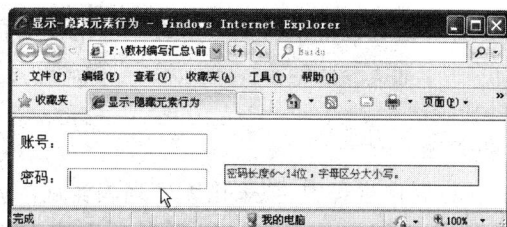

图 9-35　显示—隐藏元素行为效果

201

9.3　商用案例——公司类网站的设计与制作

在商业的网站建设中,最为常见的莫过于公司类网站,此类网站一般包含主页和显示详细信息的二级子页面,本节以公司类网站为例向读者介绍设计与实现的整个过程。

9.3.1　布局分析

通过对实际任务的理解,本节需要完成的页面最终效果如图 9-36 和图 9-37 所示。从页面整个布局来看,页面采用自适应宽度布局手法,定位美观大气,符合公司类网站设计风格。主页页面大致分为头部、banner 区域、主体区域、合作伙伴和版权区域;二级页面除了与主页相同的部分以外,还有左侧导航和主体内容区域。

图 9-36　主页效果图

在制作过程中,拟采用无序列表实现横向和纵向导航,拟采用无序列表实现新闻板块布局,拟采用表格实现二级页面中主体内容区域。通过深思熟虑,页面布局示意图如图 9-38 和图 9-39 所示。

202

图 9-37　二级页面效果图

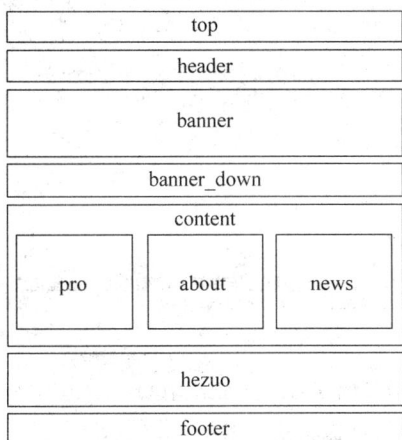

图 9-38　主页布局示意图

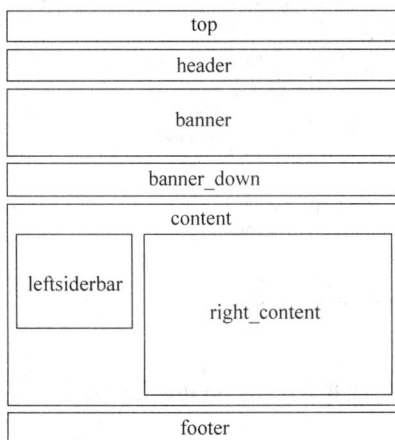

图 9-39　二级页面布局示意图

9.3.2　制作过程

1. 前期准备工作

① 启动 Dreamweaver CS5,在软件菜单栏中执行"站点"→"新建站点"命令,在弹出

203

的对话框中设置站点名称及路径。

② 在站点中创建 images 和 style 两个文件夹。

③ 在 Dreamweaver CS5 的菜单栏中执行"文件"→"新建"命令，创建一个空白文档，并命名为 index. html。

④ 创建一个外部 CSS 样式表文件，将这个 CSS 文件保存在站点的 style 文件夹下，并命名为 div. css。

⑤ 在 Dreamweaver CS5 的"CSS 样式"面板中，单击"附加样式表"按钮 ，弹出"链接外部样式表"对话框，将之前创建的 div. css 外部样式文件链接到 index. html 页面中。

2. 主页头部区域的制作

① 切换到 div. css 文件中，创建页面初始化 CSS 规则，如图 9-40 所示。切换回设计页面，将光标置于"设计"视图中，在"插入"面板的"常用"选项卡中单击"插入 Div 标签"按钮，弹出"插入 Div 标签"对话框，在"插入"下拉菜单中选择"在插入点"选项，在"ID"下拉列表框中输入 top，最后单击"确定"按钮，即可在页面中插入 top 容器。

② 在 top 容器内部插入名为 welcome 的 div 容器，并在其中输入相关文字内容，页面结构如图 9-41 所示。切换到 div. css 文件中，创建系列 CSS 规则，如图 9-42 所示。

```
body, ul, ol, li, h1, h2, h3, h4, h5,
h6, dl, dt, dd, input, p, span {
    font-family:"微软雅黑", "宋体",
Verdana, sans-serif;
    font-size:12px;
    margin:0;
    padding:0;
    list-style:none;
    color:#7c7c7c
}
a {
    text-decoration:none;
    color:#7c7c7c;
}
a:hover {
    text-decoration:underline;
    color:#c51919;
}
img {
    border:0;
    display:block;
}
.clear {
    clear:both;
    height:0px;
    line-height:0px;
}
```

图 9-40　CSS 初始化规则

```
<body>
<div id="top">
  <div id="wellcome">欢迎访问宇泽互联网络<span>全国统一
客服　400-123-1234</span></div>
</div>
</body>
```

图 9-41　页面结构(1)

③ 将光标置于"设计"视图中，在"插入"面板的"常用"选项卡中单击"插入 Div 标签"按钮，弹出"插入 Div 标签"对话框，在"插入"下拉菜单中选择"在标签之后"选项，并在其后方下拉菜单中选择"＜div id="top"＞"选项，在 ID 下拉列表框中输入 header，最后单击"确定"按钮，即可在 top 容器后面插入 header 容器。

④ 在 header 容器内部插入名为 header_con 的 div 容器，并在该容器内部插入名为 logo 的 div 容器，其结构如图 9-43 所示。切换到 div. css 文件中，创建 CSS 规则，如图 9-44 所示。

```css
#top {
    width:100%;
    height:42px;
    background:
url(../images/top_bg.gif)
repeat-x left top;
}
#wellcome {
    width:900px;
    height:42px;
    margin:0 auto;
    line-height:42px;
    font-size:14px;
    overflow:hidden;
}
#wellcome span {
    font-size:14px;
    float:right;
}
```

图 9-42　CSS 规则(1)

```html
<body>
<div id="top">
    <div id...
</div>
<div id="header">
    <div id="header_con">
        <div id="logo"></div>
    </div>
</div>
</body>
```

图 9-43　页面结构(2)

```css
#header {
    width:100%;
    height:72px;
    background:
url(../images/header_bg.gif)
repeat-x left top;
}
#header_con {
    width:1000px;
    height:72px;
    margin:0 auto;
}
#logo {
    width:173px;
    height:63px;
    background:
url(../images/logo.png)
no-repeat;
    float:left;
    margin-left:20px;
}
```

图 9-44　CSS 规则(2)

⑤ 在 logo 容器后面插入 nav 容器,并在该容器内部使用无序列表创建导航,其结构如图 9-45 所示。切换到 div.css 文件中,创建 CSS 规则,如图 9-46 和图 9-47 所示。

```html
<div id="header">
  <div id="header_con">
    <div id="logo"></div>
    <ul id="nav">
      <li><a href="#" class="on">首页</a></li>
      <li><a href="#">公司简介</a></li>
      <li><a href="#">产品中心</a></li>
      <li><a href="#">新闻动态</a></li>
      <li><a href="#">生产车间</a></li>
      <li><a href="#">在线订单</a></li>
      <li><a href="#">合作洽谈</a></li>
    </ul>
  </div>
</div>
```

图 9-45　页面结构(3)

```css
#nav {
    width:700px;
    height:35px;
    float:right;
    margin-top:37px;
    display:inline;
}
#nav li {
    width:100px;
    height:35px;
    float:left;
    line-height:35px;
    text-align:center;
}
```

图 9-46　CSS 规则(3)

```css
#nav li a {
    display:block;
    width:100px;
    height:35px;
    font-size:14px;
    color:#000;
}
#nav li a:hover {
    text-decoration:none;
    color:#fff;
    background:
url(images/nav_bg.gif)
no-repeat center;
}
#nav li a.on {
    background:
url(images/nav_bg.gif)
no-repeat center;
    color:#fff;
}
```

图 9-47　CSS 规则(4)

⑥ 保存当前文档,通过浏览器预览可以看到效果,如图 9-48 所示。

图 9-48　预览效果(1)

3. banner 区域的制作

① 在 header 容器后面插入名为 banner 的 div 容器,并在该容器内部插入名为 banner_con 的 div 容器。

205

② 在 banner_con 容器内部插入一幅图像,用于 banner 的美化。

③ 在 banner_con 容器后面插入名为 banner_down 的 div 容器,具体页面结构如图 9-49 所示。切换到 div. css 文件中,创建 CSS 规则,如图 9-50 所示。

```
<div id="header">
  <div i..
</div>
<div id="banner">
  <div id="banner_con"><img src="images/banner_03.jpg"
  width="920" height="263" /></div>
</div>
<div id="banner down"></div>
```

图 9-49　页面结构(4)

```
#banner {
      width:100%;
      height:290px;
      background:
url(../images/banner_bg.gif) repeat-x;
      padding-top:1px;
}
#banner_con {
      width:985px;
      height:290px;
      margin:0 auto;
      padding:10px 0 0 15px;
}
#banner_con img {
      border:4px #FFF solid;
}
#banner_down {
      width:100%;
      height:30px;
      background:
url(../images/banner_down_bg.gif)
repeat-x;
}
```

图 9-50　CSS 规则(5)

④ 保存当前文档,通过浏览器预览可以看到效果,如图 9-51 所示。

图 9-51　预览效果(2)

4. 主体区域的制作

① 将光标置于"设计"视图中,在"插入"面板的"常用"选项卡中单击"插入 Div 标签"按钮,弹出"插入 Div 标签"对话框,在"插入"下拉菜单中选择"在标签之后"选项,并在其后方下拉菜单中选择"<div id＝"banner_down">"选项,在 ID 下拉列表框中输入content,最后单击"确定"按钮,即可在 banner_down 容器后面插入 content 容器。

② 在 content 容器内部插入名为 pro 的 div 容器,并在该容器内部使用无序列表创建

内容,其页面结构如图 9-52 所示。

③ 切换到 div.css 文件中,创建 CSS 规则,如图 9-53 所示。保存当前文档,通过浏览器预览可以看到效果,如图 9-54 所示。

④ 在 pro 容器内部插入名为 about 的 div 容器,并在该容器内部插入 about_con 容器,以及相关文字内容,其页面结构如图 9-55 所示。

```html
<div id="banner_down"></div>
<div id="content">
  <div id="pro">
    <ul>
      <li><a href="#">3100系列电磁开关</a></li>
      <li><a href="#">7000系列电磁开关</a></li>
      <li><a href="#">6100系列电磁开关 </a></li>
      <li><a href="#">5900系列电磁开关</a></li>
    </ul>
  </div>
</div>
```

图 9-52 页面结构(5)

```css
#content {
    width:940px;
    margin:0 auto;
}
#pro {
    width:300px;
    float:left;
    margin-right:10px;
    background:
url(../images/pro_bg.jpg)
no-repeat center top;
}
#pro ul {
    width:260px;
    height:128px;
    margin-top:130px;
    margin-left:20px;
}
#pro ul li {
    width:260px;
    height:32px;
    line-height:32px;
    background:
url(../images/icon.gif)
no-repeat left center;
    text-indent:28px;
    border-bottom:1px dashed
#7c7c7c;
}
```

图 9-53 CSS 规则(6)

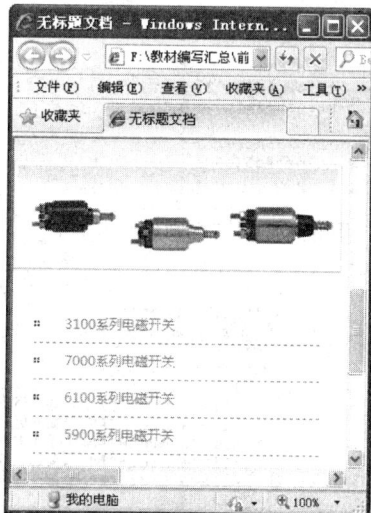

图 9-54 预览效果(3)

```html
<div id="content">
  <div id="pro">
    <ul> <l...
  </div>
  <div id="about">
    <div id="about_con">字泽汽车有限公...<span class="red">
<a href="#">[了解更多]</a></span></div>
  </div>
</div>
```

图 9-55 页面结构(6)

⑤ 切换到 div.css 文件中,创建 CSS 规则,如图 9-56 所示。保存当前文档,通过浏览器预览可以看到效果,如图 9-57 所示。

⑥ 在 about 容器后面插入名为 news 的 div 容器,并在该容器内部使用无序列表创建内容,其页面结构如图 9-58 所示。

⑦ 切换到 div.css 文件中,创建 CSS 规则,如图 9-59 所示。保存当前文档,通过浏览器预览可以看到效果,如图 9-60 所示。

⑧ 由于在实现主体区域的布局时,部分 div 容器使用了浮动属性,为了使后续制作不受浮动的影响,需要清除浮动属性。这里采用插入应用"clear"类的 div 容器模式清除浮动,在 content 容器后面插入该 div 容器即可,结构如图 9-61 所示。

```
#about {
    width:300px;
    float:left;
    margin-right:50px;
    background:
url(../images/about_bg.jpg)
no-repeat center top;
    margin-right:10px;
}
#about_con {
    width:285px;
    text-indent:2em;
    margin:0 auto;
    margin-top:135px;
    line-height:1.5;
}
span.red a {
    color:#a61002;
    margin-left:197px;
}
span.red a:hover {
    color:#d51e0d;
}
```

图 9-56 CSS 规则(7)

图 9-57 预览效果(4)

```
<div id="about">
  <div i...
</div>
<div id="news">
  <ul>
    <li><a href="#">志远：汽车电器的未来发展动向</a></li>
    <li><a href="#">美如彩虹 拍雪铁龙C3毕加索</a></li>
    <li><a href="#">个子小力气足！你所忽视的大马小车</a></li>
    <li><a href="#">晋商助收购悍马 国产价减半</a></li>
    <li><a href="#">全国工商联汽车摩托车配件订购会在上海举行</a></li>
  </ul>
  <span class="red"><a href="#">[更多资讯]</a></span> </div>
```

图 9-58 页面结构(7)

```
#news {
    width:300px;
    float: left;
    background:
url(../images/news_bg.jpg)
no-repeat;
}
#news ul {
    width:300px;
    margin-top:135px;
}
#news ul li {
    height:23px;
    line-height:23px;
    background:
url(../images/icon1.gif)
no-repeat left center;
    text-indent:20px;
}
```

图 9-59 CSS 规则(8)

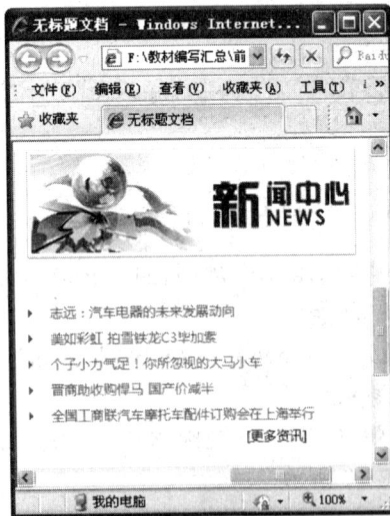

图 9-60 预览效果(5)

```
<div id="content">
  <div id...
</div>
<div class="clear"></div>
```

图 9-61 清除浮动

208

5. 合作区域的制作

① 将鼠标光标定位在图 9-61 中"<div class="clear"></div>"的后面,在当前位置插入名为 hezuo 的 div 容器。

② 在该容器内部插入标题、rollBox 容器和图像,具体页面结构如图 9-62 所示。

```
<div class="clear"></div>
<div id="hezuo">
  <h2></h2>
  <div id="rollBox">
    <ul>
      <li><a href="#"><img src="images/logo01.jpg" width="138" height="68" /></a></li>
      <li><a href="#"><img src="images/logo02.jpg" width="138" height="68" /></a></li>
      <li><a href="#"><img src="images/logo03.jpg" width="138" height="68" /></a></li>
      <li><a href="#"><img src="images/logo04.jpg" width="138" height="68" /></a></li>
      <li><a href="#"><img src="images/logo05.jpg" width="138" height="68" /></a></li>
      <li><a href="#"><img src="images/logo06.jpg" width="138" height="68" /></a></li>
    </ul>
  </div>
</div>
<div class="clear"></div>
```

图 9-62　页面结构(8)

③ 切换到 div.css 文件中,创建 CSS 规则,如图 9-63 和图 9-64 所示。保存当前文档,通过浏览器预览可以看到效果。

```
#hezuo {
    width:930px;
    height:100px;
    margin:0 auto;
    margin-top:20px;
}
#hezuo h2 {
    width:910px;
    height:17px;
    background:
url(../images/hz.gif) no-repeat
 left center;
}
#rollBox {
    background-color:#fff;
    border:1px solid #fff;
    clear:both;
    height:80px;
    margin:0;
    padding:10px 10px 0;
    width:910px;
}
```

图 9-63　CSS 规则(9)

```
#rollBox ul {
    list-style:none;
}
#rollBox ul li {
    margin-right:10px;
    float:left;
}
#rollBox ul li a {
    display:block;
    width:140px;
    height:70px;
    background:
url(../images/move-bg.gif)
no-repeat center center;
}
#rollBox img {
    padding:1px;
    display:block;
    margin:0 auto;
    width:138px;
    height:68px;
}
```

图 9-64　CSS 规则(10)

6. footer 区域的制作

① 将鼠标光标定位在图 9-62 中"<div class="clear"></div>"的后面,在当前位置插入名为"footer"的 div 容器。在该容器中插入相关版权内容,如图 9-65 所示。

```
<div id="footer">
  <div id="footer_con">宇泽集团 版权所有<span>技术支持: 宇泽网络</span></div>
</div>
```

图 9-65　页面结构(9)

② 切换到 div.css 文件中,创建 CSS 规则,如图 9-66 所示。至此,网站主页整体布局全部完成。

209

7. 使用 index. html 创建模板

① 打开刚刚制作完成的网站主页页面 index. html,执行"文件"→"另存为模板"命令,打开"另存模板"对话框。

② 在对话框中的"站点"下拉列表中选择站点"模板示例",在"另存为"文本框中输入模板名称 muban,如图 9-67 所示。单击"保存"按钮,将当前页面"index. html"保存为用于创建其他页面的模板。

③ 创建成功后,软件将 muban. dwt 文件保存在 Templates 文件夹下。在模板文档 muban. dwt 中选择名为 content 的 div 容器。

④ 执行菜单栏中的"插入"→"模板对象"→"可编辑区域"命令,或者按下组合键 Ctrl＋Alt＋V,此时打开"新建可编辑区域"对话框,如图 9-68 所示。在该对话框的"名称"文本框中输入可编辑区域的名称 content,单击"确定"按钮,即可创建可编辑区域。

```
#footer {
    width:100%;
    height:85px;
    background:#424242;
    margin-top:20px;
    padding-top:10px;
}
#footer_con {
    width:930px;
    height:74px;
    line-height:74px;
    text-indent:200px;
    border-top:1px solid
#707477;
    margin:0 auto;
    background:
url(../images/logo2.png)
no-repeat left center;
    color:#fff;
}
#footer_con span {
    float:right;
    display:inline;
}
```

图 9-66　CSS 规则(11)

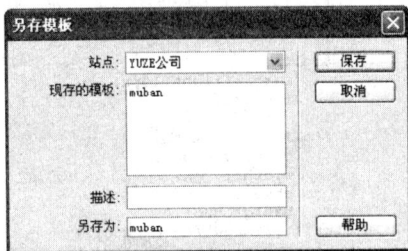

图 9-67　"另存模板"对话框

图 9-68　创建可编辑区域

8. 使用模板创建二级页面

① 执行"文件"→"新建"命令,打开"新建文档"对话框,选择"模板中的页"选项卡,在"站点"列表中选择当前站点下的模板文件 muban,单击"创建"按钮,即可基于模板创建一个新页面。

```
<div id="content">
   <div id="leftsiderbar">
      <h2>人才招聘</h2>
      <ul>
         <li><a href="#">岗位介绍</a></li>
         <li><a href="#">人才培养</a></li>
         <li><a href="#">培训交流</a></li>
      </ul>
   </div>
</div>
```

图 9-69　页面结构(10)

② 删除 content 容器内部所有内容,然后创建名为 leftsiderbar 的 div 容器,并在该容器内部使用无序列表制作侧边栏导航,如图 9-69 所示。

③ 切换到 div. css 文件中,创建 CSS 规则,如图 9-70 和图 9-71 所示。

④ 保存当前文档,通过浏览器预览可以看到效果,如图 9-72 所示。

⑤ 在 leftsiderbar 容器后面插入名为 right_content 的 div 容器,并在该容器内部插入标题和 3 组 7 行 2 列的表格,由于表格结构较多这里不再给出页面结构,请读者参考本示例源文件。

```
#leftsiderbar {
    width:218px;
    float:left;
    padding-bottom:20px;
    border-left:1px #a52001 solid;
    border-bottom:1px #a52001 solid;
    border-right:1px #a52001 solid;
}
#leftsiderbar h2 {
    line-height:30px;
    font-size:18px;
    text-align: center;
    background:#a52001;
    color:#FFF;
}
#leftsiderbar ul {
    width:218px;
}
```

图 9-70　CSS 规则(12)

```
#leftsiderbar ul li {
    margin-bottom:5px;
    list-style:none;
}
#leftsiderbar ul li a {
    display:block;
    width:218px;
    height:24px;
    line-height:24px;
    text-align:center;
    color: #999;
    font-size:14px;
    border-bottom:1px #a52001 dashed;
}
#leftsiderbar ul li a:hover {
    color:#000;
    text-decoration:none;
}
```

图 9-71　CSS 规则(13)

⑥ 切换到 div.css 文件中,创建 CSS 规则,用于美化表格外观,如图 9-73 所示。保存当前文档,通过浏览器预览可以看到效果。至此,网站的二级页面已经制作完成,读者可以根据制作过程制作其他页面,这里不再赘述。

图 9-72　预览效果(6)

```
#right_content {
    float:left;
    margin-left:20px;
    width:668px;
}
#right_job {
    margin-top:20px;
}
#right_job table {
    margin-bottom:10px;
    border:1px solid #EBEBEB;
    border-collapse:collapse;
}
#right_job table th {
    background:  #FAFAFA;
    border:1px solid #EBEBEB;
    font-weight:normal;
}
#right_job table td {
    padding-left:10px;
    border:1px solid #EBEBEB;
}
```

图 9-73　CSS 规则(14)

9.4　实　　训

1. 实训要求

利用本章所学习的模板知识,快速创建多个布局相似的页面。

2. 过程指导

① 启动 Dreamweaver CS5,并创建站点。在站点内部创建如图 9-74 所示的页面,示意图如图 9-75 所示。

211

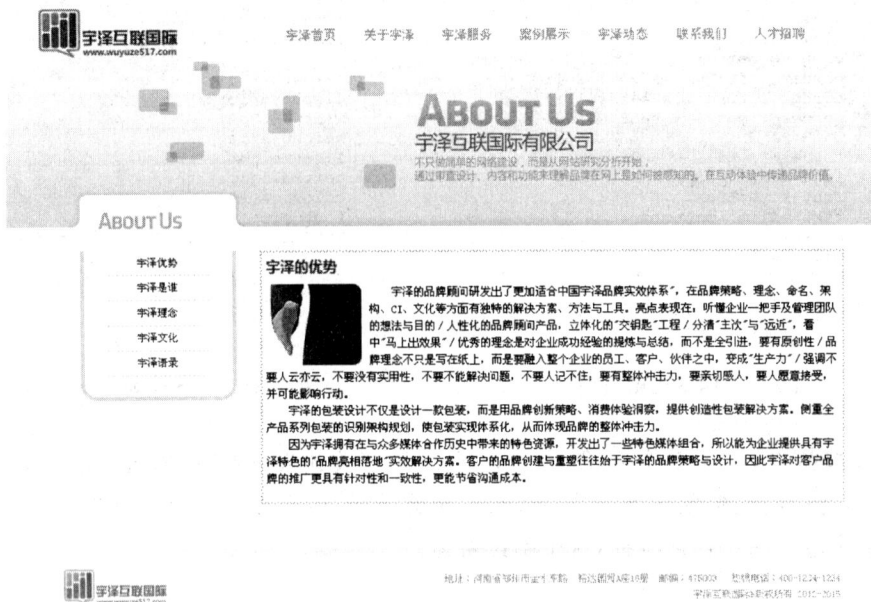

图 9-74　效果图

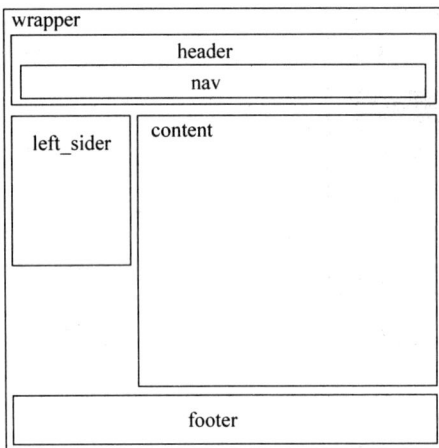

图 9-75　示意图

②　将制作完成的网页另存为模板,并在模板中指定可以编辑的 div 容器。

③　在 Dreamweaver CS5 菜单栏执行"文件"→"新建"命令,在弹出的对话框中选择"空模板"选项。然后根据实际需要从右边"模板类型"中选择需要的模板,最后单击"创建"按钮即可创建与模板布局相同的新页面。

④　根据实际需要,新增或删除部分 div 容器,完成对应页面的制作,如图 9-76所示。

图 9-76　根据模板制作出的其他页面

9.5　习　　题

1. 什么是模板？它有什么作用？
2. 什么是行为、事件和动作？
3. 举例说明网页中“行为”的应用领域。
4. 在网页中插入“火焰燃烧文字”Java Applet 对象，设置相关参数，使得页面效果如图 9-77 所示。
5. 使用“应用弹出信息行为”制作一个弹出式信息，如图 9-78 所示。

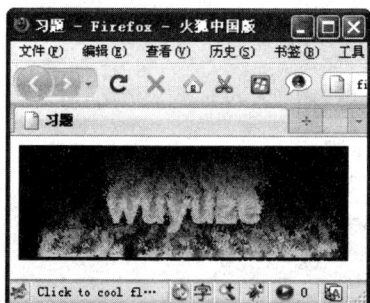

图 9-77　习题 4 对应图

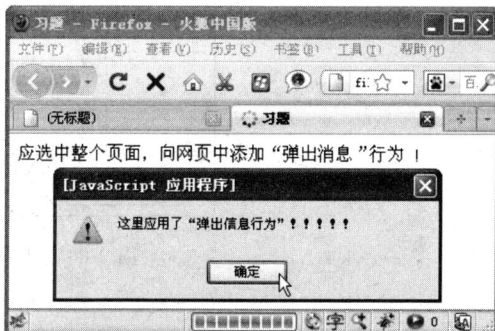

图 9-78　习题 5 对应图

6. 使用模板的知识创建如图 9-79 所示的多个页面,示意图如图 9-80 所示。

图 9-79　最终效果

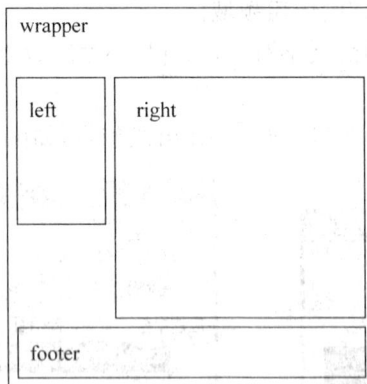

图 9-80　布局示意图

第 10 章　网站后台的设计与制作

- ❑ 了解网站后台管理系统的作用。
- ❑ 能够利用框架知识完成页面的搭建。
- ❑ 能够灵活运用"DIV＋CSS"模式完成多个页面的制作。
- ❑ 能够完成导航与各个页面的链接设置。

网站后台管理系统主要是用于对网站前台的信息管理,如文字、图片、影音,以及其他日常文件的发布、更新、删除等操作,同时也包括各种信息进行统计和管理。总之,网站后台就是对网站数据库和相关文件进行快速操作的平台,以使得前台内容得到及时的更新调整。本章主要向读者介绍网站后台的设计与静态页面实现方法,对于如何实现动态管理功能这里不作为重点。

10.1　规划与分析

网站后台管理系统的主要功能包括信息发布、图片及其他文件上传、内容采集、图片添加水印、信息审核、会员审核和消息群发等,以及对上述所有信息的修改删除操作。本节以实现网站后台最基本的功能页面为目标,向读者介绍其实现过程。

10.1.1　相关概念

创建网站后台管理系统的目的就是让不熟悉网站的用户有一个直观的表示方法,也让各种网络编程语言用户可以通过简单的方式来开发个性化的网站。

1. 后台的分类

根据不同的需求,网站后台管理系统有几种不同的分类方法。从应用层面来讲,可以被划分为侧重于后台管理的后台管理系统、侧重于风格设计的后台管理系统和侧重于前台发布的后台管理系统。

2. 开发语言

现在比较常见的网站后台管理系统开发语言主要有 ASP 和 PHP。由于用 PHP 开发的网站后台管理系统语言的加密性不强,所以用 PHP 开发的网站后台管理系统基本上都是开源的。

3. CMS

CMS(Content Management System)译为"内容管理系统",可以加快网站开发的速度和减少开发的成本。CMS 其实是一个很广泛的称呼,从一般的博客程序、新闻发布程序到综合性的网站管理程序都可以被称为内容管理系统。国内最常用的 CMS 系统有DEDE、帝国网站管理系统、动易和逐浪等。

10.1.2　规划设计

网站后台管理系统要根据网站本身的内容和性质进行开发,但对网页维护模块来讲都有添加、删除和修改等基本的数据库维护功能。这里以设计制作"团购网"的后台管理系统为虚拟目标,规划设计团购网后台的基本页面。此外,结合表格以及框架的基本知识,使用 Dreamweaver CS5 制作网站后台管理平台的基本页面。

1. Login 页面

登录页面应该包括网站的 Logo、用户名、密码、按钮等元素,通过成熟的构思与设计,Login 页面最终效果如图 10-1 所示,布局示意图如图 10-2 所示。

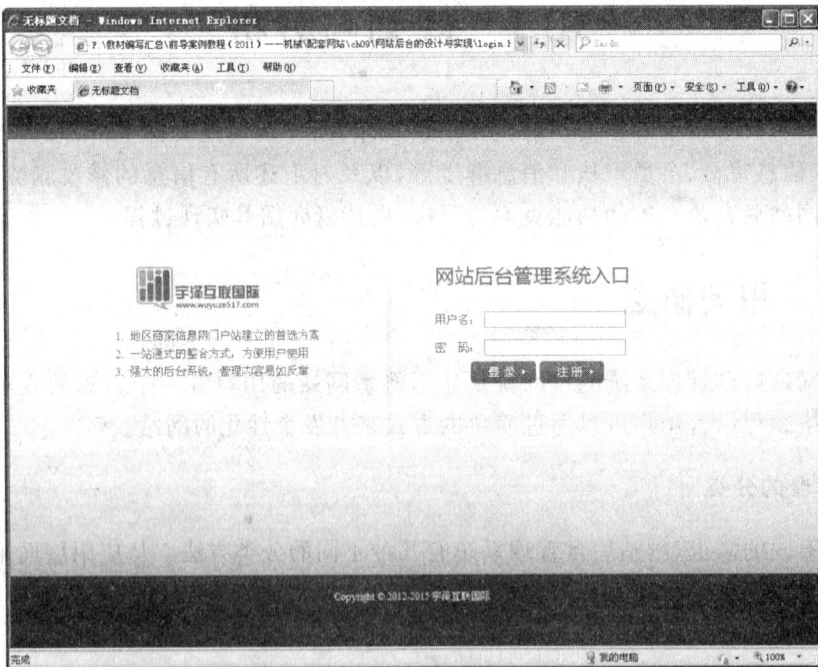

图 10-1　登录页面最终效果

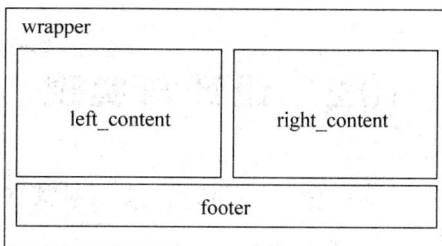

图 10-2　登录页面布局示意图

2. 后台管理页面

通过构思拟采用框架实现后台页面，单个面的最终效果如图 10-3 所示。从页面整个布局来看，页面由顶部、左侧、右侧以及底部 4 个框架组合而成，分别对应 header.html、left.html、main.html 和 foot.html 4 个页面，示意图如图 10-4 所示。

图 10-3　后台某页面最终效果

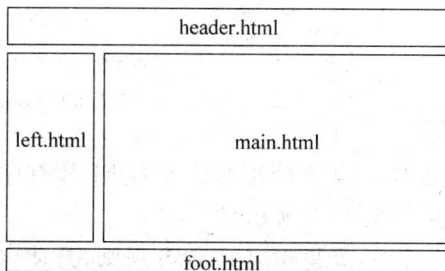

图 10-4　后台框架示意图

10.2　设计与实现

根据之前的分析,Login 页面拟使用 login.css 文档对其进行控制,后台页面拟使用 div.css 文档对其进行控制。

10.2.1　登录页面的实现

1. 创建站点

① 启动 Dreamweaver CS5 创建站点,并在站点内分别创建用于放置图像的 images 文件夹和放置 CSS 文件的 style 文件夹。

② 分别创建空白 XHTML 文档和 CSS 文档,将网页文档保存在根目录下,并重命名为 login.html,将 CSS 文档保存在 style 文件夹下,并重命名为 login.css。

③ 将创建完成的网页文档和 CSS 文档链接起来。

2. 实现过程

① 待准备工作结束后,切换到 login.html 文档中,在"插入"面板的"常用"选项卡中单击"插入 Div 标签"按钮,弹出"插入 Div 标签"对话框,在"插入"下拉菜单中选择"在插入点"选项,在 ID 下拉列表框中输入 wrapper,最后单击"确定"按钮,即可在页面中插入 wrapper 容器。

② 切换到 login.css 文档,为整个页面进行初始化定义,如图 10-5 所示。

③ 切换回 login.html 文档中,删除 wrapper 容器内多余文字,在"插入"面板的"常用"选项卡中单击"插入 Div 标签"按钮,按照如图 10-6 所示的参数设置在 wrapper 容器内部插入 left_content 容器。

```
* {
    margin:0;
    padding:0;
}
.fl {
    float:left;
}
.fr {
    float:right;
}
.clear {
    clear:both;
}
```

图 10-5　CSS 规则(1)

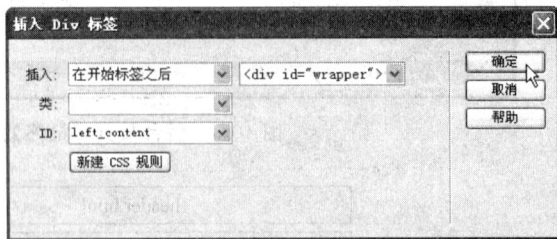

图 10-6　插入 left_content 容器

④ 在 left_content 容器内部,依次使用标题元素 h1 和有序列表 ol 元素作为盛放容器,放置相关文字,具体结构如图 10-7 所示。

⑤ 切换到 login.css 文档中,编写相应的 CSS 规则,具体内容如图 10-8 所示。保存当前文档,通过浏览器预览后的效果如图 10-9 所示。

```
<div id="wrapper">
  <div id="left_content" class="fl">
    <h1>宇泽互联国际</h1>
    <ol>
      <li>地区商家信息网门户站建立的首选方案</li>
      <li>一站通式的整合方式，方便用户使用</li>
      <li>强大的后台系统，管理内容易如反掌</li>
    </ol>
  </div>
</div>
```

图 10-7 页面结构(1)

```
body {
    background:#1d3647
url(../images/login_bg.jpg) repeat-x;
    font-size:14px;
    line-height:1.5;
    color: #666;
}
#wrapper {
    width:1000px;
    margin:40px auto 0 auto;
}
#left_content {
    width:330px;
    height:380px;
    padding:150px 0 0 150px;
    background:url(../images/login_line.jpg)
no-repeat right center;
}
#left_content h1 {
    background:url(../images/logo.png)
no-repeat;
    height:80px;
}
```

图 10-8 CSS 规则(2)

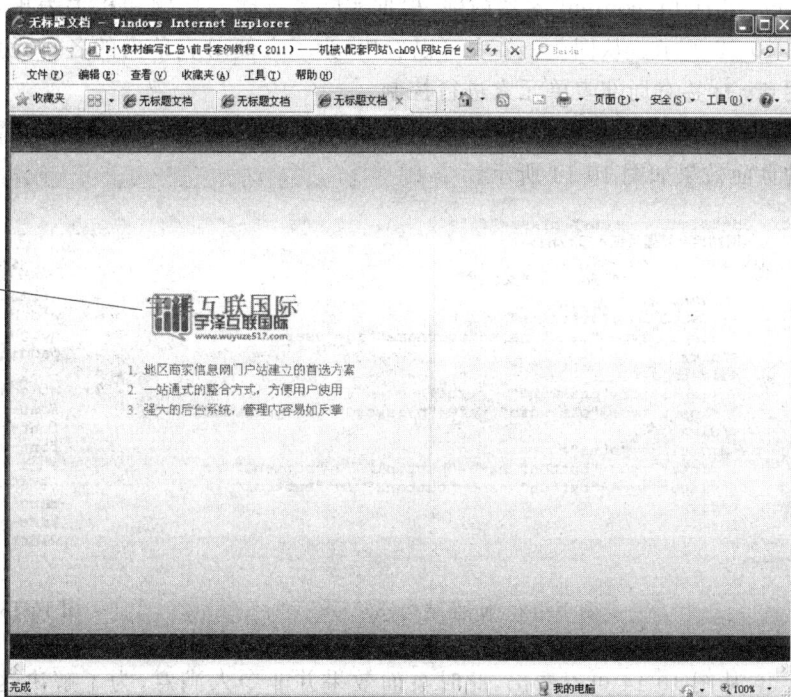

图 10-9 预览效果(1)

⑥ 为了解决文字与图像重叠的问题，这里需要将文字进行隐藏。切换到 login. css 文档中，在"♯left_content h1"规则内添加"text-indent：－9999px;"规则，其含义是让文字缩进－9999px 的距离，由于当前显示器不可能有 9999px 的宽度，所以文字被"隐藏"了。

⑦ 切换回 login. html 文档中，在"插入"面板的"常用"选项卡中单击"插入 Div 标签"按钮，弹出"插入 Div 标签"对话框，在"插入"下拉菜单中选择"在标签之后"选项，并在后

219

面的下拉菜单中选择"＜div id＝"left_content"＞"选项,在"ID"下拉列表框中输入 right_content,最后单击"确定"按钮,即可在 left_content 容器后面插入 right_content 容器,如图 10-10 所示。

⑧ 由于 left_content 容器之前已经赋予浮动属性,这里为了让 right_content 容器放置在 left_content 容器的右边,也需要赋予浮动属性,具体页码结构如图 10-11 所示。

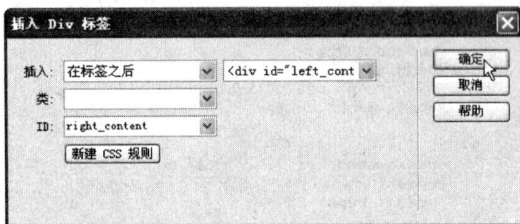

图 10-10　插入 right_content 容器

```
<div id="wrapper">
  <div id="left_content" class="fl">
    <h1>字泽互联国际</h1>
    <ol>
      <li>地区...
    </ol>
  </div>
  <div id="right_content" class="fl"></div>
</div>
```

图 10-11　页面结构(2)

⑨ 在 right_content 容器内部,根据实际需要插入标题和相关表单,具体的代码结构如图 10-12 所示。从图 10-12 中可以看出,为了方便对表单内的各种元素进行控制,可以使用 div 标签对局部表单元素进行控制。

⑩ 切换到"login.css"文档中,编写相应的 CSS 规则,具体内容如图 10-13 所示。此时的页面效果如图 10-14 所示。

```
<div id="right_content" class="fl">
  <h1>网站后台管理系统入口</h1>
  <div id="sys">
    <form action="" method="post">
      <div>用户名:
        <label for="username"></label>
        <input type="text" name="username" id="username" />
      </div>
      <div>密　码:
        <label for="password"></label>
        <input type="password" name="password" id="password" />
      </div>
      <div class="btns">
        <input type="button" name="button1" id="button1" />
        <input type="button" name="button2" id="button2" />
      </div>
    </form>
  </div>
</div>
```

图 10-12　页面结构(3)

```
#right_content {
    width:330px;
    height:380px;
    padding:150px 0 0 50px;
}
#right_content h1 {
    font-size:24px;
    font-family:"微软雅黑";
    font-weight:normal;
}
#sys {
    margin-top:20px;
    line-height:2.4;
    width:250px;
}
```

图 10-13　CSS 规则(3)

⑪ 从图 10-14 可以看出,此时页面效果并非令人满意,为了解决这个问题再次切换到 login.css 文档中,编写对应的 CSS 规则,如图 10-15 所示。保存当前网页文档,通过浏览器预览可以看到效果,如图 10-16 所示。

⑫ 切换回 login.html 文档中,将鼠标指针定位在"设计"视图中,在"插入"面板的"常用"选项卡中单击"插入 Div 标签"按钮,按照如图 10-17 所示的参数设置在 right_content 容器后面插入 footer 容器。

⑬ 由于 left_content 容器和 right_content 容器均使用了浮动属性,为了解决后面容器布局混乱,这里为 footer 容器增加清除浮动的属性,并在其内部插入相关版权文字,具体结构如图 10-18 所示。

```
#username, #password {
    width:170px;
}
#button1 {
    border:none;
    background: url(../images/014.gif)
no-repeat 0 0;
    width:80px;
    height:27px;
}
#button2 {
    border:none;
    background: url(../images/015.gif)
no-repeat 0 0;
    width:80px;
    height:27px;
}
.btns {
    text-align:center;
}
```

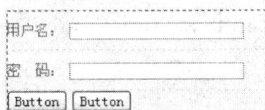

图 10-14　预览效果(2)

图 10-15　CSS 规则(4)

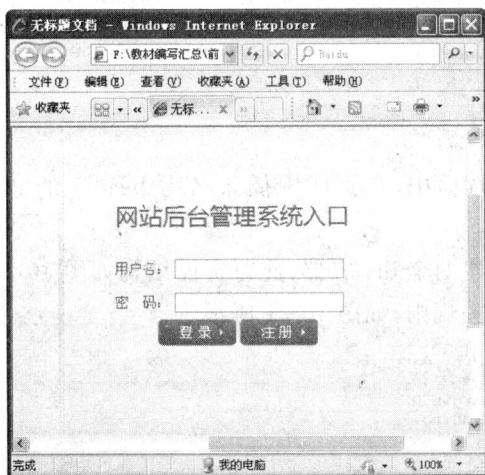

图 10-16　预览效果(3)

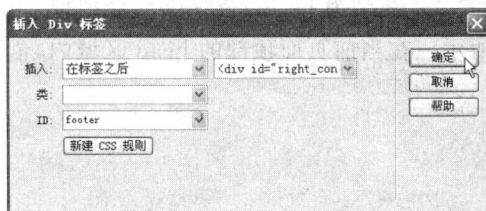

图 10-17　插入 footer 容器

⑭ 切换到 login.css 文档中,编写对应的 CSS 规则,如图 10-19 所示。至此,网站后台登录页面已经制作完成,读者可以根据喜好自行修改部分 CSS 规则。

```
<div id="footer" class="clear">Copyright ©
2012-2015 宇泽互联国际</div>
```

图 10-18　页面结构(4)

```
#footer {
    color:#FFF;
    font-size:12px;
    text-align:center;
    height:50px;
    padding-top:20px;
}
```

图 10-19　CSS 规则(5)

10.2.2　后台页面的实现

1. 创建包含框架的 XHTML 文档

根据之前的分析,这里拟采用框架的形式作为后台页面的基础。

① 在菜单栏中执行"文件"→"新建"命令,打开"新建文档"对话框。在此对话框中,选择"示例中的页"选项卡,在"示例文件夹"中选择"框架页",在"示例页"中选择"上方固定,左侧嵌套"的框架布局,最后单击"创建"按钮,即可创建包含框架的网页。

② 在软件菜单栏中执行"查看"→"可视化助理"→"框架边框"命令,使得边框在"设计"视图中显示出来。

③ 选择整个框架的底部边框,向上拖动一定距离,即可创建底部框架。

④ 将光标分别定位在框架集的各个区域,将当前页面分别保存为 header.html、left.html、main.html 和 foot.html,最后将整个框架集保存为 index.html。

2. 将 CSS 文档链接至页面

① 新建空白 CSS 文档,并将该文档重命名为 div.css。

② 将 div.css 文档分别链接到 left.html 和 main.html 页面中。由于 header.html 页面和 foot.html 页面中的内容较少,拟采用内部样式对页面进行控制。

3. header.html 页面的制作

① 根据需要调整顶部框架的高度,这里设置为 75px。

② 将鼠标定位框架顶部的 header.html 页面中,在页面中插入名为 header 的 div 容器。

③ 在名为 header 的 div 容器内部,再次创建两个 div 容器,此时页面结构如图 10-20 所示。在当前页面顶部的 head 区域内,创建相关规则,如图 10-21 所示。

```html
<body>
<div id="header">
  <div id="header_left" ></div>
  <div id="header_right"></div>
</div>
</body>
```

图 10-20 页面结构(5)

```css
<style type="text/css">
* {
    margin:0;
    padding:0;
}
html, body {
    color: #3D3D3D;
    font: 12px/150% Tahoma, Verdana, Helvetica,
Arial, sans-serif;
}
body {
    line-height:1.5;
    background:#dee4ed;
}
#header {
    width:100%;
    height:64px;
    background:  url(images/header_bg.gif)
repeat-x left top;
}
</style>
```

图 10-21 CSS 样式代码(1)

④ 保存当前网页文档,通过浏览器预览可以看到效果,如图 10-22 所示。

图 10-22 预览效果(4)

⑤ 在名为 header_left 的 div 容器内部，插入网站 Logo 图像；在名为 header_right 的 div 容器内部，插入相关文字链接，此时的结构代码如图 10-23 所示。切换到 div.css 文件中，创建相关规则，如图 10-24 所示。

```html
<body>
<div id="header">
  <div id="header_left" class="cl"><img src=
"images/logo_s.png" width="114" height="38" /></div>
  <div id="header_right">欢迎你yuze!
  <a href="#">浏览首页</a>
  <a href="#">清除缓存</a>
  <a href="#">退出系统</a></div>
</div>
</body>
```

图 10-23　页面结构(6)

```css
#header_left {
    float:left;
    margin-left:30px;
}
#header_right {
    float:right;
    height:26px;
    color:#FFF;
    padding-top:5px;
    padding-right:30px;
}
#header_right a {
    width:50px;
    padding-right:3px;
    color:#FFF;
    text-decoration:none;
}
#header_right a:hover {
    text-decoration:underline;
}
```

图 10-24　CSS 规则(6)

⑥ 保存当前网页文档，通过浏览器预览可以看到效果，如图 10-25 所示。

图 10-25　预览效果(5)

4. left.html 页面的制作

该页面用于显示整个管理平台的导航，根据实际经验可知，这种纵向的导航一般采用无序列表或自定义列表进行实现，后期再对其进行美化可呈现出漂亮的外观。具体操作如下：

① 在"设计"视图中，选择左侧框架，根据需要调整左侧框架的宽度，如图 10-26 所示，这里将列宽设置为 175px。

图 10-26　设置左侧框架宽度

② 将鼠标指针定位在左侧框架 left.html 页面中，然后链接 div.css 文档，最后在页面中插入名为 left_nav 的 div 容器。

223

③ 在名为 left_nav 的 div 容器内部,创建一组自定义列表,并且输入相关文字内容,此时的页面结构如图 10-27 所示。

④ 切换到 div.css 文件中,创建相关规则,如图 10-28 和图 10-29 所示。

⑤ 保存页面文档,通过浏览器预览后的效果如图 10-30 所示。

⑥ 参照之前操作,根据后台实际情况的需要,使用自定义列表完成左侧导航结构的搭建。

由于之前已经对导航创建了 CSS 规则,所以只要左侧导航结构搭建完成,其外观便会自动呈现出来,如图 10-31 所示。

```html
<body>
<div id="left_nav">
  <dl>
    <dt>
      <div><strong>管理首页</strong></div>
    </dt>
    <dd>
      <p><a href="#">首页</a></p>
    </dd>
    <dd>
      <p><a href="#">我的账户信息</a></p>
    </dd>
  </dl>
</div>
</body>
```

图 10-27　页面结构(7)

```css
#left_nav dd, #left_nav dt, #left_nav dl, #left_nav p
{
    margin: 0;
    padding: 0;
}/*设置自定义列表内部元素边距为0*/
#left_nav {
    width:175px;
}/*设置导航整体宽度*/
#left_nav dt {
    background: url(../images/left_nav_bg.jpg)
repeat-x left top;
    display: block;
    float: left;
    height: 32px;
    width: 175px;
}/*设置自定义列表标题样式*/
#left_nav dt div {
    background: url(../images/left_nav_icon.gif)
no-repeat left center;
    height: 32px;
}/*设置自定义列表标题前面的装饰图像*/
#left_nav dt div strong {
    color: #FFFFFF;
    display: block;
    height: 32px;
    line-height: 36px;
    overflow: hidden;
    padding: 0 15px 0 20px;
}/*设置自定义列表标题文字风格*/
```

图 10-28　CSS 样式代码(2)

```css
#left_nav dd {
    display: block;
    float: left;
    width: 175px;
}
#left_nav dd p {
    background:
url(../images/left_nav_bg_a.jpg)
no-repeat scroll right 0
transparent;
    height: 32px;
}
#left_nav dd a {
    color: #3B5999;
    display: block;
    height: 32px;
    line-height: 34px;
    margin: 0 30px 0 0;
    overflow: hidden;
    padding: 0 0 0 25px;
    text-decoration:none;
}
#left_nav a:hover {
    text-decoration:underline;
}
```

图 10-29　CSS 样式代码(3)

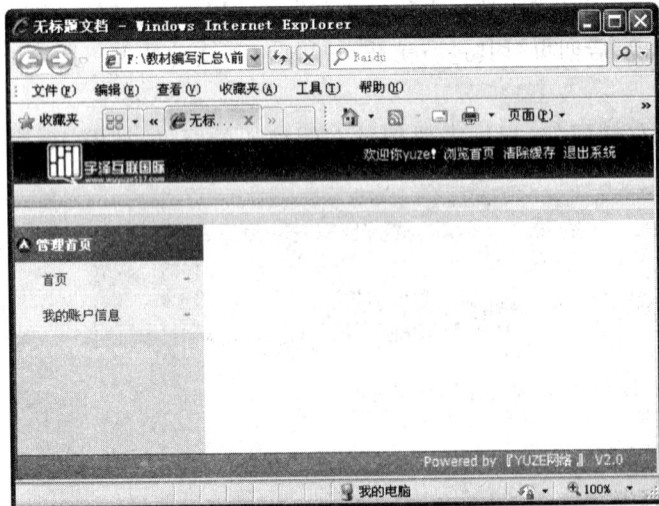

图 10-30　预览效果(6)

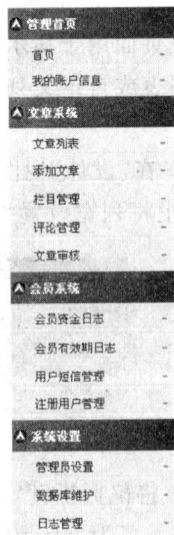

图 10-31　左侧导航预览效果

224

5. main.html 页面的制作

① 将鼠标指针定位在右侧框架 main.html 页面中,然后链接 div.css 文档,最后在页面中插入应用 main 类的 div 容器。

② 在应用 main 类的 div 容器内部,插入应用 content 类的 div 容器,此时的页面结构如图 10-32 所示。

③ 将鼠标定位在应用 content 类的 div 容器的内部,单击"插入"面板"常用"类别中的"表格"按钮,在弹出的对话框中设置相关属性,如图 10-33 所示。

```
<body>
<div class="main">
  <div class="content"></div>
</div>
</body>
```

图 10-32　页面结构(8)

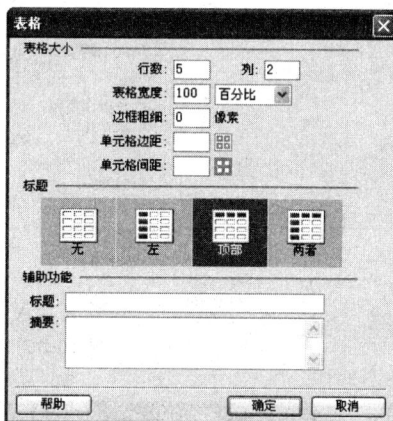

图 10-33　设置表格属性

④ 单击"确定"按钮,即可插入一个 5 行 2 列的表格。合并表格最上方的两个单元格,作为表格的表头,然后在表格中输入文字内容。由于没有编写相应的 CSS 样式,所以此时表格外观十分难看。

⑤ 切换到 div.css 文件中,创建相关规则,如图 10-34 和图 10-35 所示。

```
.main {
    background:#FFF;
    float: left;
    margin-left: 4px;
    margin-top: 3px;
    padding: 0 1px 0 0;
    width: 99%;
    height:800px;
}
.content {
    clear: both;
    float: left;
    font-family: "宋体";
    margin-top: 0;
    padding: 0;
    width: 100%;
}
```

图 10-34　CSS 样式代码(4)

```
table {
    background-color: white;
    border-collapse:collapse;/*合并单元格之间的边*/
}
.list {
    border:1px solid #9CB8CC;
    margin: 0;
    padding: 0;
    text-align: left;
    width: 100%;
}
table .big_row th {
    background: url(../images/th_bg.gif)
repeat-x 0 0;
    font-weight: bold;
    height: 30px;
    line-height: 30px;
    text-align: left;
    font-size:14px;
    padding-left:10px;
}
table td {
    border-bottom: 1px solid silver;
    border-left: 1px #C1C8D2 solid;
    padding: 8px 10px;/*设置内边距上下为8像素距
离,左右为10像素距离*/
    vertical-align: top;/*设置垂直对方方式*/
    font-size:12px;
}
```

图 10-35　CSS 样式代码(5)

⑥ 将编写好的类规则应用在表格中,如图 10-36 所示。依照这种方法,创建多个表格即可完成当前页面的制作。

⑦ 保存当前页面文档,通过浏览器预览即可看到效果,如图 10-37 所示。

```html
<body>
<div class="main">
  <div class="content">
      <table width="100%" border="0" class="list">
        <tr class="big_row">
          <th colspan="2" scope="col">系统信息统计</th>
        </tr>
        <tr>
          <td width="20%">系统名称</td>
          <td>后台管理平台V2.0</td>
        </tr>
        <tr>
          <td>系统时间</td>
          <td>2012年12月3日 09:54:02</td>
        </tr>
        <tr>
          <td>数据库使用</td>
          <td>ACCSEE</td>
        </tr>
        <tr>
          <td>IP地址</td>
          <td>127.1.1.1</td>
        </tr>
      </table>
  </div>
</div>
</body>
```

图 10-36　页面结构(9)

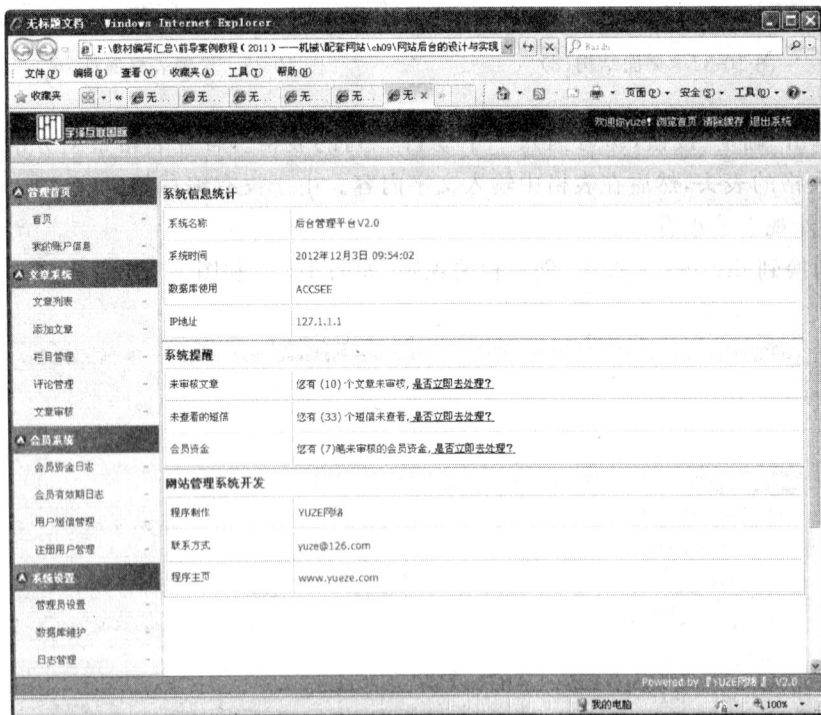

图 10-37　预览效果(7)

6. foot. html 页面的制作

① 根据需要调整底部框架的高度,这里设置为 30px。

② 将鼠标定位框架顶部的 foot. html 页面中,在页面中插入名为 footer 的 div 容器,并输入版权信息,此时的页面结构如图 10-38 所示。

③ 在页面顶部 head 区域内创建内联样式,如图 10-39 所示。保存当前页面文档,通过浏览器预览即可看到效果。

```html
<style type="text/css">
*{
    margin:0;
    padding:0;
}
#footer {
    background:
url(images/footer_bg.gif) repeat-x
left top;
    color: #FFF;
    border-top: 1px solid #566676;
    text-align: right;
    padding-right:30px;
    height:22px;
}
</style>
```

```html
<body>
<div id="footer">Powered by 『YUZE网络 』 V2.0</div>
</body>
```

图 10-38　页面结构(10)

图 10-39　CSS 样式代码(6)

7. 后台其他页面的制作

① 新建 XHTML 文档,并将其保存为 list. html。然后将 div. css 文档链接至当前网页文档中。

② 在 index. html 页面被编辑的状态下,将鼠标定位在右侧 main 框架中,执行菜单栏中的"文件"→"在框架中打开"命令,在弹出的对话框中选择刚刚创建的 list. html 页面。

③ 此时,在 index. html 页面右侧的 main 框架中即刻显示空白的 list. html 页面。为了保持与其他后台页面的统一,这里沿用 main. html 页面的制作规范,即在空白的 list. html 页面中依次创建嵌套关系的容器,具体结构如图 10-40 所示。

④ 在应用 content 类的 div 容器内部,插入应用 title 类的 div 容器,具体结构如图 10-41 所示。

```html
<body>
<div class="main">
  <div class="content"></div>
</div>
</body>
```

```html
<div class="main">
  <div class="content">
    <div class="title" style="border-bottom:1px solid
#9CB8CC;">团购列表</div>
  </div>
```

图 10-40　页面结构(11)

图 10-41　插入应用 content 类的 div 容器

⑤ 切换到 div. css 文档中,为新创建的容器编写 CSS 规则,如图 10-42 所示。

⑥ 在 title 容器后面,插入应用 operate 类的 div 容器,并在其中插入按钮和文本框等多个表单元素,具体结构如图 10-43 所示。

⑦ 切换到 div. css 文档中,编写相应的 CSS 规则,如图 10-44 所示。保存当前页面文

档,通过浏览器预览即可看到效果,如图 10-45 所示。

```
.title {
    background: none repeat scroll 0 0 #FFFFFF;
    border-left: 10px solid #9CB8CC;
    border-top: 1px solid #9CB8CC;
    color: #1E325C;
    display: block;
    float: none;
    font-size: 14px;
    font-weight: bold;
    height: 35px;
    line-height: 36px;
    padding-left: 15px;
}
```

图 10-42   CSS 规则(7)

```
<div class="operate">
  <form action="" method="post">
    <input type="button" class="imgbt" value="新增" />
    <input type="button"  class="imgbt" value="编辑"/>
    <input type="button"  class="imgbt" value="删除"/>
    <input name="" type="text" class="medium" />
    <input type="button" class="imgbt" value="查询" />
  </form>
</div>
```

图 10-43   页面结构(12)

```
.operate {
    background: none repeat scroll
0 0 #D2DBEA;
    border-bottom: 1px solid
#C8CFDA;
    border-left: 1px solid #9CB8CC;
    padding: 5px 8px;
}
.operate .imgbt {
    background:
url(../images/btn.gif) repeat
scroll 0 0 transparent;
    border: medium none;
    cursor: pointer;
    height: 26px;
    width: 73px;
}
.medium {
    width:150px;
    background: none repeat scroll
0 0 #F5F5F5;
    border: 1px solid #999999;
    color: #444444;
    font: 100%/1.2em Tahoma, Arial,
Helvetica, sans-serif;
    margin: 0;
    padding: 3px;
}
```

图 10-44   CSS 规则(8)

图 10-45   预览效果(8)

⑧ 在应用 operate 类的 div 容器后面,插入应用 list 类的 div 容器,并在其中根据实际需要插入 11 行 5 列的表格。参照 main.html 中表格的处理办法,对创建的表格进行美化,这里不再赘述,预览效果如图 10-46 所示。

□	编号	分类名称	排序	操作
□	10	红酒团购	21	编辑 删除
□	11	酒店团购	10	编辑 删除
□	12	化妆品团购	5	编辑 删除
□	13	精品团购	14	编辑 删除
□	14	美容美发	31	编辑 删除
□	15	休闲娱乐	22	编辑 删除
□	16	餐饮美食	17	编辑 删除
□	17	电脑配件	9	编辑 删除
□	18	数码产品	16	编辑 删除
□	19	驾校团购	4	编辑 删除

图 10-46   预览效果(9)

228

8. 链接导航

在 left. html 页面中,选择"首页"文字内容,将其链接目标设置为 main. html,并且显示目标设置为 mainFrame,即可实现单击对应文字链接,在右侧框架内显示详细内容的效果。

至此,后台管理平台的基本制作方法已经全部讲解完成,读者可根据之前的讲述再创建多个页面,并将这些页面与左侧导航建立联系即可完成整个后台的制作,由于制作步骤雷同,这里不再赘述。

10.3　实　　训

1. 实训要求

利用框架的相关知识,设计并实现网站后台管理系统的基本静态页面。

2. 过程指导

① 启动 Dreamweaver CS5,并创建站点。在站点内创建包含"上方固定,左侧嵌套"的框架文档。

② 在软件菜单栏中执行"查看"→"可视化助理"→"框架边框"命令,使得边框在"设计"视图中显示出来。

③ 将光标分别定位在框架集的各个区域,将当前页面分别保存为 top. html、menu. html 和 main. html,最后将整个框架集保存为 index. html。

④ 根据实际需要创建 CSS 文档,并将该文档链接至对应的网页。

⑤ 参照图 10-47 和图 10-48 所示的预览效果,完成网站后台多个页面的制作。

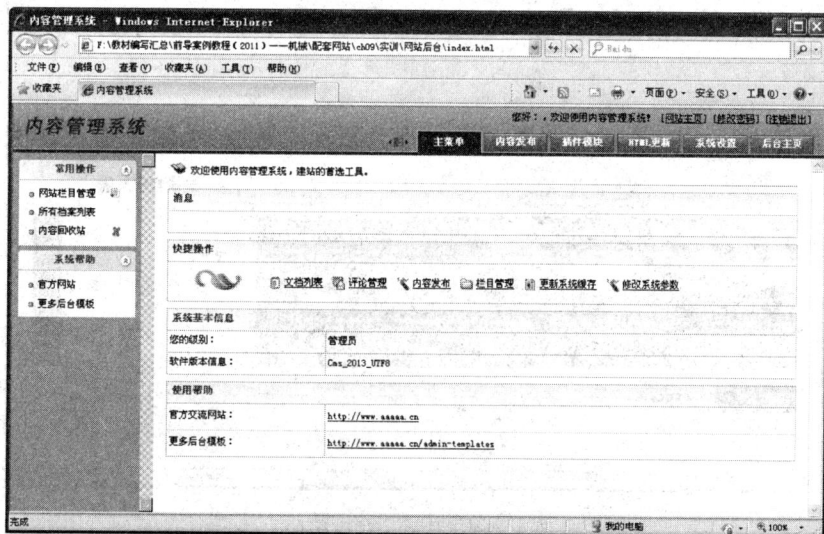

图 10-47　效果图

图 10-48   示意图

10.4   习   题

1. 网站后台的功能是什么？

2. 什么是 CMS?

3. 参照图 10-49 和图 10-50 所示的效果完成后台管理系统的基本页面制作。

图 10-49   习题 3 对应图(1)

图 10-50　习题 3 对应图（2）

第11章 论坛的设计与实现

❑ 了解论坛的基本概念。

❑ 了解论坛的主流程序。

❑ 理解表格元素作为论坛主要部分实现的理由,以及表格的具体应用。

论坛又称为 BBS(Bulletin Board System,电子公告栏系统),它为广大访问者提供了开放的互交平台,用户在 BBS 站点上可以获得发布信息、讨论和聊天等各种信息服务。本章结合之前所学的 CSS 知识,向读者介绍论坛的设计与静态页面的实现方法,对于如何实现论坛的各种功能这里不作为重点。

11.1 规划与分析

论坛最初是为了给计算机爱好者提供一个互相交流的地方而存在的,但随着计算机用户的增多目前已经扩展到各行各业之中。

11.1.1 相关概念

1. 论坛的分类

由于论坛快速的发展壮大,现在的论坛几乎涵盖了生活的各个方面,每一个人基本上都可以找到自己感兴趣或者需要了解的专题性论坛。总的来看可以将论坛分为三类。

(1)校园型论坛

目前各大高校的论坛均为实名制下校内交流的平台,主要提供学术科学、计算机技术、文化人文、体育健身等诸多领域的知识。

(2)商业型论坛

商业型论坛主要进行商业宣传和产品推荐,目前手机论坛、汽车论坛、房地产论坛比比皆是。

(3)专题型论坛

专题型论坛,能够吸引真正志同道合的人一起来交流探讨,有利于信息的分类整合和搜集,专题型论坛对学术、科研、教学都起到重要的作用,如军事论坛、感情诉求类论坛和动漫论坛等。

2．论坛营销

论坛营销指的是企业利用论坛这种网络交流的平台，通过文字、图片、视频等方式发布企业产品信息和服务信息，从而让目标客户更加深刻地了解企业的产品和服务，最终达到企业宣传企业的品牌、加深市场认知度的网络营销活动。

此外，还可以聘请或培养自己的专栏作家和专栏评论家，针对网友广泛关心的话题发言，潜移默化地引导论坛逐渐形成自己的主流风格。

3．主流论坛程序

（1）Discuz

Crossday Discuz! Board 简称 Discuz，它是康盛创想科技有限公司推出的一套通用的社区论坛软件系统，2010 年被腾讯收购。目前已经成为全球成熟度最高、覆盖率最大的论坛软件系统之一。

（2）PHPWind

PHPWind 是一套采用 PHP＋MySQL 数据库的方式运行，并可生成 html 页面的全新且完善的强大系统。

（3）vBulletin

vBulletin 是世界上用户非常广泛的 PHP 论坛，很多大型论坛都选择 vBulletin 作为自己的社区。vBulletin 高效、稳定、安全，在中国也有很多大型客户，比如蜂鸟网和 51 团购等论坛都用 vBulletin。

11.1.2　规划设计

论坛的内容可以根据实际需求进行改变，但功能模块基本不变，主要由用户注册、用户登录、用户管理、论坛板块管理、帖子发表、帖子回复、帖子浏览和帖子检索等功能模块组成。这里以设计制作"宇泽互联国际 BBS"为虚拟目标，规划设计论坛的基本页面。

1．论坛主页面

论坛主页面一般包含用户登录和注册的入口、搜索服务，以及各类不同的板块内容，并且板块中还需要显示主题数量、发帖数量、最后发表的用户信息等内容。根据实际的操作经验，页面整体布局采用"DIV＋CSS"的模式进行制作，局部采用表格的形式进行制作。通过成熟的构思与设计，论坛主页面最终效果如图 11-1 所示，布局示意图如图 11-2 所示。

2．板块内容列表页

当访问者选择论坛中某一板块内容后，即可进入板块内容列表页，该页面用于显示板块内所有帖子的发表信息，以及回复和查看的数量。由于需要罗列的信息很多，这里拟采

图 11-1　论坛主页预览效果

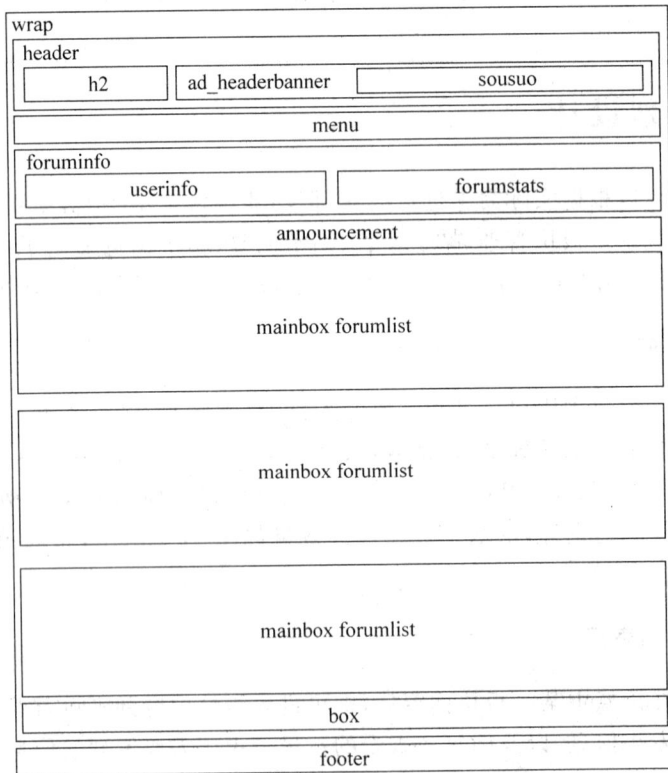

图 11-2　主页布局示意图

用表格作为框架结构盛放相关信息。通过成熟的构思与设计，板块内容列表页最终效果如图 11-3 所示，布局示意图如图 11-4 所示。

图 11-3　板块内容列表页预览效果

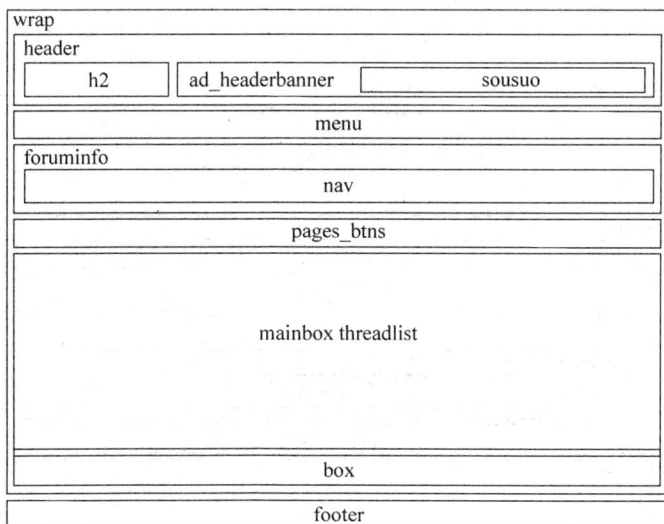

图 11-4　布局示意图（1）

3. 详细内容页

当访问者在板块内容列表页中单击某个喜欢的帖子题目时，即可打开详细内容页。该页面主要显示帖子的详细信息，以及回帖的相关信息。根据实际需求，详细内容页效果如图 11-5 所示，布局示意图如图 11-6 所示。

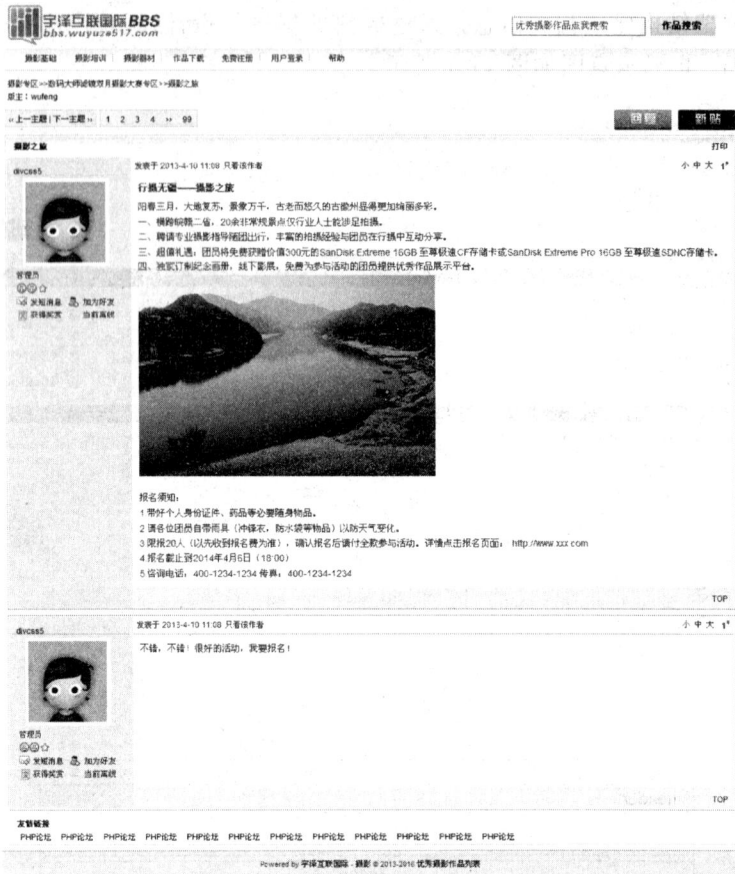

图 11-5　详细内容页预览效果

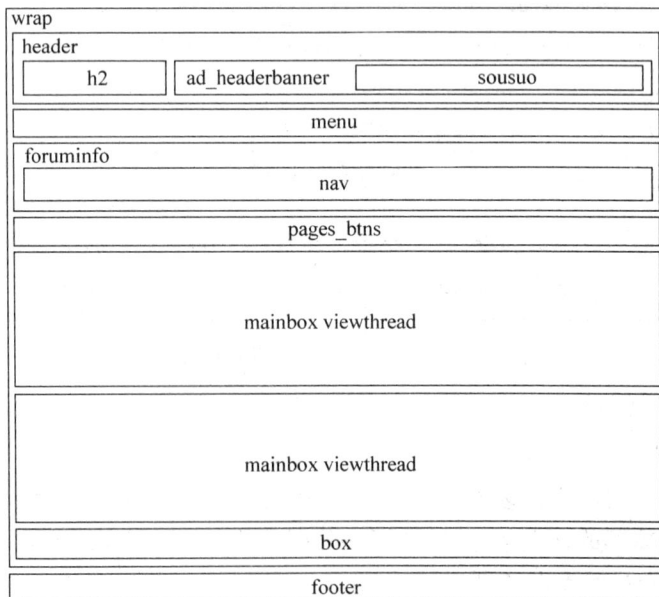

图 11-6　布局示意图(2)

11.2 设计与实现

本节以"摄影"为主题向读者演示论坛的实现过程,需要读者体会的是,虽然"DIV＋CSS"网页制作模式已经普及,但并不是任何时候都必须使用 DIV,当需要罗列多种信息时,表格同样是首选元素。

11.2.1 论坛主页的实现

1. 创建站点

① 启动 Dreamweaver CS5 创建站点,并在站点内分别创建用于放置图像的 images 文件夹和放置 CSS 文件的 style 文件夹。

② 分别创建空白 XHTML 文档和 CSS 文档,将网页文档保存在根目录下,并重命名为 index. html,将 CSS 文档保存在 style 文件夹下,并重命名为 div. css。

③ 将创建完成的网页文档和 CSS 文档链接起来。

2. 主页头部区域的制作

① 待准备工作结束后,切换到 index. html 文档中,在"插入"面板的"常用"选项卡中单击"插入 Div 标签"按钮,弹出"插入 Div 标签"对话框,在"插入"下拉菜单中选择"在插入点"选项,在 ID 下拉列表框中输入 wrap,最后单击"确定"按钮,即可在页面中插入 wrap 容器。

② 切换到 div. css 文档,为整个页面进行初始化定义。由于整个论坛包含许多类型的元素,所以初始化规则相对比较复杂,如图 11-7 和图 11-8 所示。

```
* {
    word-wrap: break-word;
}
body {
    background: #FFF;
    text-align: center;
}
body, td, input, textarea, select,
button {
    color: #535353;
    font: 12px/1.6em Arial, Helvetica,
sans-serif;
}
body, ul, dl, dd, p, h1, h2, h3, h4, h5,
 h6, form, fieldset {
    margin: 0;
    padding: 0;
}
h1, h2, h3, h4, h5, h6 {
    font-size: 1em;
}
```

图 11-7 初始化规则(1)

```
li {
    list-style:none;
}
a {
    color: #262626;
    text-decoration: none;
}
a:hover {
    text-decoration: underline;
}
a img {
    border: none;
}
em, cite, strong, th {
    font-style: normal;
    font-weight: normal;
}
table {
    empty-cells: show;
    border-collapse: collapse;
}
```

图 11-8 初始化规则(2)

③ 切换回 index. html 文档中,删除 wrap 容器内多余文字,在"插入"面板的"常用"选项卡中单击"插入 Div 标签"按钮,按照如图 11-9 所示的参数设置在 wrap 容器内部插

237

入 header 容器。

④ 在 header 容器内部,使用标题元素 h2 作为盛放容器,用于放置论坛 Logo 图像,具体结构如图 11-10 所示。

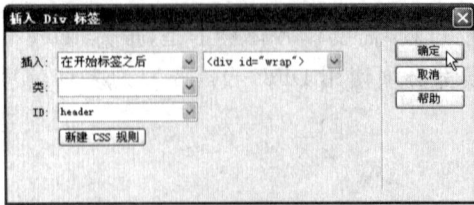

图 11-9　插入 header 容器

```
<div id="wrap">
  <div id="header">
    <h2><img src="images/logo.jpg" width="240" height="60" /></h2>
  </div>
</div>
```

图 11-10　页面结构(1)

⑤ 切换到 div.css 文档中,编写相应的 CSS 规则,具体内容如图 11-11 所示。切换回 index.html 文档中,在 h2 元素的后面插入应用 sousuo 类的 div 容器,用于实现站内搜索功能,如图 11-12 所示。切换到 div.css 文档中,编写相应的 CSS 规则,具体内容如图 11-13 所示。

```
#wrap {
    width: 98%;
    text-align: left;
    margin: 0 auto;
}
#header {
    width: 100%;
    overflow: hidden;
}
#header h2 {
    float: left;
    padding: 5px 0;
}
```

图 11-11　CSS 规则(1)

```
<div id="wrap">
  <div id="header">
    <h2><img src="images/logo.jpg" width="240" height="60" /></h2>
    <div class="sousuo"> </div>
  </div>
</div>
```

图 11-12　插入 sousuo 容器

⑥ 在应用 sousuo 类的 div 容器内部插入表单,然后再插入文本框和按钮两种表单元素。为了增加用户体验,这里为文本框增加一些动作效果,如图 11-14 所示。此时的页面结构如图 11-15 所示。

```
.sousuo {
    float:right;
    height:33px;
    line-height:33px;
    padding-right:30px;
    margin-top:20px;
}
```

图 11-13　CSS 规则(2)

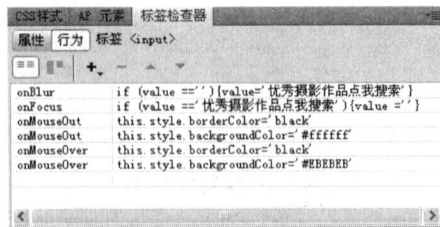

图 11-14　为文本框添加动作效果

图 11-15　搜索栏的页面结构

238

⑦ 切换到 div.css 文档中,编写相应的 CSS 规则,具体内容如图 11-16 所示。保存当前文档,通过浏览器预览后的效果如图 11-17 所示。

```
.sousuo .txt {
    padding:2px 5px;
    line-height:22px;
    height:22px;
    border:1px solid #06F;
    margin:0 5px;
    color:#C35301;
    font-size:14px;
    width:190px;
    text-align:left;
}
.sousuo .txt:hover {
    border:1px solid #000;
    background:#EBEBEB;
}
.sousuo .bot {
    color:#000;
    font-weight:bold;
    cursor:pointer;
    padding:2px 0;
    width:98px;
    border:1px solid #CCC;
    font-size:14px;
    background:
url(../images/nav_logo27.png)
repeat-x 0 0;
}
.sousuo .bot:hover {
    color:#03F;
    border:1px solid #06F;
}
```

图 11-16　CSS 规则(3)

图 11-17　预览效果(1)

3. menu 区域的制作

① 切换到 index.html 文档中,在"插入"面板的"常用"选项卡中单击"插入 Div 标签"按钮,弹出"插入 Div 标签"对话框,参照图 11-18 所示的参数设置,即可在 header 容器后面插入名为 menu 的 div 容器。

② 根据经验这里在 menu 容器内部插入一组无序列表作为盛放导航内容的容器,具体结构代码如图 11-19 所示。

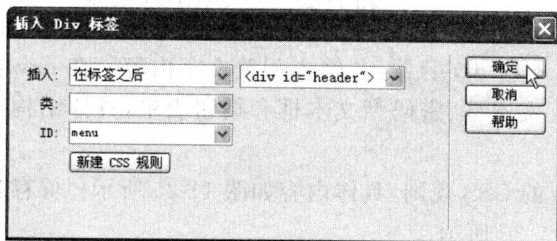

图 11-18　插入 menu 容器

```
<div id="wrap">
  <div id="header">
    <h2><i...
  </div>
  <div id="menu">
    <ul>
      <li><a href="#">摄影基础</a></li>
      <li><a href="#">摄影培训</a></li>
      <li><a href="#">摄影器材</a></li>
      <li><a href="#">作品下载</a></li>
      <li><a href="#">免费注册</a></li>
      <li><a href="#">用户登录</a></li>
      <li><a href="#">帮助</a></li>
    </ul>
  </div>
</div>
```

图 11-19　使用无序列表制作导航

③ 切换到 div.css 文档中,编写相应的 CSS 规则,具体内容如图 11-20 所示。保存当前文档,通过浏览器预览后的效果如图 11-21 所示。

4. foruminfo 区域的制作

根据之前对页面的规划,foruminfo(论坛信息)区域包含 userinfo(用户信息)和 forumstats(论坛统计)两大部分。

```
#menu {
    height: 31px;
    border: 1px solid #E2E2E2;
    background: #FFF
url(../images/menu_bg.gif) repeat-x;
    padding-left:20px;
}
#menu ul {
    list-style: none;
}
#menu li {
    float: left;
    margin-right:5px;
}
#menu ul li a {
    text-decoration: none;
    display: block;
    width:70px;
    color: #54564C;
    background:
url(../images/menu_itemline.gif)
no-repeat right center;
    text-align:center;
    padding-top:5px;
}
#menu ul li a:hover {
    color: #C00;
}
```

图 11-20　CSS 规则(4)

图 11-21　预览效果(2)

① 切换到 index.html 文档中,在"插入"面板的"常用"选项卡中单击"插入 Div 标签"按钮,弹出"插入 Div 标签"对话框,参照图 11-22 所示的参数设置,即可在 menu 容器后面插入名为 foruminfo 的 div 容器。

② 使用类似的方法参照图 11-23 所示的参数设置,即可在 foruminfo 容器内部插入 userinfo 容器。

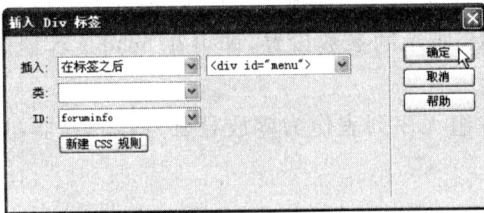

图 11-22　插入 foruminfo 容器

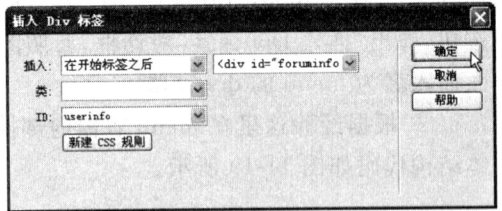

图 11-23　插入 userinfo 容器

③ 在 userinfo 容器内部插入名为 nav 的 div 容器,并输入相关文字内容。在 nav 容器后面创建表单元素,并在其中依次插入文本框、密码型文本框和按钮表单,具体结构如图 11-24 所示。

④ 切换到 div.css 文档中,编写相应的 CSS 规则,具体内容如图 11-25 所示。保存当前文档,通过浏览器预览后的效果如图 11-26 所示。

```
<div id="foruminfo">
    <div id="userinfo">
        <div id="nav"><a href="#">CSS论坛</a></div>
        <p>
        <form action="" method="get">
            <input name="username" type="text" id="username" value="用户名" maxlength="40" />
            <input name="password" type="password" id="password" />
            <input name="" type="button" value="登录" />
        </form>
        </p>
    </div>
</div>
```

图 11-24　页面结构(2)

```
#foruminfo {
    width: 100%;
    overflow: hidden;
    margin: 10px 0;
    color: #535353;
}
#userinfo, #foruminfo #nav {
    float: left;
    padding-left: 5px;
}
#userinfo #nav {
    float:none;
    padding: 0;
}
```

图 11-25　CSS 规则(5)

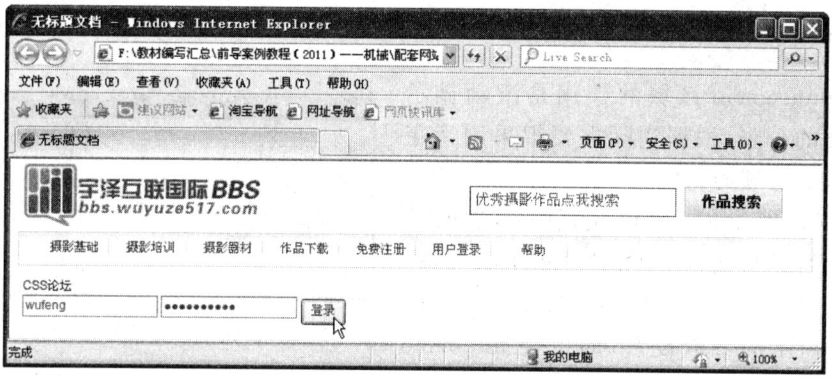

图 11-26　预览效果(3)

⑤ 切换到 index. html 文档中，在“插入”面板的“常用”选项卡中单击“插入 Div 标签”按钮，弹出“插入 Div 标签”对话框，参照图 11-27 所示的参数设置，即可在 userinfo 容器后面插入名为 forumstats 的 div 容器。

⑥ 在 forumstats 容器内部，根据实际需要输入相关文字信息，并使用 em 标签进行包裹，以便后期能够对文字精确控制，具体结构如图 11-28 所示。

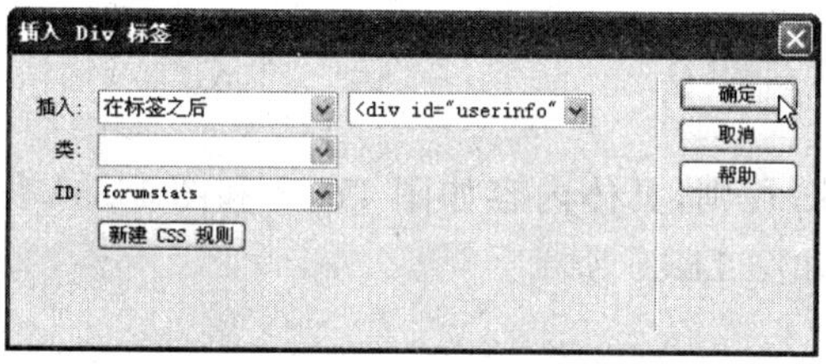

图 11-27　插入 forumstats 容器

```
<div id="foruminfo">
  <div id="userinfo">
    <div i...
  </div>
  <div id="forumstats">
    <p>今日: <em>37</em>, 昨日: <em>33</em>, 最高日: <em>
81</em>   <a href="#">精华区</a> <a title="RSS 订阅全
部版块" href="#" target=_blank><img src="images/xml.gif"
width="12" height="12" /></a> </p>
    <p>主题: <em>1188</em>, 帖子: <em>11221</em>, 会员:
<em>113102</em>, 欢迎新会员: <a href="#">wuyuze</a></p>
  </div>
</div>
```

图 11-28　页面结构(3)

⑦ 切换到 div. css 文档中，编写相应的 CSS 规则，具体内容如图 11-29 所示。保存当前文档，通过浏览器预览后的效果如图 11-30 所示。

```
#forumstats {
    float: right;
    text-align: right;
    padding-right: 5px;
}
```

图 11-29　CSS 规则(6)

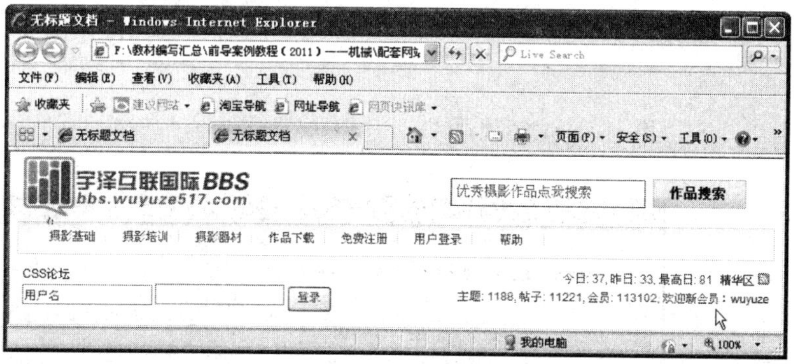

图 11-30　预览效果(4)

5. announcement 区域的制作

announcement 区域的作用是滚动显示论坛发出的公告,根据实际需要拟采用无序列表实现该区域的制作。

① 切换到 index. html 文档中,在"插入"面板的"常用"选项卡中单击"插入 Div 标签"按钮,弹出"插入 Div 标签"对话框,参照图 11-31 所示的参数设置,即可在 foruminfo 容器后面插入名为 announcement 的 div 容器。

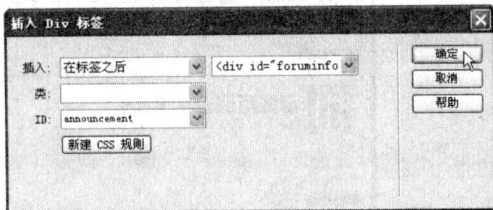

图 11-31　插入 announcement 容器

② 在 announcement 容器内部插入 announcementbody 容器,并在 announcementbody 容器内部使用无序列表盛放公告的内容,具体结构如图 11-32 所示。

```
<div id="foruminfo">
   <div i...
</div>
<div id="announcement">
   <div id="announcementbody">
      <ul>
         <li><a href="#">摄影论坛放宽"签名",注意度的把握<em>(2013-5-26)</em></a></li>
         <li><a href="#">轻轻鼠标、跟帖回复支持!<em>(2013-4-13)</em></a></li>
      </ul>
   </div>
</div>
```

图 11-32　页面结构(4)

③ 切换到 div. css 文档中,编写相应的 CSS 规则,具体内容如图 11-33 和图 11-34 所示。保存当前文档,通过浏览器预览后的效果如图 11-35 所示。

```
#announcement {
   border-top: 1px dashed #E2E2E2;
   line-height: 36px;
   height: 36px;
   overflow: hidden;
}
#announcementbody {
   border: 1px solid #FFF;
   padding: 0 10px;
   line-height: 35px !important;
   height: 36px;
   overflow-y: hidden;
}
#announcementbody a {
   color:#F00;
}
```

图 11-33　CSS 规则(7)

```
#announcementbody a:hover {
   text-decoration:underline;
}
#announcement li {
   float: left;
   margin-right: 20px;
   padding-left: 10px;
   background: url(../images/arrow_right.gif)
no-repeat 0 50%;
   white-space: nowrap;
}
#announcement li em {
   font-size: 0.83em;
   margin-left: 5px;
   color: #535353;
}
```

图 11-34　CSS 规则(8)

图 11-35　预览效果(5)

6. 论坛主体部分的制作

由于论坛主体部分承担着罗列显示各个板块信息的作用,信息量十分巨大,这里拟采用表格作为盛放数据的容器进行制作。为了使读者清晰地弄懂各个容器间的关系,这里先以板块的某一部分进行分析,如图 11-36 所示。

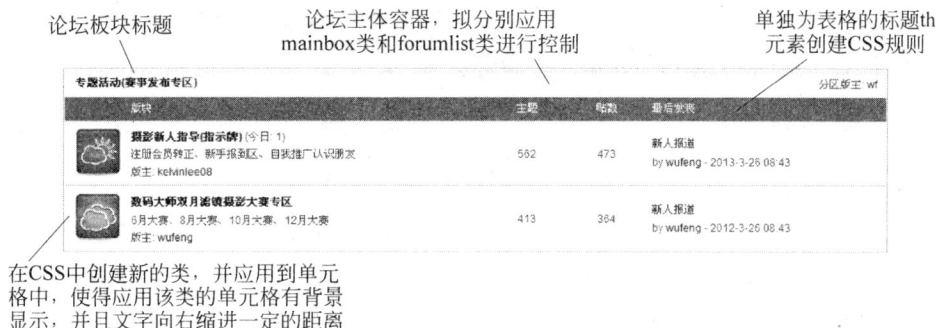

图 11-36　论坛主体部分分析示意图

① 切换到 index.html 文档中,在"插入"面板的"常用"选项卡中单击"插入 Div 标签"按钮,弹出"插入 Div 标签"对话框,在"插入"下拉菜单中选择"在标签之后"选项,并在后面的下拉菜单中选择"<div id="announcement">"选项,在"类"下拉列表框中输入 mainbox,最后单击"确定"按钮,即可在 announcement 容器后面插入应用 mainbox 类的 div 容器。

② 切换到"div.css"文档中,编写相应的 CSS 规则,具体内容如图 11-37 所示。

③ 切换到"index.html"文档中,在应用 mainbox 类的 div 容器内部创建标题和相关文字内容。此外,为了方便地对 mainbox 容器中的各种元素进行控制,也使结构更有语义,这里增加 forumlist 类共同应用在 mainbox 容器上,具体的结构如图 11-38 所示。

```
.mainbox {
    background: #FFF;
    border: 1px solid #C1C1C1;
    padding: 1px;
    margin-bottom: 8px;
}
```

图 11-37　CSS 规则(9)

```
<div id="announcement">
  <div i...>
</div>
<div class="mainbox forumlist">
<span class="headactions">分区版主: <a href="#">wf</a></span>
  <h3><a href="#">专题活动(赛事发布专区)</a></h3>
</div>
```

图 11-38　页面结构(5)

④ 切换到 div.css 文档中,编写相应的 CSS 规则,具体内容如图 11-39 所示。保存当前文档,通过浏览器预览后的效果如图 11-40 所示。

```
.headactions {
    float: right;
    line-height: 1em;
    padding: 10px 10px 0 0;
}
.mainbox h1, .mainbox h3, .mainbox h6 {
    line-height: 31px;
    padding-left: 1em;
    background: #FFF
url(../images/forumbox_head.gif);
    background-repeat: repeat-x;
    background-position: 0 0;
    color: #D00;
}
```

图 11-39　CSS 规则(10)

图 11-40　预览效果(6)

⑤ 根据实际需要,此板块需要创建一个宽度为 100%、列数为 4、行数为 3 的表格。待表格创建完成后,需要对表格内部的多个元素进行精确控制,这里拟采用类的方法进行控制,为了更加明确地了解不同的类规则作用于何种元素,这里将结构代码进行分析,如图 11-41 所示,读者可以参照该图进行制作。

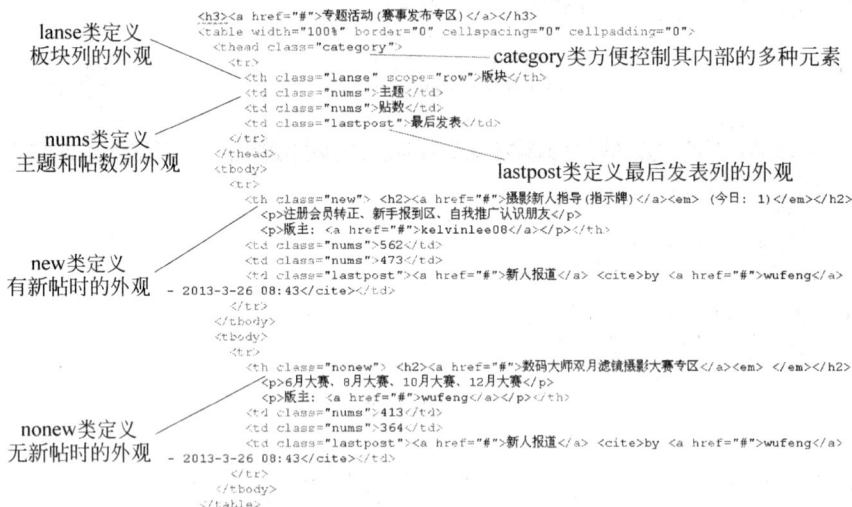

图 11-41　表格中应用多种类规则的解析

⑥ 切换到 div.css 文档中,编写相应的 CSS 规则,具体内容如图 11-42 和图 11-43 所示所示,保存当前文档,通过浏览器预览即可看到效果。

```
.mainbox thead.category th,
.mainbox thead.category td {
    background: #09F;
    color:#FFF;
}
.forumlist th {
    text-align: left;
}
.forumlist th {
    padding-left: 75px !important;
}
.forumlist table {
    border-collapse: separate;
}
.mainbox thead th, .mainbox thead td {
    background: #4076E4;
    padding: 2px 5px;
    line-height: 22px;
    color: #535353;
}
.mainbox thead.category th.lanse{
    height:25px;
    color:#FFF;
}
```

图 11-42　CSS 规则(11)

```
.nums {
    width: 80px;
    text-align: center;
}
.lastpost {width: 260px;}
.mainbox tbody th, .mainbox tbody td {
    border-top: 1px solid #C1C1C1;
    padding: 5px;
}
.forumlist tbody th {
    height: 40px;
    padding-top:8px;
    vertical-align:middle;
}
.forumlist tbody tr th.new {
    background:
url(../images/forum_new.png) no-repeat 5px
50%;
}/*有更新板块图标*/
.forumlist cite {display: block;}
.forumlist tbody tr th.nonew {
    background:url(../images/forum.png)
no-repeat 5px 50%;
}/*无更新板块图标*/
```

图 11-43　CSS 规则(12)

⑦ 根据实际需要,依次创建相同结构的表格即可实现多个板块区域的制作,由于步骤雷同,这里不再赘述。

⑧ 在最后一个表格的后面插入应用 box 类的 div 容器,作为友情链接区域的容器。在该容器内部插入标题以及相应的超链接即可,如图 11-44 所示。切换到 div.css 文档中,编写相应的 CSS 规则,具体内容如图 11-45 所示。

244

```
<div class="box">
    <h4>友情链接</h4>
    <a href="#">PHP论坛</a><a href="#">PHP论坛</a><a href="#">PHP论坛</a>
<a href="#">PHP论坛</a><a href="#">PHP论坛</a><a href="#">PHP论坛</a><a
href="#">PHP论坛</a><a href="#">PHP论坛</a><a href="#">PHP论坛</a><a href
="#">PHP论坛</a><a href="#">PHP论坛</a><a href="#">PHP论坛</a> </div>
```

图 11-44　页面结构(6)

```
.box {
    background: #FFF;
    border: 1px solid #E2E2E2;
    padding: 2px;
    margin-bottom: 8px;
}
.box h4 {
    padding: 0 10px;
}
.box a {
    margin-left:15px;
}
```

图 11-45　CSS 规则(13)

⑨ 切换到 index. html 文档中,在"插入"面板的"常用"选项卡中单击"插入 Div 标签"按钮,弹出"插入 Div 标签"对话框,在"插入"下拉菜单中选择"在标签之后"选项,并在后面的下拉菜单中选择"<div id="wrap">"选项,在 ID 下拉列表框中输入 footer,最后单击"确定"按钮,即可在 wrap 容器后面插入名为 footer 的 div 容器。

⑩ 在 footer 容器内部插入版权信息等内容,如图 11-46 所示。切换到"div. css"文档中,编写相应的 CSS 规则,具体内容如图 11-47 所示,保存当前文档,通过浏览器预览即可看到效果。

```
<div id="footer">
    <P id="copyright">Powered by <strong><a href="#" target=_blank>字泽
互联国际</a></strong>-<strong><a href="#" target=_blank>摄影</a></
strong> © 2012-2016 <a href="#" target=_blank>优秀摄影作品列表</a></P>
</div>
```

图 11-46　页面结构(7)

```
#footer {
    border-top: 1px solid #C1C1C1;
    background: #EEE;
    color: #535353;
    padding: 12px 0;
}
#copyright {
    font: 11px/1.5em Arial, Helvetica,
sans-serif;
}
#copyright strong {
    font-weight: bold;
}
#copyright strong a {
    color: #0954A6;
}
```

图 11-47　CSS 规则(14)

至此,论坛首页已经制作完成了。由于内容比较复杂,读者可以参照源文件进行制作。对于页面中各种 CSS 美化规则,读者可以根据实际需要二次修改。

11.2.2　板块内容列表页的实现

板块内容列表页指的是论坛的二级页面,对于该类页面来讲主要显示的是板块中各种帖子的主题,以及该帖子最后回复的时间和作者等信息。从页面布局角度来讲,二级页面顶部大部分区域与主页内容相同,不同的仅是罗列帖子的列表,对于这种信息量非常大的页面来讲,这里拟采用表格作为盛放数据的容器。由于页面与主页类似,这里仅介绍与主页不同区域的布局实现。

1. 创建二级页面

① 论坛主页 index. html 制作完成后,读者可以将该页面保存为模板,利用模板创建二级页面,也可以将该页面直接另存为二级页面。这里直接将主页另存为 list. html。

245

② 在 list. html 页面中,删除 foruminfo 容器内部及其他无用容器,此时的页面结构如图 11-48 所示,在此基础上完成二级页面的制作。

③ 在 foruminfo 容器内部插入名为 nav 的 div 容器,并在该容器内部创建相关文字内容,具体结构如图 11-49 所示。由于 nav 容器所对应的 CSS 规则在制作主页时已经编写完成,所以当插入文字内容后,即可看到最终效果。

```
<body>
<div id="wrap">
  <div id="header">
    <h2><i...
  </div>
  <div id="menu">
    <ul> <l...
  </div>
  <div id="foruminfo">


  </div>
  <div class="box">
    <h4>友情...</h4></div>
  </div>
  <div id="footer">
    <P id=c...
  </div>
</body>
```

图 11-48　页面结构(8)

```
<div id="foruminfo">
  <div id="nav">
    <p>摄影专区>>数码大师滤镜双月摄影大赛专区</p>
    <p>版主: <a href="#">wufeng</a></p>
  </div>
</div>
```

图 11-49　插入新元素

④ 在 list. html 文档中,在"插入"面板的"常用"选项卡中单击"插入 Div 标签"按钮,弹出"插入 Div 标签"对话框,参照图 11-50 所示的参数设置,即可在 foruminfo 容器后面插入应用 pages_btns 类的 div 容器。

⑤ 用类似的操作方法,在 pages_btns 容器内部,创建应用 pages 类的 div 容器,并在其内部输入多个数字,此时的页面结构如图 11-51 所示。

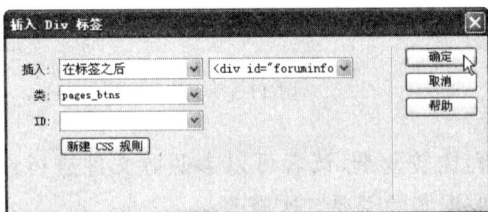

```
插入 Div 标签

插入:  在标签之后  ▼  <div id="foruminfo"> ▼     确定
类:   pages_btns  ▼                            取消
ID:               ▼                            帮助
新建 CSS 规则
```

图 11-50　插入应用 pages_btns 类的 div 容器

```
<div class="pages_btns">
  <div class="pages"><a href="#">1</a><A href="#">2
</A><A href="#">3</A><A href="#">4</A><A class="next"
href="#">>></A><a href="#">99</a></div>
</div>
```

图 11-51　页面结构(9)

⑥ 切换到 div. css 文档中,编写相应的 CSS 规则,具体内容如图 11-52 和图 11-53 所示。

```
.pages_btns {
    clear: both;
    width: 100%;
    padding: 0 0 8px;
    overflow: hidden;
}
.pages_btns{
    line-height: 26px;
}
.pages {
    float: left;
    border: 1px solid #E2E2E2;
    background: #F5F5F0;
    height: 24px;
    line-height: 26px;
    color: #535353;
    overflow: hidden;
}
```

图 11-52　CSS 规则(15)

```
.pages a {
    float: left;
    padding: 0 8px;
    line-height:26px;
}
.next {
    line-height: 24px;
    font-family: Verdana,
Arial, Helvetica, sans-serif;
}
```

图 11-53　CSS 规则(16)

⑦ 在应用 pages 类的 div 容器后面,使用 span 元素包裹图像链接,作为"发新帖"的图标按钮,具体页面结构如图 11-54 所示。切换到 div.css 文档中,编写相应的 CSS 规则,如图 11-55 所示。

```
<div class="pages_btns">
    <div class="pages"><a href...></div>
    <span class="postbtn"><a href="#"><img src=
"images/newtopic.gif" width="73" height="29" /></a></span></div>
```

图 11-54　页面结构(10)

```
.postbtn {
    float: right;
    margin-left: 10px;
    cursor: pointer;
}
```

图 11-55　CSS 规则(17)

⑧ 保存当前文档,通过浏览器预览后的效果如图 11-56 所示。

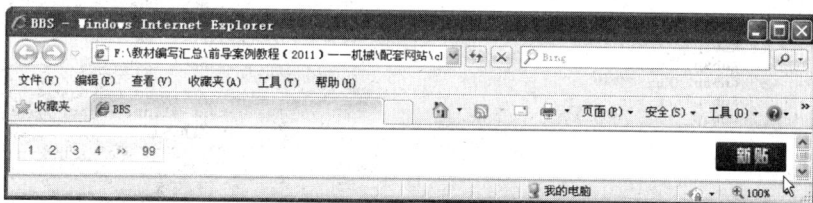

图 11-56　预览效果(7)

2. 二级页面中帖子列表的实现

与论坛主页相同的是,二级页面中帖子列表部分的实现同样采用表格作为容器进行制作。与论坛主页不同的是,帖子列表内容要针对"普通帖子"和"火爆帖子"等不同类型的帖子加以区分,这里拟采用不同的图像进行区分显示。

① 将鼠标定位在图 11-54 中代码的最后面,然后在"插入"面板的"常用"选项卡中单击"插入 Div 标签"按钮,弹出"插入 Div 标签"对话框,在"插入"下拉菜单中选择"在插入点"选项,在"类"下拉列表框中选择 mainbox 选项,最后单击"确定"按钮,即可插入应用 mainbox 类的 div 容器。

② 为了方便对二级页面中表格元素进行控制,这里为盛放表格的外围容器增加 threadlist 类,并将其应用在刚刚创建的 div 容器中,具体代码如图 11-57 所示。由于此部分的结构与主页相同,所以不需要再次编写 CSS 规则,当创建完成后即可看到效果。

```
<div class="mainbox threadlist"><span class="headactions">
分区版主: <a href="#">wf</a></span>
    <h3><a href="#">专题活动(赛事发布专区)</a></h3>
</div>
```

图 11-57　页面结构(11)

③ 考虑到帖子列表中的内容非常多,这里首先创建较为简单的表格。将鼠标定位在图 11-58 中"</h3>"的后面,插入一个宽度为 100%、边框为 0、行数为 3、列数为 5 的表格,其结构如图 11-58 所示。

④ 为了统一论坛整体风格,二级页面采用类似主页表格的效果。切换到 div.css 文档中,编写相应的 CSS 规则,如图 11-59 所示。

```
<table width="100%" border="0" cellspacing="0"
cellpadding="0">
    <thead class="category">
      <tr>
        <td class="folder"> </td>
        <th class="lanse" scope="row">标题</th>
        <td class="author">作者</td>
        <td class="nums">回复/查看</td>
        <td class="lastpost">最后发表</td>
      </tr>
    </thead>
    <tbody>
      <tr>
        <td> </td>
        <td> </td>
        <td> </td>
        <td> </td>
        <td> </td>
      </tr>
    </tbody>
    <tbody>
      <tr>
        <td> </td>
        <td> </td>
        <td> </td>
        <td> </td>
        <td> </td>
      </tr>
    </tbody>
</table>
```

图 11-58　页面结构(12)

```
.threadlist table {
    border-collapse: separate;
}
.threadlist tbody th,
.threadlist tbody td {
    color: #535353;
    padding: 1px 5px;
    border-bottom: 1px solid #FFF;
    background-color: #FFF;
}
.threadlist th {
    text-align: left;
}
.threadlist td.folder {
    text-align: center;
    width: 30px;
}
.threadlist td.author {
    width: 120px;
}
.threadlist td.lastpost {
    text-align: right;
    width: 160px;
    padding-right: 15px;
}
```

图 11-59　CSS 规则(18)

⑤ 根据需要修改<tr>标签内部的结构,并添加相关图像,如图 11-60 所示。

```
<table width="100%" border="0" cellspacing="0"
cellpadding="0">
    <thead class="category">
      <tr> <t...
    </thead>
    <tbody>
      <tr>
        <td class="folder"><img src=
"images/folder_common.gif" width="18" height="25" /></td>
        <th> 论坛公告: <a href="#" target="_blank">CSS论
坛放宽"签名",注意度的把握</a></th>
        <td class="author"><cite><A href="#">yuze517</A>
</cite> <em>2013-5-26</em></td>
        <td class="nums">-</td>
        <td class="lastpost">-</td>
      </tr>
    </tbody>
    <tbody>
      <tr> <t...
    </tbody>
</table>
```

图 11-60　修改<tr>标签内部的结构

⑥ 在表格内修改第三行<tr>标签内部的结构,并添加相关图像,如图 11-61 所示。

```
<tr>
    <td class="folder"><img src="images/folder_hot.gif" width="18" height="25" /></td>
    <th class="hot"><label><img src="images/pin_3.gif" width="18" height="18" /></label>
<A href="#" target="_blank">2013年9月、10月赛事专区</A><span class="threadpages">  <A href="#">1</A>
<A href="#">2</A> <A href="#">3</A><A href="#">4</A><A href="#">5</A></span></th>
    <td class="author"><cite><A href="#">yuze517</A></cite> <em>2013-5-26</em></td>
    <td class="nums"><storg>385</storg> / <em>15864</em></td>
    <td class="lastpost"><em><A href="#">2013-3-19 14:11</A></em> <cite>by <A href="#">wf</A></cite></td>
</tr>
```

图 11-61　修改第三行<tr>标签内部的结构

⑦ 切换到 div.css 文档中,编写相应的 CSS 规则,如图 11-62 所示。保存当前文档,通过浏览器预览后的效果如图 11-63 所示。

```
.threadlist cite {
    display: block;
}
.threadlist th label {
    float: right;
}
.hot a {
    color:#F00;
    text-decoration:underline;
}
.threadpages {
    background:
url(../images/multipage.gif)
no-repeat 0 100%;
    font-size: 11px;
    margin-left: 5px;
    white-space: nowrap;
}
.threadpages a {
    padding-left: 8px;
}
.nums storg {
    color:#F00;
```

图 11-62　CSS 规则(19)

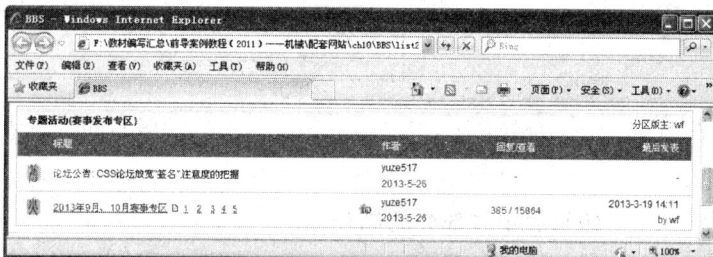

图 11-63　预览效果(8)

至此,二级页面中帖子列表最基本的外观已经实现,读者可以直接复制对应的标签粘贴在后面,以便快速生成多个列表内容。

11.2.3　论坛详细内容页的实现

论坛详细内容页是论坛的三级页面,主要显示的是帖子的详细内容,以及用户回帖的信息。在该页面中除了要显示发帖人各种信息,还要显示回复人的个人信息。由于该页面顶部区域与主页相同,这里仅介绍与主页不同区域的布局实现,请读者在参考源文件的基础上独立完成页面的制作。

1. 创建三级页面

① 论坛二级页面 list.html 制作完成后,将该页面另存为 contentpage.html。

② 在 contentpage.html 页面中,删除 pages_btns 容器内部的内容,以及其他无用容器。在 pages_btns 容器内部新增应用 threadflow 类的 div 容器,以及应用 postbtn 类的 span 标签,具体结构如图 11-64 所示。

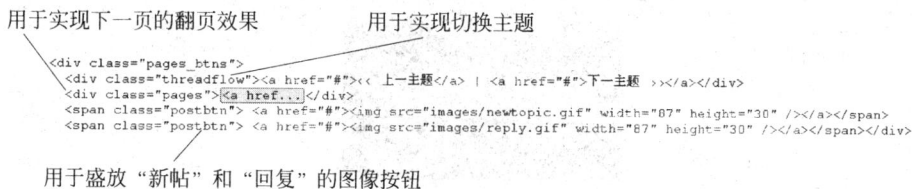

用于实现下一页的翻页效果　　　　用于实现切换主题

```
<div class="pages_btns"><div class="threadflow"><a href="#"><<上一主题</a> | <a href="#">下一主题 >></a></div>
<div class="pages"><a href...</div>
<span class="postbtn"><a href="#"><img src="images/newtopic.gif" width="87" height="30" /></a></span>
<span class="postbtn"><a href="#"><img src="images/reply.gif" width="87" height="30" /></a></span></div>
```

用于盛放 "新帖" 和 "回复" 的图像按钮

图 11-64　页面结构(13)

③ 切换到 div.css 文档中,编写相应的 CSS 规则,如图 11-65 所示。保存当前文档,通过浏览器预览后的效果如图 11-66 所示。

```
.threadflow {
    float: left;
    border: 1px solid #E2E2E2;
    background: #F5F5F0;
    height: 24px;
    line-height: 26px;
    color: #535353;
    overflow: hidden;
}
.threadflow {
    margin-right: 5px;
    padding: 0 5px;
}
```

图 11-65　CSS 规则(20)

图 11-66　预览效果(9)

2. 三级页面主体部分的制作

① 在应用 pages_btns 类 div 容器的后面插入应用 mainbox 类的 div 容器,作为三级页面主体部分的外包裹。

② 与主页和二级页面创建的方式相同,这里为了方便控制其内部的元素,为刚刚创建的 div 再次增加 viewthread 类,如图 11-67 所示。

```
<div class="pages_btns"> <div c...</div>
<div class="mainbox viewthread">
  <span class="headactions"><a href="#">打印</a></span>
  <h3><a href="#">摄影之旅</a></h3>
</div>
```

图 11-67　页面结构(14)

③ 将鼠标定位在图 11-67 中</h3>的后面,插入 2 行 2 列的表格。为使读者理解表格中各种元素所对应的类规则,这里以示意图的形式向读者展示,如图 11-68 所示。具体结构代码如图 11-69 所示,由于所涉及的 CSS 规则较多,这里不再一一演示,请读者查阅源文件进行制作。

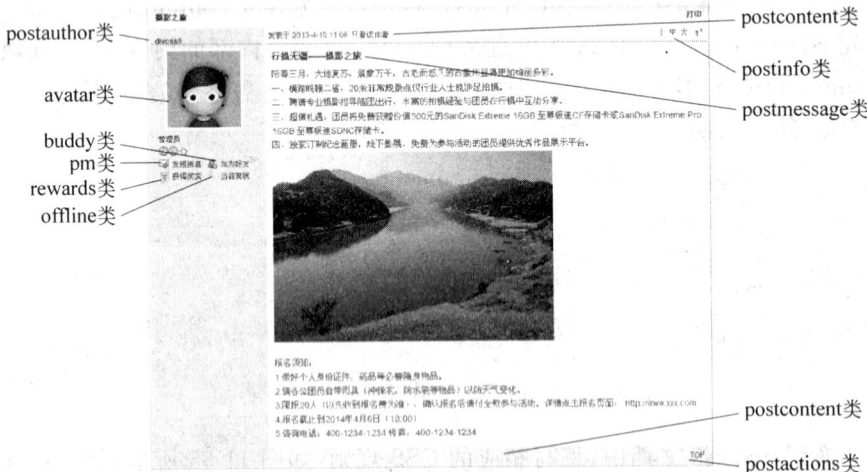

图 11-68　示意图

250

```
<table width="100%" border="0" cellspacing="0" cellpadding="0">
  <tbody>
    <tr>
      <td class="postauthor"><cite><A href="#" target="_blank">divcss5</A></cite>
        <div class="avatar"><img src="images/noavatar_middle.gif" width="120" height="120" /></div>
        <p><em>管理员</em></p>
        <p><img src="images/star_level3.gif" width="16" height="16" />
        <img src="images/star_level3.gif" width="16" height="16" />
        <img src="images/star_level1.gif" width="16" height="16" /></p>
        <ul>
          <li class="pm"><a href="#">发短消息</a></li>
          <li class="buddy"><a href="#">加为好友</a></li>
          <li class="rewards"><a href="#">获得奖赏</a></li>
          <li class="offline"><a href="#">当前离线</a></li>
        </ul></td>
      <td class="postcontent">
        <div class="postinfo"> <strong title="复制帖子链接到剪贴板">1<sup>#</sup></strong>
        <em>大</em> <em >中</em> <em>小</em> 发表于 2013-4-10 11:08  <A href="#">只看该作者</A></div>
        <div class="postmessage">
          <h2>行摄无疆——摄影之旅</h2>
          <div class="t_msgfont">阳春三月，大地...<br />
          一、横跨皖赣二...<br />
          二、聘请专业摄...<br />
          三、超值礼遇，...<br />
          四、独家订制...<br />
          <img src="images/001.jpg" width="450" height="300" /><br />
          <br />
          报名须知：<b...
          </div>
        </div></td>
    </tr>
    <tr>
      <td class="postauthor"> </td>
      <td class="postcontent"><div class="postactions">
        <p><strong>TOP</strong> </p>
        </div></td>
    </tr>
  </tbody>
</table>
```

图 11-69　页面结构(15)

　　至此，论坛的主页、帖子列表页和详细内容页三种页面的布局已经基本制作完成，读者可以使用页面中结构相同的代码快速实现页面其他区域的布局。

11.3 实　　训

1. 实训要求

利用之前所讲授的切片知识，依据 PSD 源文件制作论坛的静态页面。

2. 过程指导

① 打开 PSD 源文件，仔细观察效果图的布局分布。
② 启动 Dreamweaver CS5 创建站点，并创建 index. html 页面和 div. css 文件。
③ 根据需要从 PSD 源文件中进行切片，并进行输出。
④ 参照图 11-70～图 11-72 所示的效果图，完成论坛三个典型页面的制作。

图 11-70　论坛主页效果图

图 11-71　论坛二级页面效果图

图 11-72　论坛三级页面效果图

11.4　习　　题

1. 常见的论坛主要分为哪些类别？
2. 论坛的经营对商家有哪些好处？
3. 主流的论坛程序有哪些？

第 12 章　电子商务类网站的设计与实现

- □ 了解电子商务类网站的基本概念。
- □ 掌握网站规划设计与布局分析的方法。
- □ 能够依据布局示意图细化页面布局。

自网上购物成为当今社会比较流行的购物方式以来,各类电子商务网站层出不穷,常见的电子商务模式有 B2B(企业对企业之间的营销)和 B2C(企业对客户之间的营销)两大类,但无论哪一类模式,都给企业带来了无限商机。本章主要向读者介绍电子商务类网站的设计与实现方法,重点对静态页面的布局加以介绍,至于页面编程部分这里不再深入讲解。

12.1　规划与分析

目前,很多大型企业已经开始借助互联网的力量,建立部署自己的网络交易平台,这给企业带来无限商机,同时也实现了对信息的有效控制。此外,对市场的预测也更加科学准确,提高了企业的市场竞争能力。本节以"宇泽蛋糕网"作为电子商务类网站的代表进行分析,希望通过这种方式使得读者能够了解此类网站从设计到实现的具体过程。

12.1.1　规划设计

1. 网站建设背景

随着市场销售模式的更替,以及市场需求的变化趋势,本网站立足于食品消费类行业,提供在线订购蛋糕为首的核心业务,并收录全国范围内加盟销售的蛋糕店信息。为消费者提供最快捷、最全面的订购信息,并提供网上订购服务。

2. 面向客户群体

网站中所销售的各类蛋糕产品面向广大中青年消费者,以及各地加盟经销商,通过网站提供的在线订购功能,用户可以异地订购蛋糕。网站还与 B2B 和 B2C 模式的网上购物网站合作,帮助用户通过本网站找到信赖的购物网站,同时也为这些网站提供了高效率的点击用户。

3. 盈利模式

- 网站提供网上购物服务。网站作为中介者为消费者提供网上购物服务,为加盟商提供网上销售服务,即在消费者决定购买产品后,可以在网站直接付费购买,网站收取服务费。

- 网站可以推出 VIP 加盟商计划。VIP 加盟商将获得主页的部分空间,用于发布产品信息。此外,还可以指定与公司相对应的关键词,用户搜索这些关键词时便可跳转到加盟商的页面。
- 出售经销商信息展位。对首页部分广告位进行竞价排位,对子页面经销商免费。
- 点击收费。加盟商可以将自己的产品放置在特定的网页链接内,网站将根据这个链接的点击次数收取费用。

4. 网站功能结构

- 种类显示。当单击某个具体的类别后,就能显示具体的产品信息。
- 查询。用户可以利用该功能查询需要的产品。
- 最新商品。根据网站的动态管理,可以将电子商务网站中的新商品放入一张列表中显示出来,供用户参考和购买。
- 促销产品列表。网站可以实施自己的购销计划,通过此功能用户可以查看促销产品。
- 购买流程。用户通过此功能,了解网站的购买流程。
- 购物车。用户所订购的商品都要经过购物车环节才能真正购买成功。
- 注册和登录。用户想要购买产品,必须先登录网站并注册为会员。
- 个人信息。注册为会员后,可以通过该功能查看订单、查看资料和查看购物车等。

12.1.2　布局分析

"宇泽蛋糕网"是以在线销售蛋糕为主的购物平台,主要包括主页面、搜索页面和产品详细信息页面三部分,本示例针对这三个页面进行分析。

1. 主页面布局规划

主页面应该包括网站的 Logo、导航、产品搜索框、个人账户链接、产品分类、部分产品推荐,以及广告位等栏目。通过成熟的构思与设计,"宇泽蛋糕网"主页面最终效果如图 12-1 所示,布局示意图如图 12-2 所示。

2. 搜索页面布局规划

搜索页面是访问者在搜索栏中输入关键字后,通过系统搜索找出符合条件的产品列表页面。通过成熟的构思与设计,"宇泽蛋糕网"搜索页面最终效果如图 12-3 所示,布局示意图如图 12-4 所示。

3. 产品详细信息页面布局规划

产品详细信息页面是访问者查看具体产品时显示的页面,在此页面中还将增加相似产品列表以及推荐产品列表,以方便访问者选择合适的产品。通过成熟的构思与设计,"宇泽蛋糕网"产品详细信息页面最终效果如图 12-5 所示,布局示意图如图 12-6 所示。

图 12-1　"宇泽蛋糕网"主页面最终效果

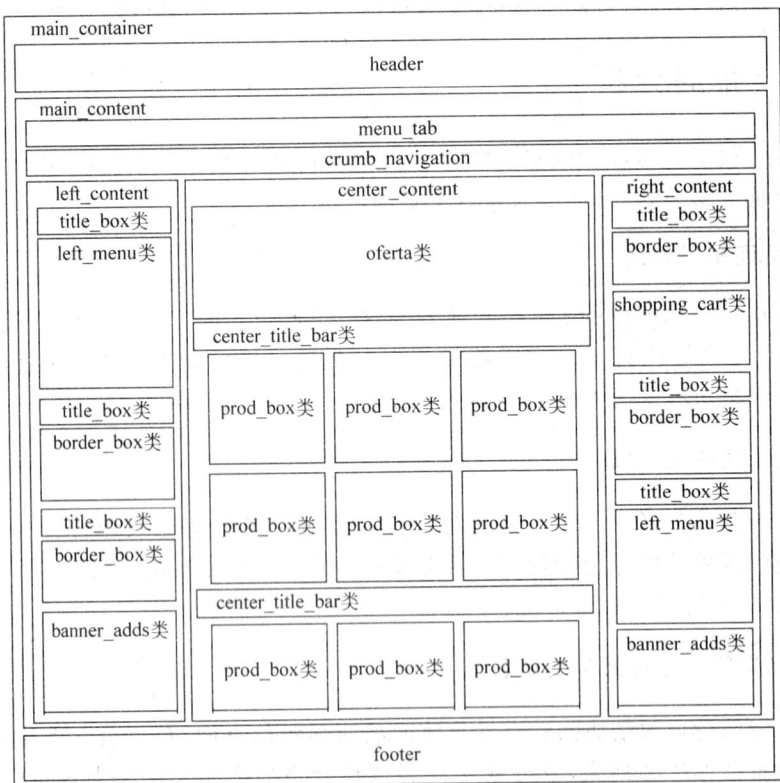

图 12-2　主页面布局示意图

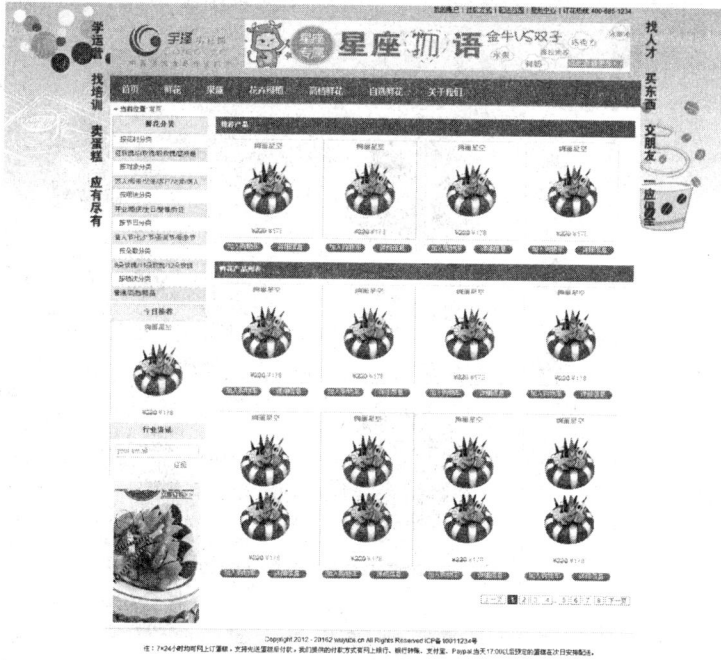

图 12-3　搜索页页面最终效果

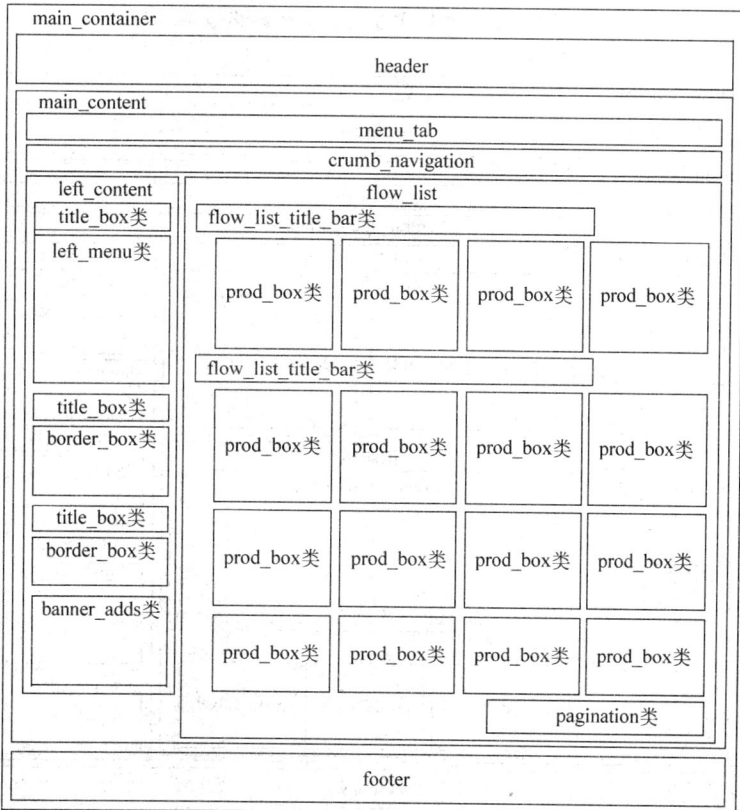

图 12-4　搜索页页面布局示意图

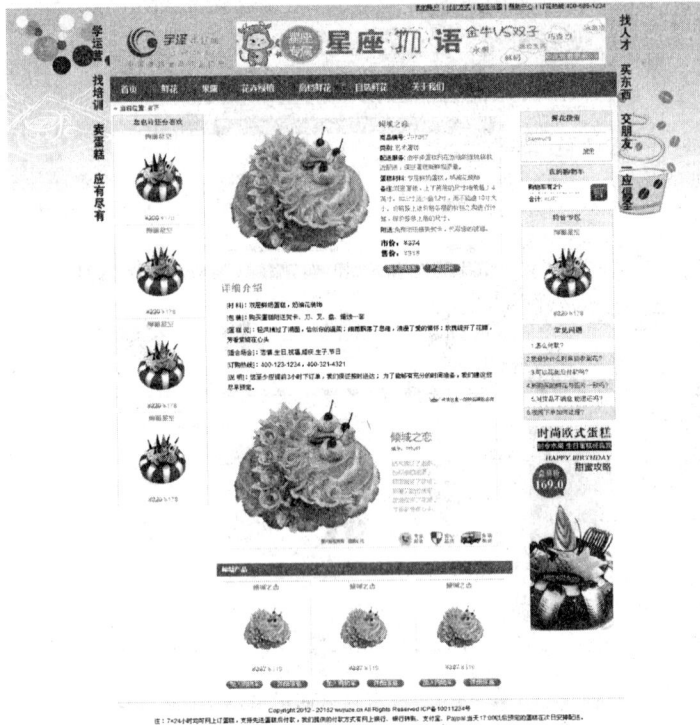

图 12-5　产品详细信息页面最终效果

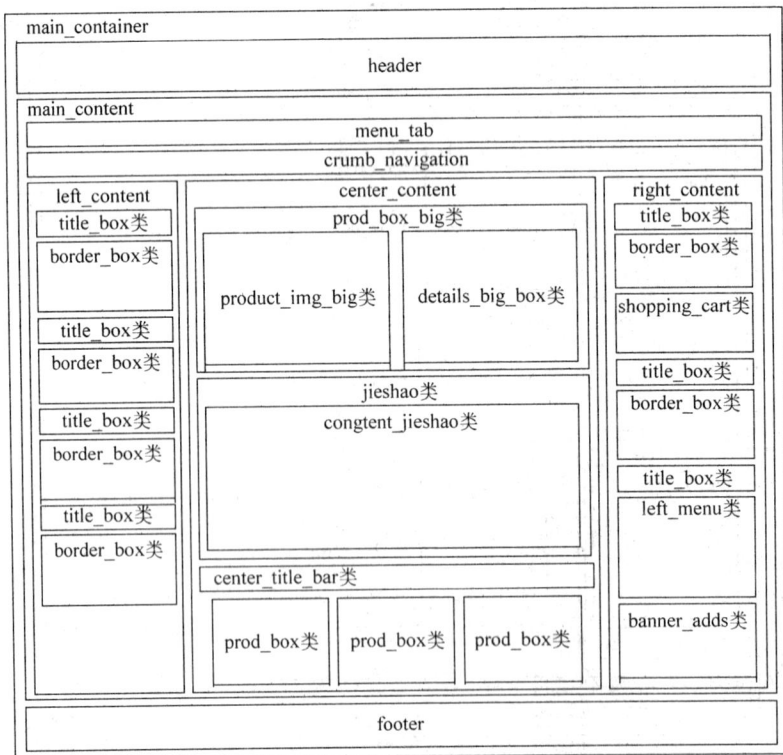

图 12-6　产品详细信息页面布局示意图

12.2　设计与实现

在制作页面之前,首先定义站点,以方便对站点内文件进行管理和操作。其次在站点中创建 images 和 style 两个文件夹,用于放置图片和样式文件。最后新建 index. html 文档和 div. css 文档,并将两个文档链接起来。在完成了这些准备工作以后,下面分别对各个页面的布局实现进行讲解。

12.2.1　主页面的布局实现

1. 页面头部区域的制作

① 在 div. css 文件中,创建初始化 CSS 规则,如图 12-7 所示。

② 将光标置于设计视图中,在"插入"面板的"常用"选项卡中单击"插入 Div 标签"按钮, 弹出"插入 Div 标签"对话框,在"插入"下拉菜单中选择"在插入点"选项,在 ID 下拉列表框中输入 main_container,最后单击"确定"按钮,即可在页面中插入 main_container 容器。切换到 div. css 文件中,创建一个名为 ♯ main_container 的 CSS 规则,如图 12-8 所示。

```
*{
    margin:0;
    padding:0;
}
body {
    background: #FFF url(../images/bg.jpg)
no-repeat center top ;
    padding:0;
    font-family:Arial, Helvetica, sans-serif;
    font-size:12px;
    margin:0px auto auto auto;
    color:#000;
}
p {
    padding:2px;
    margin:0px;
}
img{
    border:0;
}
```

```
#main_container {
    width:1000px;
    height:auto;
    margin:auto;
    padding:0px;
    background-color:#FFF;
}
```

图 12-7　body 标签和 p 标签的 CSS 规则　　　　图 12-8　名为 ♯ main_container 的 CSS 规则

③ 删除多余的文字,在 main_container 容器内部插入一个名为 header 的 div 容器,并在 div. css 文件中,创建名为 ♯ header 的 CSS 规则,如图 12-9 所示。切换回设计页面,页面效果如图 12-10 所示。

④ 同样的方法,在 header 容器内部插入一个名为 top_right 的 div 容器,如图 12-11 所示。切换到 div. css 文件中,创建一个名为 ♯ top_right 的 CSS 规则,如图 12-12 所示。

```
#header {
    width:1000px;
    height:136px;
    background:#ebd2a9;
    background-position:0px 0px;
    margin:auto;
}
```

图 12-9　名为 ♯ header 的 CSS 规则

图 12-10 应用样式后的效果(1)

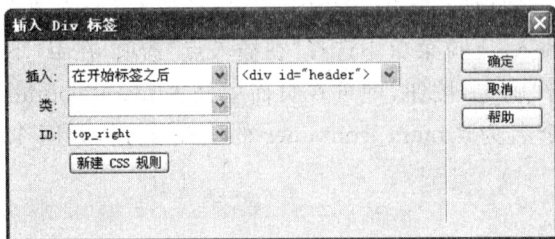

图 12-11 插入 top_right 容器

```
#top_right {
    width:728px;
    float:right;
    text-align:right;
    padding-right:20px;
}
```

图 12-12 名为＃top_right 的 CSS 规则

⑤ 切换到代码视图,在＜div id="top_right"＞内部增加相应的标签,如图 12-13 所示。切换到 div.css 文件中,创建一个名为＃top_right span 的 CSS 规则,如图 12-14 所示。

```
<div id="top_right"><a href="#">
我的账户</a><span>|</span><a href="#">
付款方式</a><span>|</span><a href="#">
配送范围</a><span>|</span><a href="#">
帮助中心</a><span>|</span>订花热线:
400-686-1234</div>
```

图 12-13 增加相应的标签

```
#top_right span {
    padding-left:5px;
    padding-right:5px;
}
```

图 12-14 名为＃top_right span 的 CSS 规则

⑥ 将鼠标定位在 top_right 容器结束标签的前面,在"插入"面板的"常用"选项卡中单击"插入 Div 标签"按钮 ,弹出"插入 Div 标签"对话框,在"插入"下拉菜单中选择"在插入点"选项,在 ID 下拉列表框中输入 big_banner,最后单击"确定"按钮,即可在页面中插入 big_banner 容器,如图 12-15 所示。在＜div id="big_banner"＞标签内部插入相关的广告图片,其结构代码如图 12-16 所示。

切换到 div.css 文件中,创建一个名为＃big_banner 的 CSS 规则,如图 12-17 所示。返回设计页面,页面效果如图 12-18 所示。

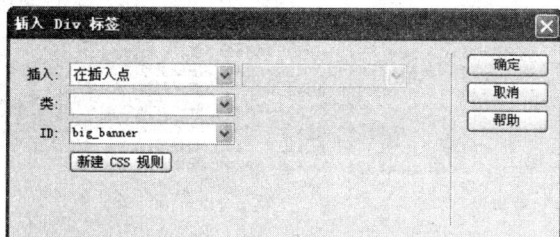

图 12-15　在 big_banner 容器内插入图片

```
<div id="top_right"><a href="#">
我的账户</a><span>|</span><a href="#">
付款方式</a><span>|</span><a href="#">
配送范围</a><span>|</span><a href="#">
帮助中心</a><span>|</span>订购热线
:400-686-1234        <div id="big_banner"><img src=
"images/banner_top.jpg" width="730"
height="104" /></div>
    </div>
```

图 12-16　名为＃big_banner 的 CSS 规则(1)

```
#big_banner {
    padding-top:15px;
}
```

图 12-17　名为＃big_banner
　　　　　的 CSS 规则(2)

图 12-18　应用样式后的效果(2)

⑦ 将鼠标定位在设计视图中,单击"插入"面板的"插入 Div 标签"按钮 ,弹出"插入 Div 标签"对话框,在"插入"下拉菜单中选择"在标签之后"选项,并在其后方下拉菜单中选择"<div id="top_right">"选项,在 ID 下拉列表框中输入 logo,最后单击"确定"按钮,即可在 top_right 容器后面插入 logo 容器。

紧接着,在 logo 容器内部插入名为"logo.gif"的图片,然后在 div.css 文件中,创建一个名为＃logo 的 CSS 规则,如图 12-19 所示。返回设计页面,此时页面效果如图 12-20 所示。

```
#logo {
    float:left;
    padding:40px 0 0 30px;
}
```

图 12-19　名为＃logo 的 CSS 规则

图 12-20　应用样式后的效果(3)

2. 页面导航区域的制作

① 将鼠标定位在设计视图中,单击"插入"面板的"插入 Div 标签"按钮 ,弹出"插入 Div 标签"对话框,在"插入"下拉菜单中选择"在标签之后"选项,并在其后方下拉菜单中选择<div id="header">选项,在 ID 下拉列表框中输入 main_content,最后单击"确定"按钮,即可在 header 容器后面插入 main_content 容器。

同样的方法,在 main_content 容器内部插入一个名为 menu_tab 的 div 容器。切换到 div.css 文件中,分别创建名为＃main_content 和＃menu_tab 的 CSS 规则,如图 12-21 所示。

② 在 menu_tab 容器内部插入无序列表作为导航菜单,其结构代码如图 12-22 所示。

```
#main_content {
    clear:both;
}
#menu_tab {
    width:1000px;
    height:36px;
    background:
url(../images/menu_bg.gif) repeat-x;
}
```

图 12-21　创建相应的 CSS 规则(1)

```
<div id="menu_tab">
  <ul class="menu">
    <li><a href="#" class="nav">首页</a></li>
    <li><a href="#" class="nav">生日蛋糕</a></li>
    <li><a href="#" class="nav">情侣蛋糕</a></li>
    <li><a href="#" class="nav">鲜奶蛋糕</a></li>
    <li><a href="#" class="nav">水果蛋糕</a></li>
    <li><a href="#" class="nav">销售排行</a></li>
    <li><a href="#" class="nav">祝福语</a></li>
  </ul>
</div>
```

图 12-22　导航的结构代码

切换到 div.css 文件中,分别创建相关的 CSS 规则,如图 12-23 和图 12-24 所示。

```
ul.menu {
    list-style-type:none;
    float:left;
    display:block;
    width:982px;
    margin:0px;
    padding:0px;
}
ul.menu li {
    display:inline;
    font-size:16px;
    font-family:"微软雅黑";
    font-weight:bold;
    line-height:50px;
}
```

图 12-23　menu 类的 CSS 规则

```
a.nav:link, a.nav:visited {
    display:block;
    float:left;
    padding:0px 8px 0px 8px;
    margin:0 14px 0 14px;
    height:36px;
    text-decoration:none;
    text-align:center;
    color:#fff;
}
a.nav:hover {
    display:block;
    float:left;
    padding:0px 8px 0px 8px;
    margin:0 14px 0 14px;
    height:36px;
    text-decoration:none;
    text-align:center;
    color:#199ECD;
}
```

图 12-24　伪类的 CSS 规则

③ 为了进一步美化导航菜单的视觉效果,这里在每个文字链接中间增加了导航分隔符,美化后的结构代码如图 12-25 所示。切换到 div.css 文件中,创建 divider 类的 CSS 规则,如图 12-26 所示。返回设计页面,此时页面效果如图 12-27 所示。

```
<div id="menu_tab">
  <ul class="menu">
    <li><a href="#" class="nav">首页</a></li>
    <li class="divider"></li>
    <li><a href="#" class="nav">生日蛋糕</a></li>
    <li class="divider"></li>
    <li><a href="#" class="nav">情侣蛋糕</a></li>
    <li class="divider"></li>
    <li><a href="#" class="nav">鲜奶蛋糕</a></li>
    <li class="divider"></li>
    <li><a href="#" class="nav">水果蛋糕</a></li>
    <li class="divider"></li>
    <li><a href="#" class="nav">销售排行</a></li>
    <li class="divider"></li>
    <li><a href="#" class="nav">祝福语</a></li>
  </ul>
</div>
```

图 12-25　美化后的导航结构代码

```
ul.menu li.divider {
    display:inline;
    width:4px;
    height:50px;
    float:left;
    background: url(../images/menu_divider.gif)
no-repeat center;
}
```

图 12-26　divider 类的 CSS 规则

图 12-27　导航的最终效果

④ 将鼠标定位在设计视图中,单击"插入"面板的"插入 Div 标签"按钮 ▣,弹出"插入 Div 标签"对话框,在"插入"下拉菜单中选择"在标签之后"选项,并在其后方下拉菜单中选择<div id="menu_tab">选项,在 ID 下拉列表框中输入 crumb_navigation,最后单击"确定"按钮,即可在 menu_tab 容器后面插入 crumb_navigation 容器,用于显示当前位置。

删除多余的文字,在 crumb_navigation 容器内部输入"当前位置:<span>首页</span>",切换到 div.css 文件中,创建相应的 CSS 规则,如图 12-28 所示。返回设计页面,此时页面效果如图 12-29 所示。

```
#crumb_navigation {
    width:970px;
    height:15px;
    padding:5px 10px 0 20px;
    color:#333333;
    background: url(../images/navbullet.png)
no-repeat left;
    background-position:5px 8px;
}
#crumb_navigation span {
    color:#0fa0dd;
}
```

当前位置:首页

图 12-28 创建相应的 CSS 规则(2)　　　图 12-29 应用样式后的效果(4)

3. 左侧边栏区域的制作

① 在 crumb_navigation 容器后面插入一个名为 left_content 的 div 容器,作为页面左侧边栏。切换到 div.css 文件中,创建名为 ♯left_content 的 CSS 规则,如图 12-30 所示。

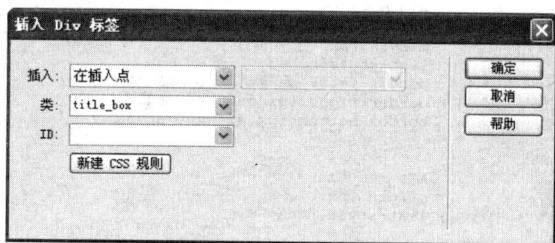

删除 left_content 容器内多余的文字,并将鼠标定位在 left_content 容器结束标签的前面,在"插入"面板的"常用"选项卡中单击"插入 Div 标签"按钮 ▣,弹出"插入 Div 标签"对话框,在"插入"下拉菜单中选择"在插入点"选项,在"类"下拉列表框中输入 title_box,最后单击"确定"按钮,即可在页面中插入应用 title_box 类的 div 容器,如图 12-31 所示。删除多余的文字,在刚创建的 div 容器内部输入"蛋糕分类"文字内容。

```
#left_content {
    width:180px;
    float:left;
    padding:0 0 0 5px;
    background:#FFF;
}
```

图 12-30 名为 ♯left_content 的 CSS 规则　　图 12-31 插入应用 title_box 类的 div 容器

② 切换到 div.css 文件中,创建 title_box 类的 CSS 规则,如图 12-32 所示。返回设计页面,此时页面效果如图 12-33 所示。

```
.title_box {
    width:178px;
    height:30px;
    margin:5px 0 0 0;
    background: #ffe8f1;
    color:#be3264;
    text-align:center;
    font-size:13px;
    font-weight:bold;
    line-height:30px;
    border:1px #ffcbe0 solid;
}
```

图 12-32 名为.title_box 的 CSS 规则

图 12-33 应用样式后的效果(5)

③ 在"＜div class＝"title_box"＞蛋糕分类＜/div＞"后面直接插入一个无序列表用于放置蛋糕的分类信息,具体的结构代码如图 12-34 所示。此时,页面效果如图 12-35所示。

```
<div id="left_content">
  <div class="title_box">蛋糕分类</div>
  <ul class="left_menu">
    <li><a href="#">按用途分类</a></li>
    <li><a href="#">生日</a> <a href="#">情侣</a>
    <a href="#">祝寿</a> <a href="#">庆典</a> <a href="#">儿童</a></li>
    <li><a href="#">按口味分类</a></li>
    <li><a href="#">鲜奶</a> <a href="#">慕斯</a>
    <a href="#">香芋</a> <a href="#">芝士</a> <a href="#">抹茶</a></li>
    <li><a href="#">按造型分类</a></li>
    <li><a href="#">圆形</a> <a>方形</a>
    <a>心形</a> <a>多层</a> <a>艺术</a>
    <li><a href="#">按价格分类</a></li>
    <li><a href="#">200档</a> <a href="#">300档</a>
    <a href="#">500档</a> <a href="#">700档</a></li>
    <li><a href="#">按节日分类</a></li>
    <li><a href="#">情人节</a> <a href="#">七夕节</a>
    <a href="#">母亲节</a></li>
  </ul>
</div>
```

图 12-34 插入无序列表

图 12-35 未美化的分类列表

④ 为了使列表更加美观,需要对列表进行一系列规则定义。这里为无序列表定义一个 left_menu 类,用于控制整个列表的样式,具体代码如图 12-36 所示。返回设计视图,将刚才定义的 left_menu 类应用于＜ul＞标签。此时,页面效果如图 12-37 所示。

```
ul.left_menu {
    width:178px;
    padding:0px;
    margin:0px;
    list-style:none;
    border-left:1px #ffcbe0 solid;
    border-right:1px #ffcbe0 solid;
    border-bottom:1px #ffcbe0 solid;
}
ul.left_menu li {
    margin:0px;
    list-style:none;
}
```

图 12-36 left_menu 类的 CSS 规则

图 12-37 应用规则后的效果(1)

⑤ 此时,分类列表雏形已经基本成形,但还不美观。这里再定义 odd 类和 even 类进一步美化列表,具体的 CSS 代码如图 12-38 所示。将定义的类应用在不同的列表项中,具体的结构代码如图 12-39 所示。返回设计页面,此时页面效果如图 12-40 所示。

264

```
ul.left_menu li.odd a {
    width:164px;
    height:25px;
    display:block;
    border-bottom:1px #e4e4e4 dashed;
    text-decoration:none;
    color:#504b4b;
    padding:0 0 0 14px;
    line-height:25px;
}
ul.left_menu li.even{
    border-bottom:1px #e4e4e4 dashed;
    background-color:#ffddeb;
}
ul.left_menu li.even a{
    text-decoration:none;
    color:#504b4b;
    padding-left:5px;
    line-height:25px;
}
ul.left_menu li.even a:hover,
ul.left_menu li.odd a:hover {
    color:#000;
    text-decoration:underline;
}
```

图 12-38　odd 类和 even 类的规则

```
<div id="left_content">
  <div class="title_box">蛋糕分类</div>
  <ul class="left_menu">
    <li class="odd"><a href="#">按用途分类</a></li>
    <li class="even"><a href="#">生日</a> <a href="#">情侣</a>
    <a href="#">祝寿</a> <a href="#">庆典</a> <a href="#">儿童</a></li>
    <li class="odd"><a href="#">按口味分类</a></li>
    <li class="even"><a href="#">鲜奶</a> <a href="#">慕斯</a>
    <a href="#">香芋</a> <a href="#">芝士</a> <a href="#">抹茶</a></li>
    <li class="odd"><a href="#">按造型分类</a></li>
    <li class="even"><a href="#">圆形</a> <a href="#">方形</a>
    <a>心形</a> 多层</a> <a>艺术</a></li>
    <li class="odd"><a href="#">按价格分类</a></li>
    <li class="even"><a href="#">200档</a> <a href="#">300档</a>
    <a href="#">500档</a> <a href="#">700档</a></li>
    <li class="odd"><a href="#">按节日分类</a></li>
    <li class="even"><a href="#">情人节</a> <a href="#">七夕节</a>
    <a href="#">母亲节</a></li>
  </ul>
</div>
```

图 12-39　分类列表最终的结构代码

⑥ 在刚才创建的无序列表后面插入一个应用了 title_box 类的 div 容器,并将多余的文字修改为"今日推荐"。

⑦ 将鼠标定位在刚创建的应用 title_box 类的 div 容器后面,在"插入"面板的"常用"选项卡中单击"插入 Div 标签"按钮 ▣,弹出"插入 Div 标签"对话框,在"插入"下拉菜单中选择"在插入点"选项,在"类"下拉列表框中输入 border_box,最后单击"确定"按钮,即可在页面中插入应用 border_box 类的 div 容器,其结构代码如图 12-41 所示。切换到 div.css 文件中,创建 border_box 类的 CSS 规则,如图 12-42 所示。

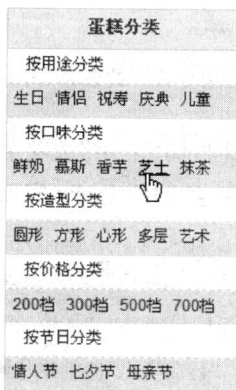

```
<div class="title_box">今日推荐</div>
<div class="border_box"></div>
```

图 12-41　插入应用 border_box 类的 div 容器

```
.border_box {
    width:178px;
    height:auto;
    text-align:center;
    border-left:1px #ffcbe0 solid;
    border-right:1px #ffcbe0 solid;
    border-bottom:1px #ffcbe0 solid;
}
```

图 12-40　应用样式后的效果(6)

图 12-42　名为.border_box 的 CSS 规则

⑧ 同样的方法,在<div class="border_box">标签内部插入三个应用不同类的 div 容器,用于分别放置产品的名称、产品图片以及产品价位,其结构代码如图 12-43 所示。切换到 div.css 文件中,分别创建名为.product_title、.product_img 和.prod_price 的 CSS 规则,如图 12-44 所示。

⑨ 删除多余的文字,在刚刚创建的3个 div 容器内输入产品信息和插入产品图片,最终的结构代码如图 12-45 所示。需要注意的是,这里为了使产品价格能够吸引访问者,增加了 reduce 类和 price 类,分别用于产品原价和产品现价的风格显示。

```
<div class="title_box">今日推荐</div>
<div class="border_box">
  <div class="product_title"></div>
  <div class="product_img"></div>
  <div class="prod_price"></div>
</div>
```

图 12-43　结构代码(1)

```
.product_title {
    color:#ff8a00;
    padding:5px 0 5px 0;
    font-weight:bold;
}
.product_img {
    padding:5px 0 5px 0;
}
.prod_price {
    padding:5px 0 5px 0;
}
```

图 2-44　相应的 CSS 规则(1)

```
<div class="title_box">今日推荐</div>
<div class="border_box">
  <div class="product_title"><a href="#">绚丽星空</a></div>
  <div class="product_img"><a href="#"><img src="images/n1_s.jpg" width="94" height="122" /></a></div>
  <div class="prod_price"><span class="reduce">&yen;220</span> <span class="price">&yen;178</span></div>
</div>
```

图 12-45　修改后的结构代码

⑩ 切换到 div.css 文件中,创建 reduce 类和 price 类的 CSS 规则,以及<a>标签伪类的 CSS 规则,如图 12-46 所示。返回设计页面,此时页面效果如图 12-47 所示。

```
span.reduce {
    color:#666666;
    text-decoration:line-through;
}
span.price {
    color: #ff8a00;
}
.product_title a {
    text-decoration:none;
    color:#ff8a00;
    padding:5px 0 5px 0;
    font-weight:bold;
    border:none;
}
.product_title a:hover {
    color:#064E5A;
}
```

图 12-46　创建相应的 CSS 规则(3)

图 12-47　应用样式后的效果(7)

⑪ 将鼠标定位在图 12-45 中结构代码的最后面,在"插入"面板的"常用"选项卡中单击"插入 Div 标签"按钮 🔲 ,依次插入应用 title_box 类和 border_box 类的两个 div 容器。在应用 border_box 类的 div 容器内部插入文本字段,具体的结构代码如图 12-48 所示。切换到 div.css 文件中,创建相应 CSS 规则,如图 12-49 所示。返回设计页面,此时页面效果如图 12-50 所示。

```
<div class="title_box">行业资讯</div>
<div class="border_box">
  <input type="text" name="newsletter"
class="newsletter_input" value="your email"/>
  <a href="#" class="join">订阅</a></div>
```

图 12-48　"行业资讯"的结构代码

```
input.newsletter_input {
    width:150px;
    height:16px;
    border:1px #ddd9d9 solid;
    margin:10px 0 5px 0;
    font-size:12px;
    padding:3px;
    color:#999999;
}
a.join {
    width:30px;
    display:block;
    margin:0px 0 5px 110px;
    padding:2px 8px 6px 8px;
    text-decoration: underline;
    color:#169ECC;
}
```

图 12-49　相应的 CSS 规则(2)

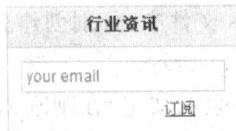

图 12-50　应用规则后的效果(2)

266

⑫ 将鼠标定位在图 12-48 中结构代码的最后面,插入一个应用了 banner_adds 类的 div 容器,删除其中的文字,并在内部插入名为"thtj2.jpg"的图片,具体的结构代码如图 12-51 所示。切换到 div.css 文件中,创建 banner_adds 类的 CSS 规则,如图 12-52 所示。返回设计页面,此时页面效果如图 12-53 所示。

```
<div class="banner_adds"> <a href="#"><img src=
"images/thtj2.jpg" width="163" height="400" /></a></div>
    </div>
```

图 12-51　结构代码(2)

```
.banner_adds {
    width:180px;
    text-align:center;
    padding:10px 0 10px 0;
}
```

图 12-52　banner_adds 类的 CSS 规则

图 12-53　应用规则后的效果(3)

4. 主体内容区域的制作

在本示例中,主体内容区域指的是页面三列布局中间的部分。经过对主页效果图的分析,这里对产品列表区域采用多个 div 容器相互嵌套的方法实现整体布局,具体的制作过程如下。

① 将鼠标定位在设计视图中,单击"插入"面板的"插入 Div 标签"按钮 ,弹出"插入 Div 标签"对话框,在"插入"下拉菜单中选择"在标签之后"选项,并在其后方下拉菜单中选择<div id="left_content">选项,在 ID 下拉列表框中输入 center_content,最后单击"确定"按钮,即可在 left_content 容器后面插入 center_content 容器。切换到 div.css 文件中,创建名为 #center_content 的 CSS 规则,如图 12-54 所示。

返回设计视图,删除多余的文字,在 center_content 容器内部插入一个应用了 oferta 类的 div 容器,其结构代码如图 12-55 所示。

```
#center_content {
    width:600px;
    background:#FFF;
    float:left;
    padding:5px 10px 5px 15px;
}
```

```
<div id="center_content">
  <div class="oferta"></div>
</div>
```

图 12-54　名为 #center_content 的 CSS 规则　　　　图 12-55　结构代码(3)

② 切换到 div.css 文件中,创建 oferta 类的 CSS 规则,如图 12-56 所示。返回设计页面,此时页面效果如图 12-57 所示。

```
.oferta {
    width:585px;
    height:156px;
    background:
url(../images/slider_bg.gif) no-repeat
center;
    float:left;
    padding:0px;
    margin:0 0 5px 0px;
}
```

图 12-56　oferta 类的 CSS 规则　　　　　　图 12-57　应用规则后的效果(4)

③ 在应用 oferta 类的 div 容器后面插入一个应用 center_title_bar 类的 div 容器,并将其中的文字改为"最新款式",其结构代码如图 12-58 所示。切换到 div.css 文件中,创建 center_title_bar 类的 CSS 规则,如图 12-59 所示。返回设计页面后,即可看到实际效果。

```
<div id="center_content">
  <div class="oferta"></div>
  <div class="center_title_bar">最新款式</div>
</div>
```

```
.center_title_bar {
    width:575px;
    height:26px;
    float:left;
    padding:0 0 0 10px;
    line-height:26px;
    font-size:12px;
    color:#FFF;
    font-weight:bold;
    background:#e6307b;
}
```

图 12-58　当前结构代码(1)　　　　　　图 12-59　center_title_bar 类的 CSS 规则

④ 接下来,主要对产品显示区域的布局实现进行讲解。为了更好地理解实现过程,这里先给出一个示意图说明相互嵌套的 div 容器都应用了哪些类规则,如图 12-60 所示。

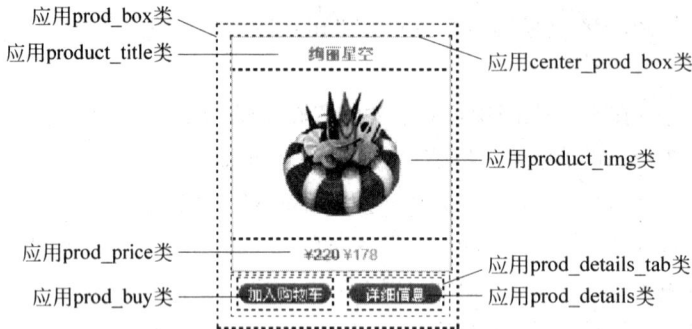

图 12-60　产品显示区域布局示意图

⑤ 接着步骤③继续制作,在应用了 center_title_bar 类的 div 容器后面,再插入一个应用 prod_box 类的 div 容器,用于放置一个产品信息,其结构如图 12-61 所示。切换到 div.css 文件中,创建 prod_box 类的 CSS 规则,如图 12-62 所示。

⑥ 在应用 prod_box 类的 div 容器内部插入一个应用 center_prod_box 类的 div 容器,用于放置产品的具体信息,这样处理的好处是方便后期对产品信息的样式修改,其结构代码如图 12-63 所示。切换到 div.css 文件中,创建 center_prod_box 类的 CSS 规则,如图 12-64 所示。

```
<div id="center_content">
    <div class="oferta"></div>
    <div class="center_title_bar">最新款式</div>
    <div class="prod_box">此处显示  class "prod_box" 的内容</div>
</div>
```

图 12-61　当前结构代码(2)

```
.prod_box {
    width:173px;
    height:auto;
    float:left;
    padding:10px 10px 10px 11px;
}
```

图 12-62　prod_box 类的 CSS 规则

```
<div id="center_content">
    <div class="oferta"></div>
    <div class="center_title_bar">最新款式</div>
    <div class="prod_box">
        <div class="center_prod_box"></div>
    </div>
</div>
```

图 12-63　当前结构代码(3)

```
.center_prod_box {
    width:173px;
    height: auto;
    float:left;
    text-align:center;
    padding:0px;
    margin:0px;
    border:1px #ffcbe0 solid;
}
```

图 12-64　center_prod_box 类的 CSS 规则

⑦ 将鼠标定位在应用 center_prod_box 类的 div 容器内部,在"插入"面板的"常用"选项卡中单击"插入 Div 标签"按钮 ,弹出"插入 Div 标签"对话框,在"插入"下拉菜单中选择"在插入点"选项,在"类"下拉列表框中选择"product_title"选项,如图 12-65 所示。同样的方法,再插入两个应用 product_img 类和 prod_price 类的 div 容器,其结构代码如图 12-66 所示。

图 12-65　插入 div 容器

```
<div class="prod_box">
    <div class="center_prod_box">
        <div class="product_title">此处显示  class "product_title" 的内容</div>
        <div class="product_img">此处显示  class "product_img" 的内容</div>
        <div class="prod_price">此处显示  class "prod_price" 的内容</div>
    </div>
</div>
```

图 12-66　当前结构代码(4)

⑧ 切换到代码视图,在刚才创建的 3 个 div 容器中插入产品的相关信息,如图 12-67 所示。此时,设计视图中对应的产品信息已经显示出来,如图 12-68 所示。

```
<div class="prod_box">
    <div class="center_prod_box">
        <div class="product_title"><a title="绚丽星空" href="#" target="_blank">绚丽星空</a></div>
        <div class="product_img"><a href="#"><img src="images/n1_s.jpg" width="94" height="122" /></a></div>
        <div class="prod_price"><span class="reduce">&yen;220</span> <span class="price">&yen;178</span></div>
    </div>
</div>
```

图 12-67　插入产品信息后的结构代码

⑨ 将鼠标定位在应用 center_prod_box 类的 div 容器结束标签的后面,插入一个应用 prod_details_tab 类的 div 容器,删除多余的文字,在其内部输入"加入购物车"和"详细信息"文字信息,结构代码如图 12-69 所示。

269

为了使文字链接更为美观,这里分别定义了 prod_buy 类和 prod_details 类用于美化文字链接,具体的 CSS 规则如图 12-70 所示。返回设计页面,此时页面效果如图 12-71 所示。

图 12-68　产品信息页面效果

```
.prod_details_tab {
    width:173px;
    height:31px;
    float:left;
    margin:3px 0 0 0;
}
a.prod_buy {
    width:75px;
    height:24px;
    display:block;
    float:left;
    background:
url(../images/link_bg.gif)
no-repeat center;
    margin:2px 0 0 5px;
    text-align:center;
    line-height:24px;
    text-decoration:none;
    color: #FFF;
}
a.prod_details {
    width:75px;
    height:24px;
    display:block;
    float:right;
    background:
url(../images/link_bg.gif)
no-repeat center;
    margin:2px 5px 0 0;
    text-align:center;
    line-height:24px;
    text-decoration:none;
    color:#FFF;
}
```

图 12-70　CSS 规则(1)

```
<div class="prod_details_tab">
    <a href="#">加入购物</a>
    <a href="#">详细信息</a></div>
```

图 12-69　当前结构代码(5)

图 12-71　产品信息最终效果

此时,一个产品信息已经制作完成,读者只需在代码视图中复制整个产品信息的代码,再粘贴多次即可完成整个产品信息区域的布局,最后再对相关链接加以修改即可,最终效果如图 12-72 所示。

5. 右侧边栏区域的制作

① 将光标置于设计视图中,在"插入"面板的"常用"选项卡中单击"插入 Div 标签"按钮 ,弹出"插入 Div 标签"对话框,在"插入"下拉菜单中选择"在标签之后"选项,在其后面的下拉菜单中选择＜div id＝"center_content"＞选项,然后在 ID 下拉列表框中输入 right_content,最后单击"确定"按钮,即可在 center_content 容器后面插入 right_content 容器,用于放置页面右侧边栏的内容。切换到 div.css 文件中,创建一个名为 # right_content 的 CSS 规则,如图 12-73 所示。

② 与之前实现"行业资讯"区域的布局方法相同,这里在右侧边栏内部实现"蛋糕搜索"区域的布局,具体的结构代码如图 12-74 所示。此时,页面视图的效果如图 12-75 所示。

③ 将鼠标定位在 right_content 容器结束标签的前面,在"插入"面板的"常用"选项卡中单击"插入 Div 标签"按钮 ,弹出"插入 Div 标签"对话框,在"插入"下拉菜单中选择"在插入点"选项,在"类"下拉列表框中输入 shopping_cart,最后单击"确定"按钮,即可在页面中插入应用 shopping_cart 类的 div 容器。切换到 div.css 文件中,创建 shopping_cart 类的 CSS 规则,如图 12-76 所示。

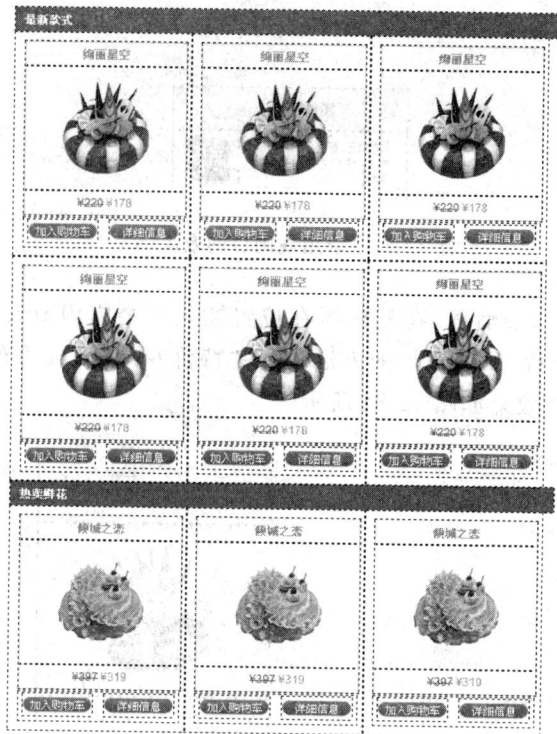

图 12-72　产品信息区域的最终效果

```
#right_content {
    width:180px;
    float:left;
    padding:0px;
    background:#FFF;
}
```

图 12-73　CSS 规则(2)

```
<div id="right_content">
    <div class="title_box">蛋糕搜索</div>
    <div class="border_box">
    <form action="" method="get">
        <input type="text" name="newsletter"
class="newsletter_input" value="keyword"/>
        <a href="#" class="join">搜索</a>
    </form>
    </div>
</div>
```

图 12-74　蛋糕搜索区域的结构代码

图 12-75　蛋糕搜索

返回设计视图,删除多余的文字,在应用 shopping_cart 类的 div 容器内部,插入应用 title_box 类的 div 容器,并输入"我的购物车"文字内容,此时结构代码如图 12-77 所示,页面视图效果如图 12-78 所示。

```
.shopping_cart {
    width:180px;
    height:84px;
    text-align:center;
}
```

图 12-76　shopping_cart 类的 CSS 规则

```
<div class="shopping_cart">
    <div class="title_box">我的购物车</div>
</div>
```

图 12-77　当前结构代码(6)

图 12-78　当前页面效果

④ 将鼠标定位在"<div class="title_box">我的购物车</div>"的后面,再次插入一个应用 cart_details 类的 div 容器,切换到 div.css 文件中,创建 cart_details 类的 CSS 规则,如图 12-79 所示。

返回代码视图,在刚刚创建的 div 容器内部输入相关文字和插入图片,其结构代码如图 12-80 所示。在此结构代码中,这里又定义了 border_cart 类和 cart_icon 类用于美化布局,其具体的 CSS 代码如图 12-81 所示。返回设计页面,此时页面效果如图 12-82 所示。

```
.cart_details {
    width:115px;
    float:left;
    padding:5px 0 0 15px;
    text-align:left;
}
```

图 12-79　cart_details 类的 CSS 规则

```
<div class="shopping_cart">
    <div class="title_box">我的购物车</div>
    <div class="cart_details">购物有2个<br/>
    <span class="border_cart"></span> 合计:
<span class="price">&yen;682</span></div>
    <div class="cart_icon"><a href="#" title="">
<img src="images/shoppingcart.png" alt="" title=""
width="35" height="35" border="0" /></a></div>
</div>
```

图 12-80　当前结构代码(7)

271

```
span.border_cart {
    width:100px;
    height:1px;
    margin:3px 0 3px 0;
    display:block;
    border-top:1px #999999 dashed;
}
.cart_icon {
    float:left;
    padding:5px 0 0 5px;
}
```

图 12-81 相应的 CSS 规则(3)

图 12-82 应用规则后的效果(5)

⑤ 将鼠标定位在图 12-80 所示代码的最后面,在光标所在位置插入一个应用 title_box 类的 div 容器,采用之前实现"今日特价"区域布局的方法,实现"特价专区"区域的布局,具体的结构代码如图 12-83 所示,页面效果如图 12-84 所示。

```
<div class="title_box">特价专区</div>
<div class="border_box">
    <div class="product_title">绚丽星空</div>
    <div class="product_img"><a href="#"><img src="images/n1_s.jpg"
width="94" height="122" /></a></div>
    <div class="prod_price"><span class="reduce">&yen;160</span>
<span class="price">&yen;100</span></div>
</div>
```

图 12-83 当前结构代码(8)

图 12-84 "特价专区"布局效果

⑥ 将鼠标定位在图 12-83 所示代码的最后面,在光标所在位置插入一个应用 title_box 类的 div 容器,采用之前实现"蛋糕分类"区域布局的方法,实现"常见问题"区域的布局,具体的结构代码如图 12-85 所示,页面效果如图 12-86 所示。

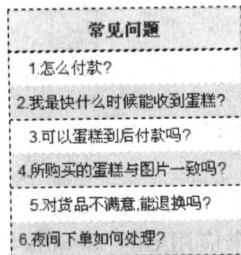

```
<div class="title_box">常见问题</div>
<ul class="left_menu">
    <li class="odd"><a href="#">1.怎么付款?</a></li>
    <li class="even"><a href="#">2.我最快什么时候能收到蛋糕?</a></li>
    <li class="odd"><a href="#">3.可以蛋糕到后付款吗?</a></li>
    <li class="even"><a href="#">4.所购买的蛋糕与图片一致吗?</a></li>
    <li class="odd"><a href="#">5.对货品不满意,能退换吗?</a></li>
    <li class="even"><a href="#">6.夜间下单如何处理?</a></li>
</ul>
```

图 12-85 当前结构代码(9)

图 12-86 "常见问题"布局效果

⑦ 根据整个布局的需要,将光标定位在图 12-85 所示结构代码的后面,在"插入"面板的"常用"选项卡中单击"插入 Div 标签"按钮 🔲,弹出"插入 Div 标签"对话框,在"插入"下拉菜单中选择"在插入点"选项,在"类"下拉列表框中选择"banner_adds"选项,最后单击"确定"按钮,即可在页面中插入应用 banner_adds 类的 div 容器。接着,在该 div 容器中插入名为"banner1.jpg"的图片,即可看到最终效果。

6. 页面底部区域的制作

在右侧边栏后面插入名为 footer 的 div 容器，输入页面底部版权信息等内容。切换到 div.css 文件中，创建名为 #footer 的 CSS 规则，如图 12-87 所示。返回设计页面，此时页面效果如图 12-88 所示。

```
#footer {
    width:980px;
    clear:both;
    height:45px;
    background:
url(../images/footer_bg.gif)
repeat-x top;
    text-align:center;
    padding:10px;
}
```

图 12-87　名为 #footer 的 CSS 规则

至此，"宇泽蛋糕网"主页的布局已经基本实现，读者可以根据自己的喜好修改相关的 CSS 规则，进一步美化整个页面。

图 12-88　页面底部区域的布局效果

12.2.2　搜索页面的布局实现

搜索页面指的是访问者通过网站搜索引擎搜索出来的产品所在的显示页面。此页面与主页布局有极大的相似之处，这里不再赘述其实现过程，而是着重讲解如何使用 CSS 规则实现翻页效果，如图 12-89 所示。

① 在页面中插入一个应用 pagination 类的 div 容器，用于对整个翻页区域加以控制。切换到 div.css 文件中，创建 pagination 类的 CSS 规则，如图 12-90 所示。

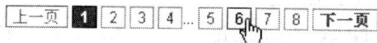

```
.pagination{
    width:780px;
    height:31px;
    float:left;
    padding:2px 0 2px 10px;
    line-height:31px;
    font-size:12px;
}
```

图 12-89　使用 CSS 实现的翻页效果

图 12-90　pagination 类的 CSS 规则

② 在刚创建的 div 容器内部插入无序列表，其结构代码如图 12-91 所示。

③ 为了使列表横向排列，需要对无序列表进行一系列定义，具体的样式代码如图 12-92 所示。此时，页面效果如图 12-93 所示。

```
<div class="pagination">
    <ul>
        <li>上一页</li>
        <li>1</li>
        <li><a href="#">2</a></li>
        <li><a href="#">3</a></li>
        <li><a href="#">4</a>...</li>
        <li><a href="#">5</a></li>
        <li><a href="#">6</a></li>
        <li><a href="#">7</a></li>
        <li><a href="#">8</a></li>
        <li><a href="#">下一页</a></li>
    </ul>
</div>
```

图 12-91　当前结构代码(10)

```
.pagination ul{
    margin: 0;
    padding: 0;
    text-align: right;
    font-size: 12px;
}

.pagination li{
    list-style-type: none;
    display: inline;
    padding-bottom: 1px;
}
```

图 12-92　创建相应的 CSS 规则(4)

④ 进一步美化翻页按钮。切换到 div.css 文件中，创建无序列表中<a>标签的伪类，具体样式代码如图 12-94 所示。此时，页面效果如图 12-95 所示。

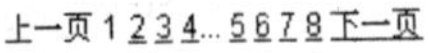

上一页 1 2 3 4 ... 5 6 7 8 下一页

图 12-93　应用规则后的效果(6)

```
.pagination a, .pagination a:visited{
padding: 0 5px;
border: 1px solid #9aafe5;
text-decoration: none;
color: #2e6ab1;
}

.pagination a:hover, .pagination a:active{
border: 1px solid #2b66a5;
color: #000;
background-color: #FFC;
}
```

图 12-94　创建相应的 CSS 规则(5)

上一页 1 2 3 4 ... 5 6 7 8 下一页

图 12-95　应用规则后的效果(7)

```
.pagination li.disablepage{
padding: 0 5px;
border: 1px solid #929292;
color: #929292;
}
```

图 12-96　disablepage 类的 CSS 规则

⑤ 如果当前所在页面的页数为"1"时,则前面不再有任何链接页面,此时需要为当前的页面效果定义 CSS 规则,这里定义一个 disablepage 类来解决这个问题,样式代码如图 12-96 所示。返回代码视图,将刚创建的 disablepage 类应用在无序列表中"上一页"所在的＜li＞标签中。此时,页面效果如图 12-97 所示。

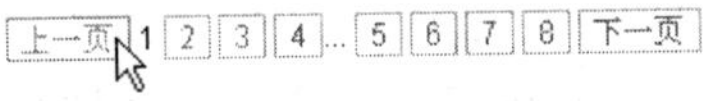

上一页 1 2 3 4 ... 5 6 7 8 下一页

图 12-97　应用规则后的效果(8)

```
.pagination li.currentpage{
font-weight: bold;
padding: 0 5px;
border: 1px solid navy;
background-color: #2e6ab1;
color: #FFF;
}
```

图 12-98　currentpage 类的 CSS 规则

⑥ 由于当前所在页面的数字要区别于其他数字,这里需要单独进行定义。切换到 div.css 文件中,创建 currentpage 类的 CSS 规则,具体样式代码如图 12-98 所示。返回代码视图,将刚创建的 currentpage 类应用在当前页面数字所在的＜li＞标签中。此时,页面效果如图 12-99 所示。

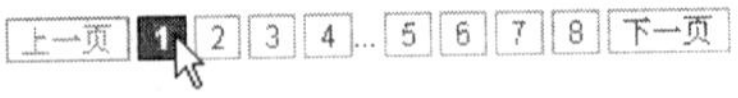

上一页 1 2 3 4 ... 5 6 7 8 下一页

图 12-99　应用规则后的效果(9)

```
<div class="pagination">
  <ul>
    <li class="disablepage">上一页</li>
    <li class="currentpage">1</li>
    <li><a href="#">2</a></li>
    <li><a href="#">3</a></li>
    <li><a href="#">4</a>...</li>
    <li><a href="#">5</a></li>
    <li><a href="#">6</a></li>
    <li><a href="#">7</a></li>
    <li><a href="#">8</a></li>
    <li><a href="#">下一页</a></li>
  </ul>
</div>
```

图 12-100　翻页效果的最终结构代码

至此,使用 CSS 规则实现翻页效果的制作过程已经完成,为使读者更为方便地理解以上多个类的应用情况,这里给出翻页效果的最终结构代码,如图 12-100 所示。

12.2.3　产品详细信息页面的布局实现

当访问者选中某个产品时,网站将自动跳转到该产品的详细信息页面。在此页面中,主要对产品的各种信息加以描述，使得浏览者加深了解要购买的产品。此外，还增加"相似产品"和"您也许还会喜欢"两个产品推荐列表，为访问者提供产品参考。由于此页面与首页的布局有一定相似之处，这里仅对页面中不同的地方加以讲解。

1.　左侧边栏的制作

① 将鼠标定位在名为 left_content 的 div 容器内部，然后在"插入"面板的"常用"选项卡中单击"插入 Div 标签"按钮 ，弹出"插入 Div 标签"对话框，在"插入"下拉菜单中选择"在插入点"选项，在"类"下拉列表框中选择"title_box"选项，如图 12-101 所示，单击"确定"按钮，即可插入应用 title_box 类的 div 容器。删除多余的文字，输入"您也许还会喜欢"文字内容，作为产品推荐列表的题目。

② 同样的方法，在应用 title_box 类的 div 容器后面，插入应用 border_box 类的 div 容器。

③ 在应用 border_box 类的 div 容器的内部，参照首页左侧边栏的制作方法实现布局，最终效果如图 12-102 所示。

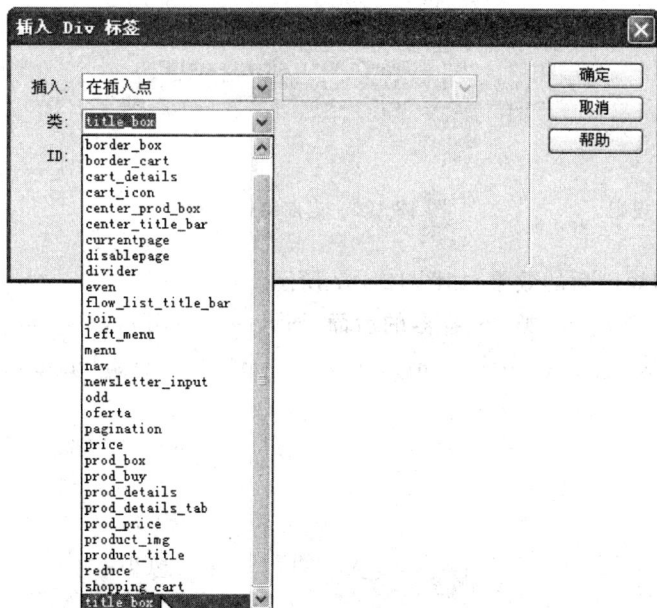

图 12-101　插入应用 title_box 类的 div 容器

图 12-102　产品详细信息页左侧边栏效果

2. 产品详细介绍区域的制作

① 将鼠标定位在名为"center_content"的 div 容器内部，然后在"插入"面板的"常用"选项卡中单击"插入 Div 标签"按钮 ▦，弹出"插入 Div 标签"对话框，在"插入"下拉菜单中选择"在插入点"选项，在"类"下拉列表框中输入"prod_box_big"，单击"确定"按钮，即可插入应用 prod_box_big 类的 div 容器。切换到 div.css 文件中，创建 prod_box_big 类的 CSS 规则，如图 12-103 所示。

② 删除多余的文字，在刚创建的 div 容器内部，插入应用 center_prod_box_big 类的 div 容器。切换到 div.css 文件中，创建 center_prod_box_big 类的 CSS 规则，如图 12-104 所示。

```
.prod_box_big {
    width:554px;
    height: auto;
    float:left;
    padding:10px 10px 15px 15px;
}
```

图 12-103　prod_box_big 类的 CSS 规则

```
.center_prod_box_big {
    width:554px;
    height: auto;
    float:left;
    text-align:center;
    padding:0 0 10px 0;
    margin:0px;
    border:1px #F0F4F5 solid;
}
```

图 12-104　center_prod_box_big 类的 CSS 规则

③ 同样的方法，在应用 center_prod_box_big 类的 div 容器内部，插入应用 product_img_big 类的 div 容器，用于放置放大的产品图片。删除 div 容器中多余的文字，插入一张放大的产品图片。最后，切换到 div.css 文件中，创建 product_img_big 类的 CSS 规则，如图 12-105 所示。为了更清楚地理解以上几步中 div 容器之间的关系，这里给出当前的结构代码，如图 12-106 所示。

```
.product_img_big {
    width:290px;
    padding:10px 0 0 10px;
    float:left;
}
```

图 12-105　product_img_big 类的 CSS 规则

```
<div id="center_content">
    <div class="prod_box_big">
        <div class="center_prod_box_big">
            <div class="product_img_big"><img src=
"images/h1_big.jpg" width="280" height="260" /></div>
        </div>
    </div>
</div>
```

图 12-106　当前结构代码(11)

返回设计视图，即可看到应用规则后的效果，如图 12-107 所示。

④ 将鼠标定位在应用 product_img_big 类 div 容器的后面，插入一个应用 details_big_box 类的 div 容器，用于放置产品基本信息。切换到 div.css 文件中，创建 details_big_box 类的 CSS 规则，如图 12-108 所示。

图 12-107　应用规则后的效果(10)

```
.details_big_box {
    width:235px;
    float:left;
    padding:0 0 0 15px;
    text-align:left;
}
```

图 12-108　details_big_box 类的 CSS 规则

⑤ 在应用 details_big_box 类 div 容器内部,分别插入应用 product_title_big 类、specifications 类和 prod_price_big 类的 3 个 div 容器,用于放置产品名称、详细信息和当前售价三方面的内容,其结构代码如图 12-109 所示。

```
<div class="details_big_box">
    <div class="product_title_big">此处显示  class "product_title_big" 的内容</div>
    <div class="specifications">此处显示  class "specifications" 的内容</div>
    <div class="prod_price_big">此处显示  class "prod_price_big" 的内容</div>
</div>
```

图 12-109　当前结构代码(12)

⑥ 切换到 div.css 文件中,分别创建 product_title_big 类、specifications 类和 prod_price_big 类的 CSS 规则,如图 12-110 所示。

返回到设计视图,在应用 product_title_big 类的 div 容器内部,删除多余的文字,并输入相关文字内容。在应用 specifications 类的 div 容器内部,删除多余的文字,输入产品的基本信息,如图 12-111 所示。

```
.product_title_big {
    color:#ff8a00;
    padding:5px 0 5px 0;
    font-weight:bold;
    font-size:14px;
}
.specifications {
    font-size:12px;
    line-height:20px;
}
.prod_price_big {
    padding:5px 0 5px 0;
    font-size:14px;
    font-weight:bold;
}
```

图 12-110　相应的 CSS 规则(4)

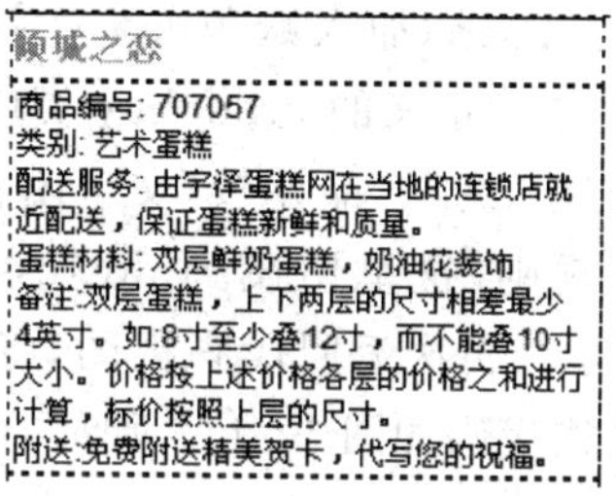

倾城之恋

商品编号: 707057
类别: 艺术蛋糕
配送服务: 由宇泽蛋糕网在当地的连锁店就近配送,保证蛋糕新鲜和质量。
蛋糕材料: 双层鲜奶蛋糕,奶油花装饰
备注: 双层蛋糕,上下两层的尺寸相差最少4英寸。如: 8寸至少叠12寸,而不能叠10寸大小。价格按上述价格各层的价格之和进行计算,标价按照上层的尺寸。
附送: 免费附送精美贺卡,代写您的祝福。

图 12-111　输入产品基本信息

⑦ 为了使产品基本信息的内容更加醒目,这里又定义了 blue 类,使得部分文字凸显蓝色。切换到 div.css 文件中,创建 blue 类的 CSS 规则,如图 12-112 所示。

返回代码视图,将需要凸显的文字内容增加<span>标签,并应用 blue 类,此时的结构代码如图 12-113 所示。

```
.blue {
    color:#159DCC;
}
```

图 12-112　blue 类的 CSS 规则

```
<div class="details_big_box">
    <div class="product_title_big">倾城之恋</div>
    <div class="specifications">
        <p>商品编号: <span class="blue">707057</span><br />
        类别: <span class="blue">艺术蛋糕</span><br />
        配送服务: <span class="blue">由宇泽蛋糕网在...</span><br />
        蛋糕材料:<span class="blue"> 双层鲜奶蛋糕,奶油花装饰 </span><br />
        备注:<span class="blue">双层蛋糕,上下...</span><br />
        附送:<span class="blue">免费附送精美贺卡,代写您的祝福。</span><br />
        </p>
    </div>
    <div class="prod_price_big"></div>
</div>
```

图 12-113　当前结构代码(13)

⑧ 在应用 prod_price_big 类的 div 容器内部,删除多余的文字,输入当前产品的市价和售价,并将具体的价格应用之前定义的 reduce 类和 price 类,当前的结构代码如图 12-114 所示,设计视图中的效果如图 12-115 所示。

```
<div class="prod_price_big">
    <p>市价: <span class="reduce">&yen;374</span></p>
    <p>售价: <span class="price">&yen;315</span></p>
</div>
```

图 12-114　当前结构代码(14)　　　　　　　　图 12-115　产品价格的最终效果

　　⑨ 切换到代码视图,在图 12-114 所示的结构代码后面输入"加入购物车"、"产品比较"文字内容。选择"加入购物车"文字,按下组合键 Ctrl＋T,为当前文字增加环绕标签<a>,并将之前定义的 prod_buy 类应用到该链接上。

　　同样的方法,为"产品比较"文字内容增加环绕标签<a>。由于之前没有定义可以应用的 CSS 类规则,这里切换到 div.css 文件中,创建 prod_compare 类的 CSS 规则,如图 12-116 所示。再次返回代码视图,将刚才定义的类规则应用到"产品比较"文字内容上。此时,结构代码如图 12-117 所示,页面效果如图 12-118 所示。

```
.prod_compare {
    width:75px;
    height:24px;
    display:block;
    float:left;
    background:
url(../images/link_bg.gif) no-repeat
center;
    margin:2px 0 0 5px;
    text-align:center;
    line-height:24px;
    text-decoration:none;
    color:#159dcc;
}
```

图 12-116　prod_compare 类
　　　　　　的 CSS 规则

```
<div class="prod_price_big">
    <p>市价: <span class="reduce">&yen;274</span></p>
    <p>售价: <span class="price">&yen;215</span></p>
</div>
<a href="#" class="prod_buy">加入购物车</a>
<a href="#" class="prod_compare">产品比较</a></div>
```

图 12-117　当前结构代码(15)

图 12-118　应用样式后的效果(8)

　　⑩ 在应用 center_prod_box_big 类的 div 容器后面,插入应用 jieshao 类的 div 容器。切换到 div.css 文件中,创建 jieshao 类的 CSS 规则,如图 12-119 所示。

　　⑪ 在应用 jieshao 类的 div 容器内部,删除多余的文字,并输入"详细介绍"文字内容,然后插入应用 congtent_jieshao 类的 div 容器。切换到 div.css 文件中,创建 congtent_jieshao 类的 CSS 规则,如图 12-120 所示。

　　⑫ 切换到代码视图,在应用 congtent_jieshao 类的 div 容器内部,输入更为详细的产品介绍,并插入图片。此时,当前结构代码如图 12-121 所示,页面效果如图 12-122 所示。

278

```
.jieshao {
    width:554px;
    height: auto;
    font-size:20px;
    float:left;
    text-align:left;
    color:#F60;
    font-weight:bold;
    margin:0px;
    border-bottom:1px #F0F4F5 solid;
}
```

```
.congtent_jieshao {
    font-size:12px;
    line-height:20px;
    color:#000;
    font-weight:normal;
    padding:10px;
}
```

图 12-119　jieshao 类的 CSS 规则　　　图 12-120　congtent_jieshao 类的 CSS 规则

```
<div class="jieshao">详细介绍
    <div class="congtent jieshao">
        <p>[材 料]：双层鲜奶蛋糕，奶油花装饰</p>
        <p>[包 装]：购买蛋糕附送贺卡、刀、叉、盘、蜡烛一套</p>
        <p>[蛋 糕 说]：轻风拂过了湖面，恰似你的温柔；细雨飘落了思绪，浪漫了爱
的情怀；玫瑰绽开了花瓣，芳香萦绕在心头</p>
        <p>[适合场合]：恋情,生日,祝福,婚庆,生子,节日 </p>
        <p>[订购热线]：400-123-1234，400-321-4321 </p>
        <p>[说 明]：您至少应提前3小时下订单，我们保证按时送达；为了能够有充
分的时间准备，我们建议您尽早预订。
        <p><img src="images/70705711.jpg" width="530" height="300" /></p>
    </div>
</div>
```

图 12-121　当前结构代码(16)

图 12-122　应用样式后的效果(9)

⑬ 在应用 prod_box_big 类的 div 容器后面，插入应用 center_title_bar 类的 div 容器，仿照之前的制作方法，将三个产品横向布局放置，最终效果如图 12-123 所示。

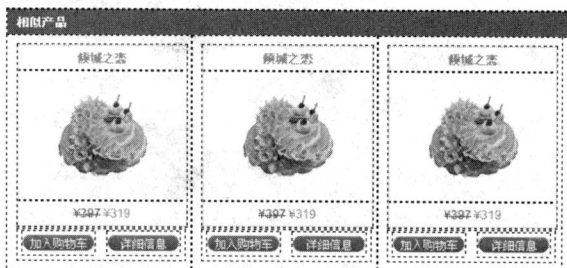

图 12-123　"相似产品"区域布局效果

　　至此,产品详细介绍区域有别于首页部分的制作过程已经介绍完了,读者可以根据自己的喜好修改相关的 CSS 规则,进一步美化整个页面。本案例对整个网站的布局思路仅供读者参考,在实际工作中 CSS 样式布局其实是很随意的,只要将整体布局思路捋顺,掌握如何处理页面效果即可,至于 CSS 样式的具体内容就变得不再重要了。

12.3　实　　训

1. 实训要求

　　参考本章实现电子商务类网站的整个过程,以 2～3 人的小组为单位,以"蛋糕订购网"为题材,设计并实现蛋糕在线订购的三级页面。

2. 过程指导

① 讨论并确定"蛋糕订购网"主页、产品列表页和产品详细信息页的布局规划。
② 在规划的基础上,使用"DIV＋CSS"的制作方式逐步细化页面布局。
③ 制作过程中,边制作边保存边预览,最终效果可参照图 12-124～图 12-126 所示。

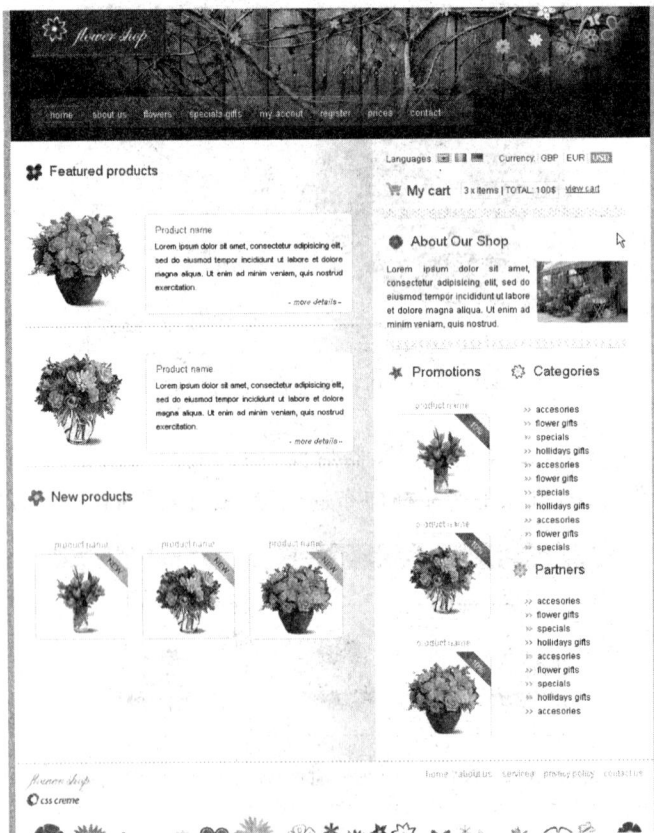

图 12-124　网站主页面

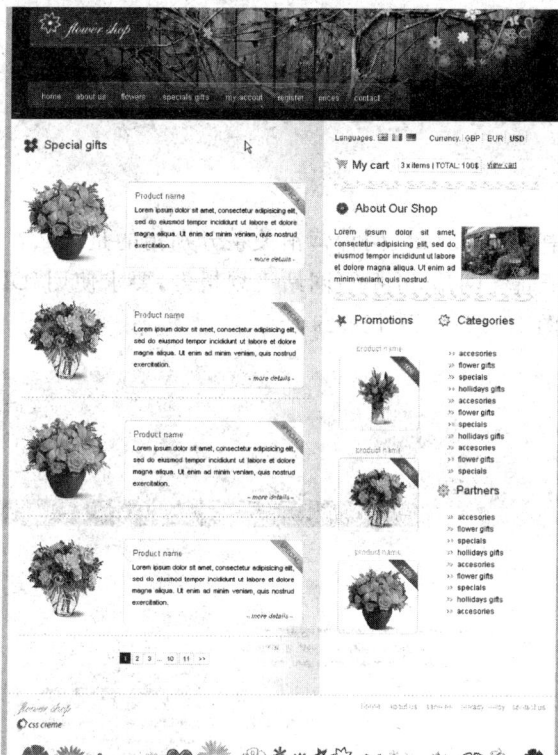

图 12-125　产品列表页

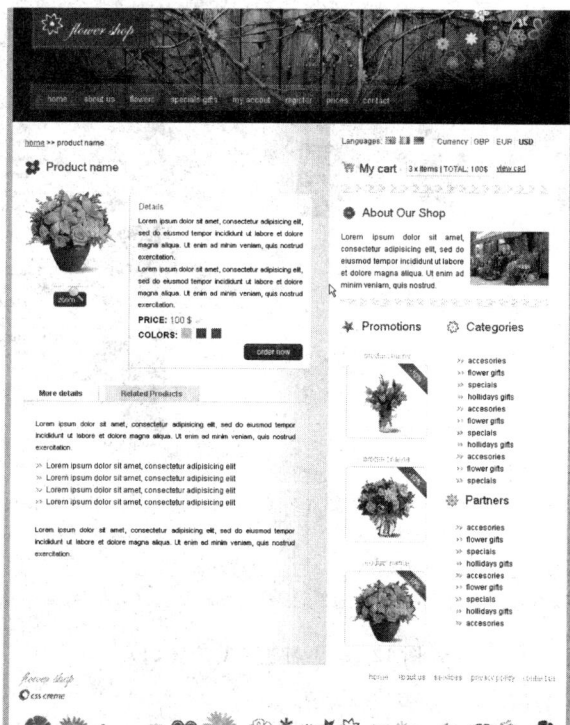

图 12-126　产品详细页

12.4 习　　题

1. 在电子商务中 B2B 和 B2C 两种营销关系分别指的是什么？

2. 策划一个电子商务网站,并撰写网站策划报告,要求使用"DIV＋CSS"的方式制作出网站的子页面,如图 12-127～图 12-129 所示。

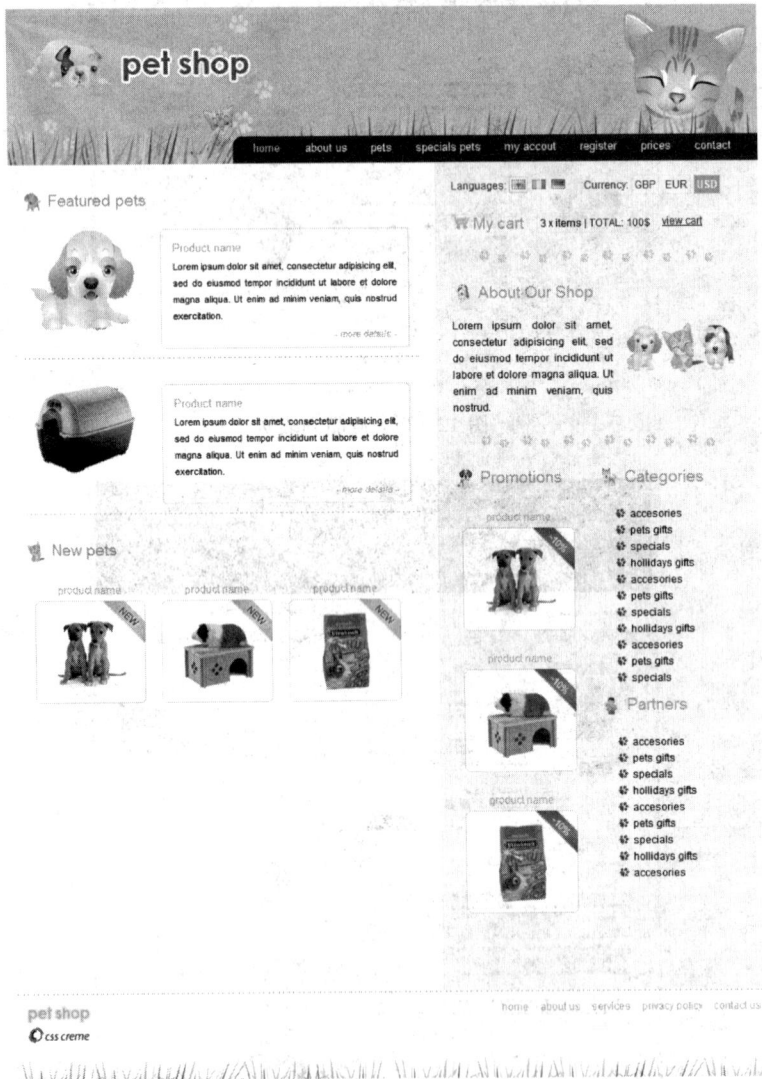

图 12-127　习题 2 对应图(1)

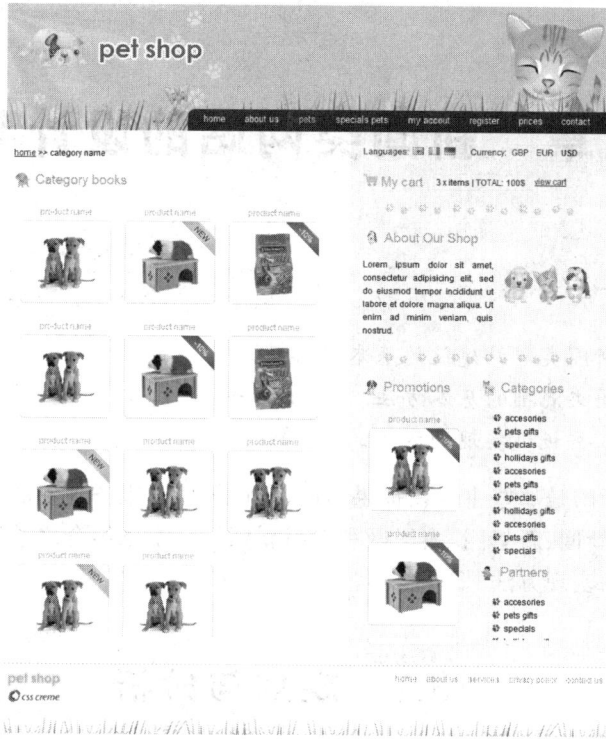

图 12-128　习题 2 对应图(2)

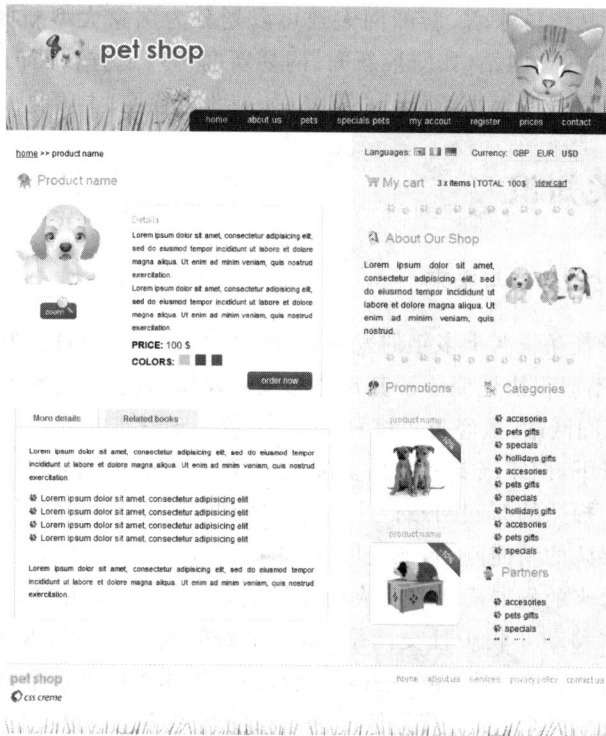

图 12-129　习题 2 对应图(3)

第 13 章　新闻类网站的设计与实现

□ 了解大型新闻类网站建设的基本思路。

□ 熟练掌握图文混排的基本方法。

□ 掌握新闻正文板块实现的方法。

新闻类网站指的是那些主要以提供新闻、资讯等信息服务为主的网站,常见的新闻网有新浪新闻、腾讯新闻、新华网、人民网和搜狐新闻等。本章结合之前所学的知识,向读者介绍新闻类网站的实现方法。

13.1　规划与分析

新闻网是以经营新闻业务为主要生存手段的网站,通常被认为是继报纸、广播、电视之后的第四媒体。从整体来看,新闻网大致可以划分为国家大型新闻门户网站(如新华网、人民网等)、商业门户网站(如新浪新闻、网易新闻等)、地方新闻门户网站(如大豫网、芜湖新闻网等),以及各种行业新闻门户网站(如湖北美食网、中国化工网等)。

13.1.1　相关知识

1. 新闻类网站的现状与未来

新闻类网站随着互联网十多年的发展,一些国家级新闻单位的网站发展迅速,如人民网、央视网等网站不但很快地完成了其母体布局新媒体的使命,还很好地完成了市场化操作;但还有一些新闻网站,虽经过了多种探索,依然处于学步初期。

在这样的背景下,国家级新闻网站实际上已经分化为两个阵营,一边是人民网、央视网这样的位于第一梯队的新闻网站;另一边则是有着很好母体背景但经过十多年发展仍远远滞后的第二梯队的新闻网站,如光明网、中广网等。

新闻类网站未来的发展面临着两大历史机遇,一个是移动互联,另一个是社交网络。从某种意义上说,"移动互联＋社交网络"是未来新闻网站的发展契机。当带宽、手机资费、上网习惯等先前的"束缚"都被一一解开后,很多媒体将借助这个全新的"移动互联"实现翻盘。对于新闻网站而言,不管是处于第一梯队还是第二梯队,抓住这一机遇,迅速转型为移动互联的"内容提供商"和"服务提供商"是明智的选择。

2．新闻类网站的市场分析

这里选取三个具有代表性的新闻类网站品牌(新浪新闻、腾讯新闻和新华网)对当前市场进行简要分析。

新浪新闻及时全面地报道涵盖了国内外突发新闻、体坛赛事、娱乐时尚、财经及 IT 产业资讯等内容；腾讯新闻依托巨大的 QQ 使用群体，利用腾讯众多的软件和服务提高腾讯网流量；新华网是新华社主办的中国最大、最具有全球影响力的国家重点网站，能够独家报道世界各地热点消息，第一时间追踪突发事件，深度分析评论焦点话题，是名副其实的"网上新闻信息总汇"。

三家网站各具优势，新浪依靠的是自身十多年的网络营销经验，借助新浪微博、手机浏览工具等软件服务，使大众对"新浪"品牌在潜意识里扎根；腾讯主要依托众多的网络服务，例如登录 QQ 时，便会自动弹出信息框，里面包含新闻、游戏、音乐和视频等各方面鲜活的图像，很容易吸引大众去访问网站；新华网则主要依赖的是专业性、深入性和独创性赢得大众的喜爱。总的来说，无论何种新闻网站都应该致力于提供海量信息，快捷、有效地满足用户个性化需求，提前做好详细的市场分析，为网站运营打好基础。

13.1.2　规划设计

从浏览者访问新闻类网站的整个过程来讲，网站的页面种类大致包括主页、新闻网列表页和新闻网详细内容页 3 种。浏览者通常是在主页上看到感兴趣的新闻标题，单击链接后即可看到详细内容，而新闻网列表页面通常是不被看到的，对于那些内容庞大的新闻类网站，还可能跳转到二级栏目的主页，但无论过程怎样，基本的页面布局为 3 种。本节以搭建"宇泽互联国际新闻网"3 种静态页面为目标，向读者讲述新闻类网站的制作方法。

1．新闻网主页面

新闻类网站的主页所包含的信息量非常大，通常采用多列、多板块布局进行实现，考虑到访问者的便利性，一般上还包含站内搜索、内容导航等功能。根据实际需求，通过成熟的构思与设计，新闻网主页面最终效果如图 13-1 所示，布局示意图如图 13-2 所示。

2．新闻网列表页

新闻网列表页的主要作用是罗列新闻条目，访问者一般不能直接访问该类页面，只有在检索时才能看到。限于该类页面所承担的功能，页面通常以列表元素作为主要框架，无须过多的美化修饰。通过成熟的构思与设计，新闻网列表页最终效果如图 13-3 所示，布局示意图如图 13-4 所示。

3．新闻网详细内容页

当访问者单击某个感兴趣的新闻标题链接时，即可打开详细内容页。该页面主要显示新闻的详细信息，以及摘要、发表时间和发布人等信息。根据实际需求，详细内容页效果如图 13-5 所示，布局示意图如图 13-6 所示。

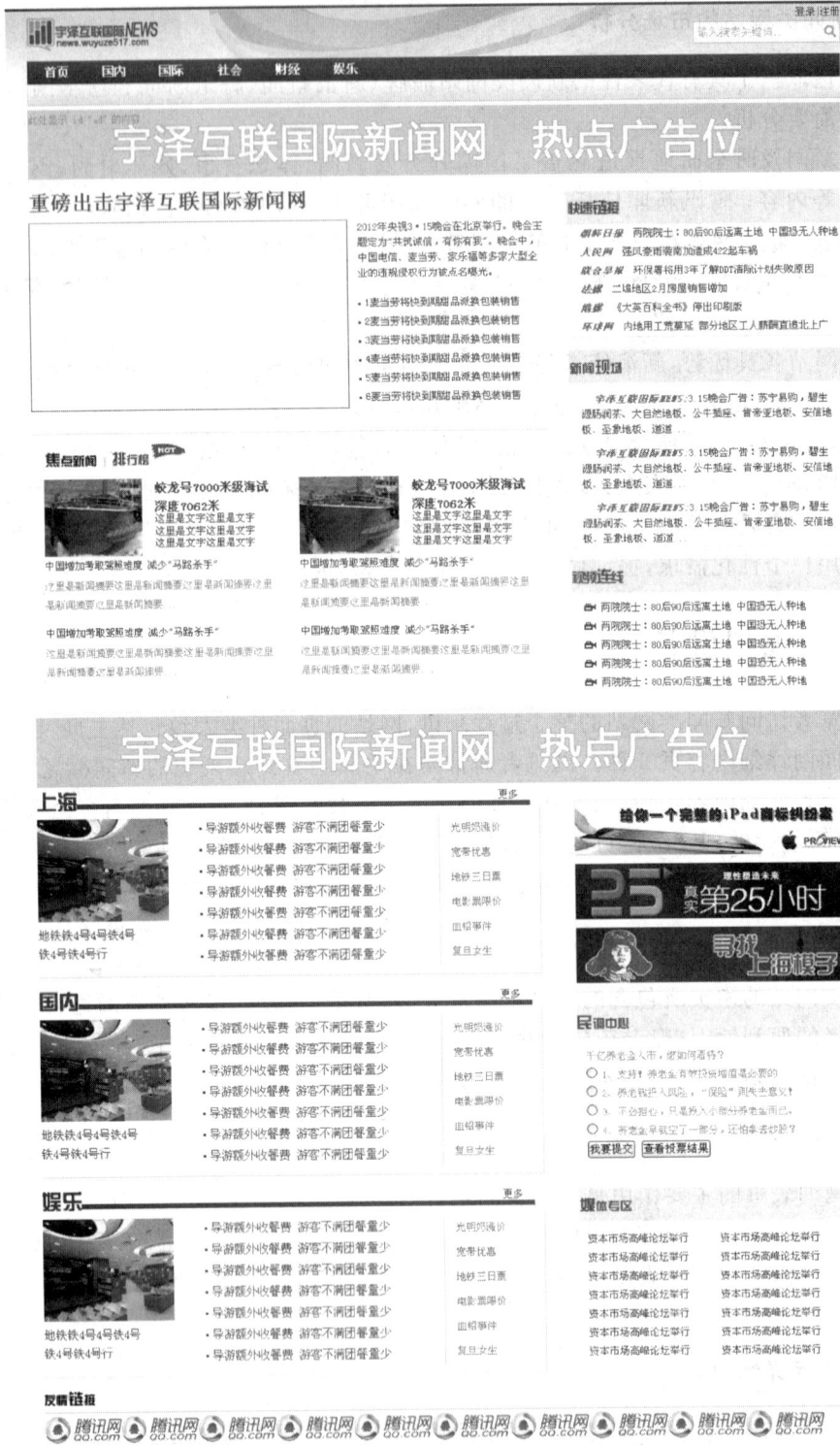

图 13-1　主页预览效果

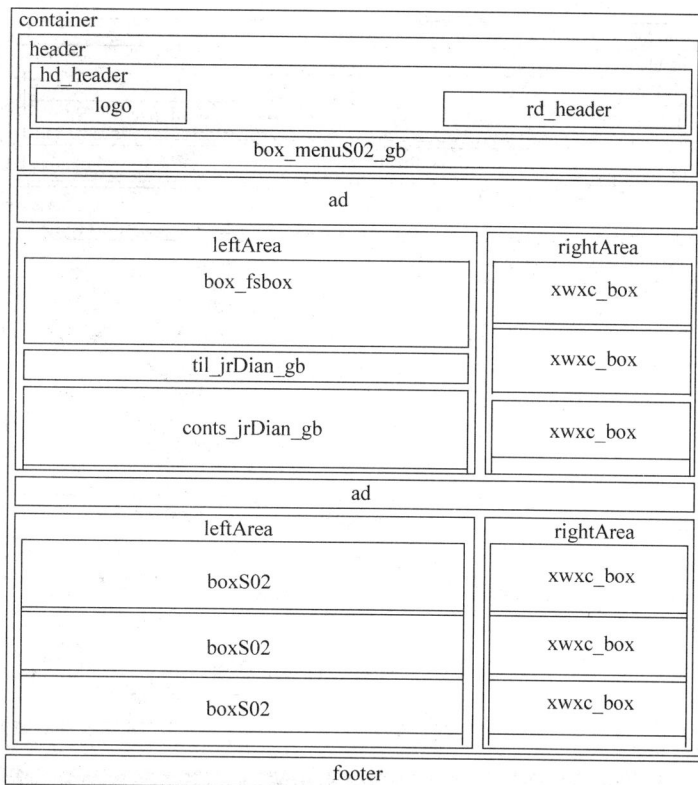

图 13-2　主页布局示意图

图 13-3　新闻网列表页预览效果

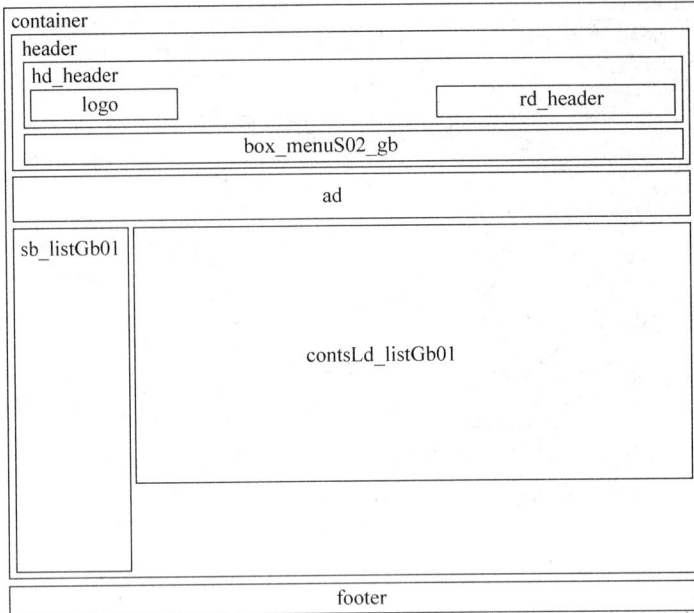

图 13-4　列表页布局示意图

图 13-5　新闻网详细内容页预览效果

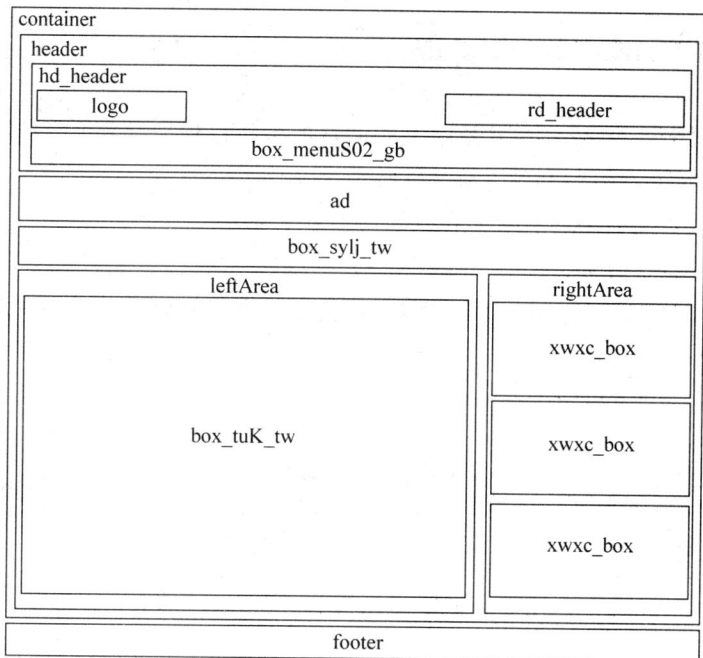

图 13-6　新闻网详细内容页布局示意图

13.2　设计与实现

新闻网信息量大，布局也十分复杂，在动手制作之前如果没有周密的规划，很容易造成结构混乱、过度嵌套和修改不便等诸多麻烦，为了有效避免这些麻烦，这里向读者提供一些工作经验。

- 尽量多使用类规则。在为某个 div 容器编写 CSS 规则时尽量使用类规则，其原因在于类规则可以应用在多个容器上面，能够有效提高效率。
- CSS 规则编写时，先编写全局或整体方面的规则，再针对某些容器编写具体规则。这样处理的好处在于，整体方面的规则可以应用在多个布局相同的容器上面，一是提高效率；二是网站整体风格控制能够统一。
- 层次结构一定要有语义。每个容器存在的价值一定要有明确的语意，应该避免过度嵌套，使内容丧失语意。
- 及时清除浮动。当某个板块内的容器被赋予浮动属性后，应该及时地对浮动进行清除，避免后面的容器布局错位。

以上几点经验是在工作中总结得出的，读者在练习过程中也应该不断地总结，将自己所遇到的难题汇总并加以记录，久而久之工作效率自然提高。

13.2.1　新闻网主页的实现

由于新闻网内容过于庞大,这里主要对制作的大致过程加以叙述,对某些重要板块的实现加以详细讲解,读者在模仿练习时请参考源文件。

1. 创建站点

① 启动 Dreamweaver CS5 创建站点,并在站点内分别创建用于放置图像的 images 文件夹和放置 CSS 文件的 style 文件夹。

② 分别创建空白 XHTML 文档和 CSS 文档,将网页文档保存在根目录下,并重命名为 index. html,将 CSS 文档保存在 style 文件夹下,并重命名为 common. css。

③ 将创建完成的网页文档和 CSS 文档链接起来。

2. 主页头部区域的制作

① 待准备工作结束后,切换到 index. html 文档中,在"插入"面板的"常用"选项卡中单击"插入 DIV 标签"按钮,弹出"插入 DIV 标签"对话框,在"插入"下拉菜单中选择"在插入点"选项,在"类"下拉列表框中输入 container,最后单击"确定"按钮,即可在页面中插入 container 容器。

② 切换到 common. css 文档,为整个页面进行初始化定义。由于整个新闻网包含许多类型的元素,所以初始化规则相对比较复杂,如图 13-7 和图 13-8 所示。

```
body, div, dl, dt, dd, ul, ol, li,
h1, h2, h3, h4, h5, h6, pre, form,
fieldset, input, textarea, p,
blockquote, th, td {
    margin:0;
    padding:0;
}
table {border-collapse:collapse;}
fieldset, img {border:0;}
ol, ul {list-style:none;}
caption, th {text-align:left;}
h1, h2, h3, h4, h5, h6 {
    font-size:100%;
    font-weight:normal;
}
.clear {clear:both;}
.fl {float:left;}
.fr {float:right;}
```

图 13-7　初始化规则(1)

```
body {
    font-size:12px;
    text-decoration:none;
    line-height:22px;
    font-family:"SimSun", "arial",
sans-serif;
    color:#979696;
    background:
url(../images/body_s03.jpg) repeat-x;
}
a:link {
    text-decoration:none;
    /*outline:none;*/
    color:#204b78;
}
a:visited {
    color: #204b78;
    text-decoration:none;
}
a:hover {
    color:#c80226;
}
a:active {
    color: #204b78;
}
```

图 13-8　初始化规则(2)

③ 切换回 index. html 文档中,删除 container 容器内多余文字,并将鼠标定位在该容器内部,在"插入"面板的"常用"选项卡中单击"插入 Div 标签"按钮,按照如图 13-9 所示的参数设置在 container 容器内部插入 header 容器。

④ 切换到 common. css 文档,为刚创建的容器编写 CSS 规则,如图 13-10 所示。

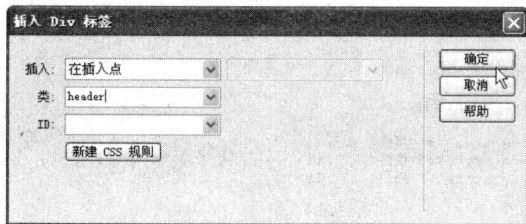

图 13-9　插入 header 容器

```
.container {
    width:978px;
    margin:0 auto;
}
.header {
    width:978px;
    height:114px;
    background:
url(../images/banner_s03.jpg)
no-repeat center 4px;
```

图 13-10　对应 CSS 规则

⑤ 对于本案例来说，顶部区域内包含两部分内容，一是网站 Logo；二是搜索栏，如何让这两部分内容融洽地出现在同一行，并且位于左右两端是问题的重点。这里拟采用浮动属性解决这个问题，为网站 logo 增加左浮动属性，为搜索栏增加右浮动属性，示意图如图 13-11 所示。

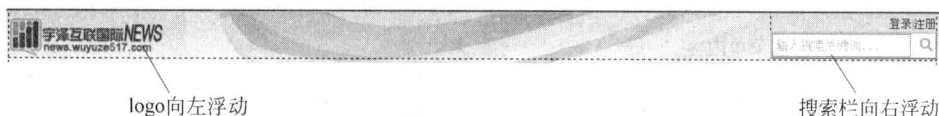

图 13-11　示意图

当某个容器拥有浮动属性的时候，其本身就脱离了文档流，为了避免给其他容器造成布局方面的混乱，这里还需为父一级容器增加清除浮动的属性。

⑥ 在 header 容器内部插入 hd_header 容器，并在其内部使用 h1 标签作为容器盛放 logo 图像，具体的页面结构如图 13-12 所示。

图 13-12　页面结构

3. 二级导航菜单的制作

二级导航的实现途径有多种，有些借助 JavaScript 实现，有些借助 CSS 去实现，无论采用何种方式导航菜单通常使用无序列表作为容器进行制作，这里向读者介绍使用 CSS 控制二级菜单的方法。

① 在 hd_header 容器的后面插入应用 box_menuS02_gb 类的 div 容器，并在其中插入多级嵌套的无序列表，如图 13-13 所示。

② 导航菜单的结构创建完成后，切换到 common.css 文档中为导航编写相关规则，编写思路如下：为菜单增加整体背景效果；清除列表项默认外观；一级和二级菜单内容

```
<div class="hd_header clear">
    <h1 cl...
</div>
<div class="box_menuS02_gb">
    <ul>
一级菜单内容 ———— <li><a href="#">首页</a>
                    <ul>
                    <li><a href="#">焦点</a></li>
                    <li><a href="#">链接</a></li>  } 二级子菜单内容
                    <li><a href="#">热门</a></li>
                    </ul>
                </li>
一级菜单内容 ———— <li><a href="#">国内</a>
                    <ul>
                    <li><a href="#">焦点</a></li>
                    <li><a href="#">北京</a></li>
                    <li><a href="#">上海</a></li>  } 二级子菜单内容
                    <li><a href="#">重庆</a></li>
                    <li><a href="#">各地</a></li>
                    </ul>
                </li>
一级菜单内容 ———— <li><a href="#">国际</a>
                    <ul>
                    <li><a href="#">纵横</a></li>
                    <li><a href="#">焦点</a></li>  } 二级子菜单内容
                    <li><a href="#">趣闻</a></li>
                    <li><a href="#">科技</a></li>
                    </ul>
                </li>
一级菜单内容 ———— <li><a href="#">社会</a>
                    <ul>
                    <li><a href="#">百态</a></li>
                    <li><a href="#">法制</a></li>  } 二级子菜单内容
                    <li><a href="#">民生</a></li>
                    <li><a href="#">案件</a></li>
                    </ul>
                </li>
    </ul>
</div>
```

图 13-13　二级导航菜单的结构

均横向浮动；一级菜单被选中时，菜单颜色要有变化；二级菜单中超链接 a 元素的宽度要大于 li 元素的宽度，目的是横向移动鼠标时子菜单内容能够相互链接；当一级菜单被选中时，二级菜单进行绝对定位，并且必须移动到一级菜单的下方；为了避免一级菜单和二级菜单同时显示，需要隐藏二级菜单的内容。

③ 在对二级导航菜单进行细致分析后，可以在 common.css 文档中编写对应的规则，如图 13-14 和图 13-15 所示。

```
.box_menuS02_gb {
    height:51px;
    margin-top:10px;
    background:
url(../images/bg_menu_s02.png)
repeat-x;
    border:1px solid #d1d1da;
    position:relative;
}
.box_menuS02_gb ul {
    padding:0;
    margin:0;
    list-style-type: none;
}/*清除列表项外观*/
.box_menuS02_gb ul li {
    float:left;
    width:70px;
}/*使一级菜单浮动*/
.box_menuS02_gb ul li a {
    display:block;
    text-align:center;
    text-decoration:none;
    width:72px;
    height:26px;
    color: #FFF;
    font-weight:bolder;
    line-height:26px;
    font-size:14px;
}/*设置二级菜单外观,宽度要大于li的宽度*/
```

```
.box_menuS02_gb ul li:hover a {
    color: #692E2F;
}/*菜单被选中时,一级菜单的景色*/
.box_menuS02_gb ul li:hover ul {
    display:block;
    position:absolute;
    left:0;
    top:25px;
    width:805px;
}/*当一级菜单被选中时,二级菜单进行绝
对定位,使其移动到一级菜单的下方*/
.box_menuS02_gb ul li:hover ul li a {
    float:left;
    display:block;
    color: #666;
}/*当一级菜单被选中时,二级菜单内容进
行横向浮动*/
.box_menuS02_gb ul li:hover ul li
a:hover {color: #900;}
/*当选中二级子菜单内容时背景图像*/
.box_menuS02_gb ul li ul {
    display: none;}
/*隐藏所有二级菜单*/
```

图 13-14　二级导航菜单系列规则（1）　　　　图 13-15　二级导航菜单系列规则（2）

④ 保存当前文档,通过浏览器预览后的效果如图 13-16 所示。

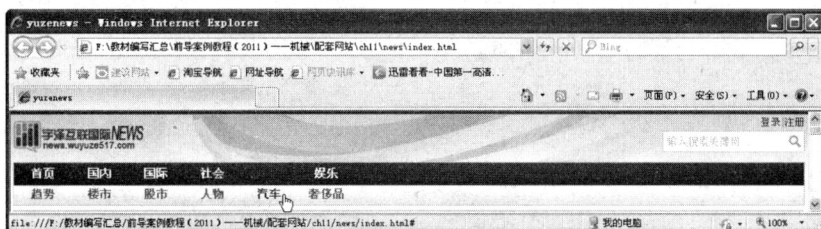

图 13-16　二级导航菜单预览效果

4. 图片新闻板块的制作

主页上醒目位置通常会有滚动播放的图片新闻,这种滚动效果主要采用 JavaScript 或 Flash 技术去实现,这里主要介绍图片新闻区域布局的实现方法。

图片新闻板块通常包含头条新闻的标题、滚动图片、图片解说文字,以及超链接等,为使读者清晰地创建页面结构,这里给出该板块的示意图,如图 13-17 所示。

图 13-17　分析示意图

① 根据新闻网整体的规划,在 header 容器后面插入应用 leftArea 类规则的 div 容器,用于盛放主页中左侧主体区域的所有内容。

② 在 leftArea 容器内部,插入应用 box_fsbox 类规则的 div 容器,用于放置图片新闻板块内的所有元素。

③ 在 box_fsbox 内部,根据之前的分析使用合适的标签元素创建该区域的结构,如图 13-18 所示。

```
<div class="leftArea ">
  <div class="box_fsbox">
    <h3 class="bt_index"><a href="#">重磅出击宇泽互...</a></h3>
    <div class="flashA01">
      <div id="KinSlideshow" ></div>
    </div>
    <div class="list_flash fr">
      <P class="ms_flash">2012年央视... </P>
      <div class="toplink01">
        <p><a href="#">1某企业将快到期甜品派换包装销售</a></p>
        <p><a href="#">2某企业将快到期甜品派换包装销售</a></p>
        <p><a href="#">3某企业将快到期甜品派换包装销售</a></p>
        <p><a href="#">4某企业将快到期甜品派换包装销售</a></p>
        <p><a href="#">5某企业将快到期甜品派换包装销售</a></p>
        <p><a href="#">6某企业将快到期甜品派换包装销售</a></p>
      </div>
    </div>
  </div>
</div>
```

图 13-18　图片新闻区域的页面结构

④ 切换到 common.css 文档中编写对应的规则,如图 13-19 和图 13-20 所示,保存当前文档,通过浏览器预览即可看到效果。

```css
.leftArea {
    float:left;
    width:624px;
}
.box_fsbox {
    height:282px;
    border-bottom:1px solid #d9d9d9;
    color:#4c4c4c;
}
.bt_index {
    margin:12px 0 12px 0;
    font-size:25px;
    font-weight:700;
}

#KinSlideshow {
    float:left;
    overflow:hidden;
    width:384px;
    height:220px;
    border:1px #F00 solid;
}
```

图 13-19　图片新闻区域系列规则(1)

```css
.list_flash {
    width:226px;
    height:220px;
    line-height:18px;
}
.toplink01 {
    margin-top:15px;
    height:130px;
    overflow:hidden;
}
.toplink01 p {
    display:block;
    height:22px;
    line-height:22px;
    overflow:hidden;
    background:
url(../images/btn_kk02.gif) no-repeat
scroll 0 11px transparent;
    text-indent:8px;
}
```

图 13-20　图片新闻区域系列规则(2)

5. 焦点新闻板块的制作

焦点新闻板块通常采用图文环绕的布局方式,如图 13-21 所示。此类布局主要通过为图像增加浮动属性,再配合无序列表或自定义列表进行实现。

对于本例来说,板块标题拟采用加载图像背景的方式进行处理,其好处是美化的标题能够吸引更多浏览者;焦点新闻整体区域需要使用 div 容器进行包裹,其目的是方便控制焦点区域的所有内容;焦点新闻板块内容进一步划分为两大部分,由于这两部分布局相同,可以定义相同的 CSS 规则;焦点新闻中的图像需要为其增加浮动属性,对应的解释性文字使用自定义列表进行规范;焦点新闻中下方的相关新闻链接,同样采用自定义列表进行实现。为了方便读者理解对焦点新闻板块的分析,这里给出对应的示意图,如图 13-22 所示。

图 13-21　图文环绕的布局方式

til_jrDian_gb容器,用于盛放图像标题,以吸引访问者

自定义列表dt元素,用于盛放标题

自定义列表dd元素,用于盛放新闻摘要

hd_jrDian_gb容器,用于包裹图像,并赋予左浮动属性

自定义列表dt元素,用于盛放标题

自定义列表dd元素,用于盛放相关链接

图 13-22　焦点新闻板块示意图

① 在 box_fsbox 容器后面，插入应用 til_jrDian_gb 类的 div 容器，切换到 common. css 文档中编写对应的规则，如图 13-23 所示。通过浏览器预览可以看到效果，如图 13-24 所示。

```
.til_jrDian_gb {
    padding-left:10px;
    height:39px;
    background: url(../images/h2_jdxw.png)
no-repeat 0% 100%;
}
```

图 13-23　编写 til_jrDian_gb 类规则

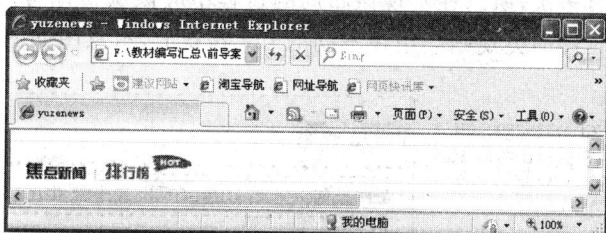

图 13-24　预览效果

② 在 til_jrDian_gb 容器后面依次创建嵌套关系的 conts_jrDian_gb 容器和 box_jdian_gb 容器，前者用于规范焦点新闻整体外观，后者用于规范焦点新闻主体内容的外观。

③ 根据之前的分析，在 box_jdian_gb 容器内部创建相关容器，具体结构代码如图 13-25 所示。

```
<div class="inbox fl">
    <div class="hd_jrDian_gb clear" ><a href="#"><img src=
"images/001.jpg" width="120" height="91" /></a>
        <dl class="fr">
            <dt class="til_blueS01"><a href="#">蛟龙号7000...</a></dt>
            <dd>
                <p><a href="#">这里是文字这里是文字</a></p>
                <p><a href="#">这里是文字这里是文字</a></p>
                <p><a href="#">这里是文字这里是文字</a></p>
            </dd>
        </dl>
    </div>
    <dl class="bd_jrDian_gb clear">
        <dt><a href="#">中国增加考取写...</a></dt>
        <dd>这里是新闻摘要...</dd>
    </dl>
    <dl class="bd_jrDian_gb clear">
        <dt><a href="#">中国增加考取写...</a></dt>
        <dd>这里是新闻摘要...</dd>
    </dl>
</div>
```

图 13-25　焦点新闻板块的结构代码

④ 切换到 common. css 文档中编写对应的规则，如图 13-26 和图 13-27 所示，保存当前文档，通过浏览器预览即可看到效果。

```
.conts_jrDian_gb {
    padding:14px;
    border-right:1px solid #ededed;
    border-bottom:1px solid #ededed;
}
.box_jdian_gb {height:260px;}
.conts_jrDian_gb .inbox {
    width:286px;
}
.hd_jrDian_gb {margin-bottom:10px;}
.hd_jrDian_gb img {
    float:left;
    margin-right:10px;
}
.hd_jrDian_gb dt {height:36px;}
.hd_jrDian_gb dd {height:50px;}
.hd_jrDian_gb dl dd p {line-height:1.2em;}
```

图 13-26　焦点新闻板块系列规则(1)

```
.hd_jrDian_gb .til_blueS01 {
    margin-bottom:0px;
    height:40px;
    width:150px;
    font-size:14px;
    font-weight:700;
}
.clearfix:after {
    content: " ";
    display: block;
    clear: both;
    height: 0;
}
.clearfix {zoom: 1;}
.bd_jrDian_gb {margin-bottom:5px;}
.bd_jrDian_gb dt {
    margin:5px 0 4px;
    height:20px;
    font-weight:normal;
}
.bd_jrDian_gb dd {height:50px;}
```

图 13-27　焦点新闻板块系列规则(2)

295

6. 视频连线板块的制作

本例中的视频连线板块位于主页的右侧位置,与之相类似的布局在整个网站中出现过多次,所以在实现该布局的过程中应该从整体考虑,先编写整体外观的类规则,再编写具体的类规则应用在不同的 div 容器上,示意图如图 13-28 所示。

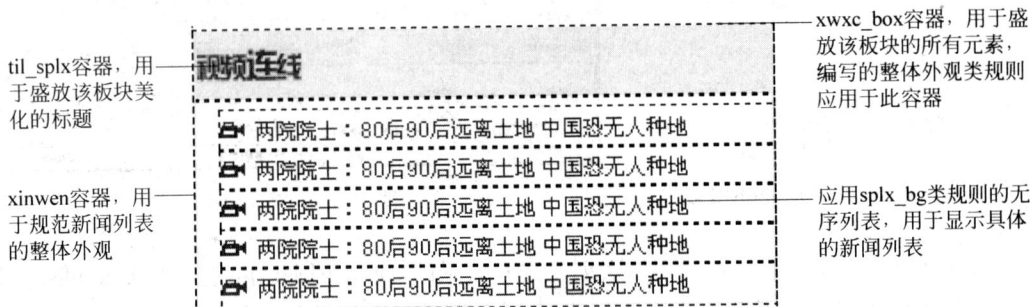

图 13-28 "视频连线"板块分析示意图

① 在 leftArea 容器后面创建 rightArea 容器。

② 在 rightArea 容器内部创建相互嵌套的 div 容器,如图 13-29 所示。

③ 切换到"common. css"文档中编写对应的规则,如图 13-30 所示,保存当前文档,通过浏览器预览即可看到效果。

```
<div class="xwxc_box">
  <div class="til_splx"> </div>
  <div class="xinwen">
    <ul class="splx_bg">
      <li><a href="#">两院院士:80后90后远离土地 中国恐无人种地 </a></li>
      <li><a href="#">两院院士:80后90后远离土地 中国恐无人种地 </a></li>
      <li><a href="#">两院院士:80后90后远离土地 中国恐无人种地 </a></li>
      <li><a href="#">两院院士:80后90后远离土地 中国恐无人种地 </a></li>
      <li><a href="#">两院院士:80后90后远离土地 中国恐无人种地 </a></li>
    </ul>
  </div>
</div>
```

图 13-29 视频连线板块的结构代码

```
.xwxc_box {
    margin-top:15px;
    border:1px solid #ededed;
}
.til_splx {
    height:38px;
    background:#ededed
url(../images/h2_splx.gif)
no-repeat left center;
}
.splx_bg {
    padding:6px 0 0 14px;
}
.splx_bg a {
    display:block;
    background:
url(../images/a_left.png)
no-repeat left center;
    padding-left:20px;
}
```

图 13-30 CSS 规则(1)

需要特别注意的是,". splx_bg"规则应用于 ul 元素上,使得无序列表项向右移动 14px 的距离,而". splx_bg a"规则作用在列表项内的超链接上,并且加载了一幅背景图像,使得无序列表前面出现了一幅列表项图像,起到了美化效果。

7. 娱乐板块的制作

本例中娱乐板块位于主页的左下方,用于显示与该类别相关的新闻信息,如图 13-31 所示。根据最初的站点规划,与此板块布局相同的板块还有多个,所以在实现该板块的过程中,同样需要按照从大到小的顺序编写 CSS 规则。此外,为了方便编写的 CSS 规则能够应用多处,建议创建为 CSS 类规则。为了清楚地说明该板块的层次结构,这里给出示意图，如图 13-32 所示。

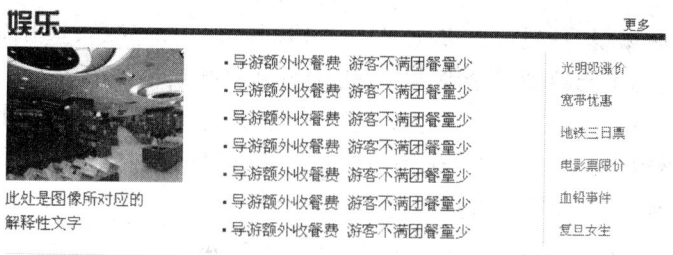

图 13-31　娱乐板块的页面效果

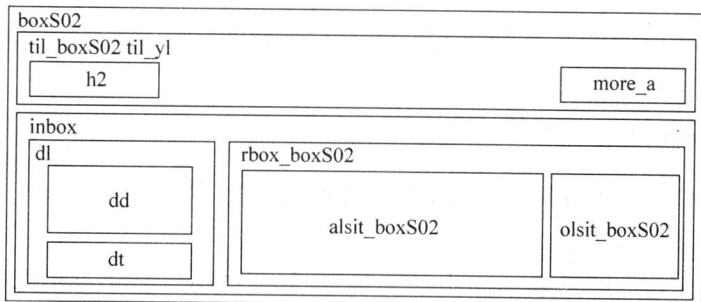

图 13-32　娱乐板块布局示意图

①　插入应用 boxS02 类的 div 容器，在其内部根据布局示意图创建相互嵌套的多个容器，具体页面结构如图 13-33 所示。

```
<div class="box802 clearfix">
    <div class="til_box802 til_yl">
        <h2><a href="#">娱乐</a></h2>
        <a class="more_a"href="#">更多</a></div>
    <div class="inbox clearfix">
        <dl class="fl">
            <dd><a href="#"><img src="images/002.jpg" width="160" height="120" /></a></dd>
            <dt><a href="#">此处是图像所对应的解释性文字</a></dt>
        </dl>
        <div class="rbox_box802 fr">
            <ul class="alsit_box802 fl">
                <li><A href="#" target=_blank>导游额外收餐费 游客不满团餐量少</A></li>
                <li><A href="#" target=_blank>导游额外收餐费 游客不满团餐量少</A></li>
                <li><A href="#" target=_blank>导游额外收餐费 游客不满团餐量少</A></li>
                <li><A href="#" target=_blank>导游额外收餐费 游客不满团餐量少</A></li>
                <li><A href="#" target=_blank>导游额外收餐费 游客不满团餐量少</A></li>
                <li><A href="#" target=_blank>导游额外收餐费 游客不满团餐量少</A></li>
                <li><A href="#" target=_blank>导游额外收餐费 游客不满团餐量少</A></li>
            </ul>
            <div class="olsit_box802 fr"><a href="#" target=_blank>光明奶涨价</a> <a href="#" target
=_blank>宽带优惠</a> <a href="#" target=_blank>地铁三日票</a> <a href="#" target=_blank>电影票限价</a>
<a href="#" target=_blank>血铅事件</a> <a href="#" target=_blank>复旦女生</a></div>
        </div>
    </div>
</div>
```

图 13-33　娱乐板块的页面结构

②　切换到 common.css 文档中编写对应的规则，由于所涉及的规则过多请读者参考源文件制作。

13.2.2　新闻网列表页的实现

新闻类网站的列表页一般不能直接访问，大多数情况下仅是以罗列某类新闻标题而存在的，由于和主页有一定的相似度，这里仅介绍与主页不同区域的布局。

1. 创建新的 CSS 文档

对于大型网站来说,一般会有多个 CSS 文档同时作用于网站,这样处理的原因有两方面的内容,一是为了网站的安全考虑,一旦 CSS 文档被误操作删除,不至于整个网站外观全部瘫痪;二是为了方便管理,多个 CSS 文档分别代表着多个方面的规则(如全局规则、子页面规则、颜色规则和字体规则等),便于设计师后期维护。本例中需要为二级页面和三级页面创建独立的 CSS 文档,具体操作如下:

① 创建空白 XHTML 文档,并保存为"sublist.html"。

② 创建 CSS 文档,将其保存在 style 文件夹下,并重命名为"sub_list.css"。

③ 将创建完成的网页文档与 CSS 文档链接起来,如图 13-34 所示。

图 13-34　链接多个 CSS 文档

2. 左侧导航的实现

对于本例来讲,左侧导航仅是由多组无序列表组成而已,为了方便地对整个左侧导航控制,需要为导航整体创建 div 容器,然后再进一步细化。

① 在页面中插入应用 sb_listGb01 类的 div 容器,作为左侧导航的整体容器。

② 在容器内部创建多组无序列表,列表的标题使用 h2 元素进行标记,具体结构代码如图 13-35 所示。

③ 结构创建完成后,切换到 sub_list.css 文档中编写对应的规则,如图 13-36 所示。切换回 sublist.html 文档中,此时页面效果如图 13-37 所示。

```html
<div class="sb_listGb01 fl">
  <div class="inbox">
    <h2>新闻</h2>
    <ul>
      <li><a href="#">国内</a></li>
      <li><a href="#">国际</a></li>
      <li><a href="#">社会</a></li>
      <li><a href="#">娱乐</a></li>
      <li><a href="#">财经</a></li>
      <li><a href="#">体育</a></li>
    </ul>
    <h2>爱拍</h2>
    <ul>
      <li><a href="#">热点</a></li>
      <li><a href="#">身边</a></li>
      <li><a href="#">公益</a></li>
      <li><a href="#">趣闻</a></li>
      <li><a href="#">校园</a></li>
      <li><a href="#">任务</a></li>
    </ul>
    <h2>直播</h2>
    <ul>
      <li><a href="#">直播间</a></li>
      <li><a href="#">访谈录</a></li>
      <li><a href="#">人物动态</a></li>
      <li><a href="#">博客直播</a></li>
    </ul>
  </div>
</div>
```

图 13-35　左侧导航的结构代码

```css
.sb_listGb01 {
    width:100px;
}
.sb_listGb01 .inbox {
    padding:0 12px;
}
.sb_listGb01 h2 {
    height:38px;
    font-size:18px;
    line-height:38px;
    border-bottom:1px solid #C6C6C6;
    color:#333;
    font-weight:700;
}
.sb_listGb01 a {
    display:block;
    height:30px;
    font-size:14px;
    line-height:30px;
    border-bottom:1px solid #E5E5E5;
    text-align:center;
}
```

图 13-36　CSS 规则(2)

图 13-37　页面效果

298

3. 新闻列表的实现

新闻列表主要借助无序列表进行实现，在制作过程中为了达到某种效果通常使用 span 元素、storng 元素和 em 元素进行组合搭配。

① 在 sb_listGb01 容器的后面插入应用 contsLd_listGb01 类规则的 div 容器，并设置为向左浮动。

② 在新创建的容器内部创建相互嵌套的容器，具体结构如图 13-38 所示。

```
用于控制新闻列表的        <div class="contsLd_listGb01 fl">          用于控制内容的外包裹
外包裹                   <div class="inbox">
                            <div class="al_listGb01">
用于显示类别的外包裹         <a href="#">首页</a>&#8250;<a href="#">国内</a>
                        &#8250;<a href="#">焦点</a></div>
                            <ul class="zw_listGb01">
应用在ul元素的类规则，          <li><a href="#">2013年全国各地高考状元汇总</a>
用于增加背景图像和边框              <a href="#">  状元</a>
等美化效果                        <a href="#">  教育部</a>
                                <a href="#">  2013年</a>
                                <span>2013-03-22 19:24:19</span>      单独为日期增加span元素，
                            </li>                                    方便对该区域进行控制
                            <li><a href="#">2013年全国各地高考状元汇总</a>
                                <a href="#">  状元</a>
                                <a href="#">  教育部</a>
                                <a href="#">  2013年</a>
                                <span>2013-03-22 19:24:19</span>
                            </li>
                            </ul>
                        </div>
                    </div>
```

图 13-38　新闻列表的结构代码

③ 切换到 sub_list.css 文档中编写对应的规则，如图 13-39 和图 13-40 所示。保存当前文档，通过浏览器预览即可看到效果。

```
.contsLd_listGb01 {
    width:850px;
    overflow:hidden;
    border-left:1px solid #C6012A;
    border-right: 1px solid #CCCCCC;
    min-height:720px;/* IE7/FF */
    height:100%; /* IE6\IE7\FF */
}
.contsLd_listGb01 .inbox {
    padding:0 14px;
}
.al_listGb01 {
    margin-bottom:5px;
    height:38px;
    font-size:18px;
    line-height:38px;
    font-weight:700;
    border-bottom:1px solid #C6C6C6;
    color:#333333;
    width:850px;
}
.al_listGb01 a {
    color:#333333;
}
```

图 13-39　新闻列表的系列规则（1）

```
.zw_listGb01 {
    margin-top:5px;
    padding-top:8px;
    border-top:1px solid #E5E5E5;
}
.zw_listGb01 li {
    position:relative;
    height:30px;
    line-height:30px;
    text-indsent:8px;
    width:800px;
    font-size:14px;
    background:
url(../images/btn_kk02.gif)
no-repeat 0 50%;
    text-indent:10px;
}
.zw_listGb01 span {
    position:absolute;
    right:0;
    top:0;
    font-size:12px;
}
```

图 13-40　新闻列表的系列规则（2）

13.2.3　新闻网详细内容页的实现

新闻网详细内容页属于网站的三级页面，页面的重点在于新闻的正文部分如何进行布局。通过观察类似的新闻网可以发现，新闻的正文一般可以分为标题、摘要和正文三大部分,而正文又可以再划分为图像和文字,所以这里采用通用的处理方法向读者介绍新闻网详细内容页的实现过程。

1. 准备工作

① 创建空白 XHTML 文档,保存为 page3. html。

② 将已经创建的 common. css 和 sub_list 文档链接到 page3. html 页面。由于新闻网详细内容页头部的布局与主页布局相同,这里可以直接从主页复制相关结构代码粘贴在 page3. html 页面中,以提高制作效率。

2. 新闻正文板块的实现

根据之前的分析,新闻的正文由三部分组成,为了便于理解各个 div 容器的作用,这里给出该板块的示意图,如图 13-41 所示。

图 13-41　新闻正文板块示意图

① 根据页面的整体布局规划,在页面中创建 leftArea 容器,并在其内部插入多个相互嵌套的 div 容器,具体结构如图 13-42 所示。

```
<div class="leftArea">
    <div class="box_tuK_tw">
        <div class="inbox">
            <h1>阿根廷贸易保护...</h1>
            <div class="hd_tuK_tw ">
                <em>关键词: </em><strong><a href="#">贸易</a></strong><strong><a href="#">阿根廷</a></strong></div>
                <div><em>发表时间: </em><strong>2012-03-22 20:04</strong></div>
                <div id="content">
                    <p align="center"><img src="images/003.jpg" width="501" height="364" /></p>
                    <p> &...</p>
                    <p> &...</p>
                </div>
            </div>
        </div>
    </div>
</div>
```

图 13-42　新闻正文板块的结构代码

300

② 切换到 sub_list.css 文档中编写对应的规则,如图 13-43 和图 13-44 所示。保存当前文档,通过浏览器预览即可看到效果。

```
.box_sylj_tw a {
    height:26px;
    line-height:26px;
    font-size:14px;
    color:#082a4d;
    font-weight:bold;
}
.box_tuK_tw {
    border:5px solid #d9d9d9;
    height:700px;
}
.box_tuK_tw .inbox {
    padding:8px;
}
.box_tuK_tw h1 {
    height:42px;
    line-height:42px;
    font-size:18px;
    font-weight:bold;
    text-align:center;
    color:#082a4c;
}
```

```
.hd_tuK_tw {
    line-height:18px;
    height: 18px;
}
.hd_tuK_tw .ld {
    width: 375px;
}
.hd_tuK_tw em {
    font-weight:bold;
    color:#cb1134;
}
.hd_tuK_tw a {
    padding: 0 1px;
}
#content p {
    margin-top:10px;
}
```

图 13-43　新闻正文板块系列规则(1)　　　图 13-44　新闻正文板块系列规则(2)

至此,新闻网站中三类典型页面的主要板块布局已经向读者介绍完了,读者在练习制作过程中应该着重体会网站规划布局的整体思路,巩固从大到小编写 CSS 规则的习惯,灵活运用类规则的特性节省代码编写量。

13.3　实　　　训

1. 实训要求

实训以小组形式进行,每组 3～4 名同学,以某领域的新闻类网站为虚拟题材,设计并制作包含主页、二级页面和三级页面在内的静态网页。

2. 过程指导

① 站点规划,搜集资料。确定网站主题内容,规划站点结构,从网上搜索相关资料(图片、文字等)。

② 进行主页设计。构思主页布局,进行主页标题图片的设计,进行主页其余图片的设计和页面内容的录入,最后进行主页的整体优化设计。

③ 网页设计。除主页以外的网页设计,首先设计网页模板,一部分网页由模板生成,一部分为单独设计(依据实际需要确定哪些网页由模板生成,确定哪些网页单独设计)。包括版面设计和图形设计、内容录入等。

④ 网站测试。在浏览器中对完成的网站逐页打开测试,包括链接正确与否,页面打开时间,图片和动画是否丢失等。

13.4 习　　题

1. 对于大型网站来说,页面本身所链接的外部 CSS 文档有多个,这是为什么?

2. 在编写 CSS 规则时,谈谈如何提高代码编写能力? 有何经验?

3. 网站主页上经常出现图像被一系列超链接所包裹的布局,对于这种布局借助哪些元素可以实现呢?